教室から とびだせ 物理

物理オリンピックの問題と解答

江沢 洋・上條隆志・東京物理サークル 編著

数学書房

は じ め に

　国際物理オリンピックは，高校レヴェルの人たちが物理の理論の問題を解き実験の課題に挑む国際的なコンテストである．毎年，開催国を変えながら開かれている．その問題と解答例は開催国がつくり，公開されている．

　この本は，1967 年から 2009 年までの，その問題から選んで，解答とともに，東京物理サークルを中心とする仲間たちが検討し翻訳し，それを東京都立小石川高校の教諭だった上條隆志と学習院大学名誉教授の江沢 洋が編集したものである．

　東京物理サークルというのは，東京近辺の高校・中学の物理の先生方の集まりで，毎月 1 回集まって研究会をしている．夏には信州のむじな沢で合宿をする．その様子は『益川さん，むじな沢で物理を語り合う』（日本評論社，2010 年）などにまとめられ報告されている．江沢が彼らと知り合ったのも，合宿に招んでいただいたときで，質問攻めにあって立ち往生した．いや，根ほり葉ほり，それも思わぬ視点から攻めてくるので，大いに勉強になった．以来，長いお付き合いである．

　物理オリンピックの歴史は長い．1967 年にポーランドの W.Gorzkowski 教授が呼びかけ東欧の数カ国の参加を得て開かれたのが始まりで，それから参加国が年とともに急激に増えた．教授は参加の勧誘のために日本にもやってきた．ちょうど物理学会の会長をしていた江沢のところにも来てくれた[1]．「若者にはよい刺激になりますよ」と彼は言った．「たとえば，図書館すらない田舎の高等学校．そこからオリンピックの優勝者がでたら，代々語りつがれる．生徒たちも誇りに思う．あこがれを感じます．大切なことですよ．若者に目標をあたえることは！」

---

[1] 江沢 洋『理科が危ない— 明日のために』，新曜社 (2001), pp. 47–50.

Gorzkowski 教授は，日本に来る前に韓国に行って強い印象を受けてきた．「あの国は，これから伸びますよ．若者たちが張り切っている．努力家ばかりだ．教育に国家予算の 22.7 % も当てている．国防費の 24.2 % とほぼ同じです」と言う．「日本では？」と言われて，とっさに返事ができなかった．

日本物理学会では 物理オリンピックについてシンポジウムなどを重ね，2003 年から物理教育学会，応用物理学会とともに参加の検討をはじめた．そして，2006 年から参加，年々よい成績をあげている．

物理オリンピックの問題は，どれもなかなかおもしろい．日本の高校の練習問題や，大学の入試問題にくらべて，こっているというか，物理を見る角度がちがう．現代物理学から題材をとった問題が多いというばかりでなく，古典物理学にもとづく問題でも，気がきいている．物理のセンスにあふれている．どんなぐあいか．百聞は一見にしかず，この本を手にとって問題を見てください．「難しい」とは言わないでほしい．高校物理で学んだことを一歩一歩あてはめてゆけば，かならず解ける．

たしかに，割合からいえば，現代物理に関わる問題が，日本の高校物理より多い．量子力学，相対性理論などの章のタイトルの中には聞いたことのないものが含まれているかもしれない．これらの章の解答を見ると，エネルギーの等分配とかローレンツ変換とか，学校では教えてくれない言葉もでてくる．それは，そのとおりだが，これらは学校で教わることのすぐ隣にある．ちょっと手をのばせば届く．この本の問題も同じだ．手をのばせば届くようにつくられている．学校で教わることに満足しないで，自分で手をのばして，もっと先の勉強をしよう．学校の外の勉強！　この本に

教室からとびだせ 物理

という題をつけたのも，こういう思いからだ．外国の仲間たちも勉強していることだ．そのために，たくさんの本が日本でも書かれており，「読んでください」といって君たちを呼んでいる．そういう本のいくつかを巻末に挙げておく．

この本の問題の解答で，説明が足りないと思ったところには「参考」として解説を補っておいた．解答を大幅に書き変えたところも，「編者注」として異議を唱

えたところも，少しだがある．問題と解答は，その年のオリンピック主催国がつくるのだが，必ずしも適切なものばかりではないとは Gorzkowski 教授も言っていたことである．編者は，また仲間たちの翻訳に手を加え，文体の統一をはかった．

　この本は，物理を見る新しい目を開いてくれるだろう．問題の立て方や解答，とりわけ考察，解説は大学生にも興味があるにちがいない．どうか，それを大いに楽しんでほしい．そして，問題や解答，そして解説に不十分と思われるところがあれば指摘していただきたい．さいわい刷を重ねる機会があれば，修正をしたい．

　最後になったが，この問題集の翻訳を勧めてくださった W. Gorzkowski 教授に感謝する．教授は，物理オリンピックを発展させたばかりか，「ノーベル賞への第一歩」という高校生の国際的な物理論文コンテストの発展にも力をつくしたが，2007 年にイランでの物理オリンピックの会長を勤めていたとき急逝された．心から哀悼の意をささげる．

　2011 年 6 月

江沢　洋
上條隆志

目　　次

I　月はいつ静止衛星になるか—力と運動の物理—　1

1　斜面上の円柱と直方体の運動 (1968 ブダペスト，ハンガリー)　2
　《 円柱が直方体を引きずりながら斜面を転がり落ちる 》
　　1　問　　題　……………………………………………　2
　　2　解　　答　……………………………………………　2
　　3　参考：剛体の運動　……………………………………　4
　　　　3.1　例　……………………………………………　6

2　直方体の上に載せた直方体を引く (1970 モスクワ，ロシア)　8
　　1　問　　題　……………………………………………　8
　　2　解　　答　……………………………………………　9

3　球殻内側に置かれた物体の運動 (1976 ブダペスト，ハンガリー)　12
　《 回転する球殻の内側に置かれた物体の安定性 》
　　1　問　　題　……………………………………………　12
　　2　解　　答　……………………………………………　13

4　空気中に水蒸気があると天秤による測定値が狂う？(1070 モスクワ，ロシア)　17
　　1　問　　題　……………………………………………　17
　　2　解　　答　……………………………………………　17

5　ハンガーの振動 (1982 マレンテ，ドイツ)　20
　《 支点による違い 》
　　1　問　　題　……………………………………………　20

	2　解　答	21
	3　参考：慣性モーメント	23
6	セイシ (1984 シグツーナ，スウェーデン)	**25**
	〈〈細長い湖でおこる水の振動〉〉	
	1　問　題	25
	2　解　答	27
7	重力を及ぼし合う質点系の回転 (1989 ワルシャワ，ポーランド)	**30**
	〈〈3 質点がつくる 3 角形の形が変わらずに回転する条件〉〉	
	1　問　題	30
	2　解　答	30
8	回転する人工衛星 (1992 ヘルシンキ，フィンランド)	**34**
	1　問　題	34
	2　解　答	37
9	直線状の分子の振動 (1992 ヘルシンキ，フィンランド)	**43**
	〈〈2 原子分子と 3 原子分子の振動〉〉	
	1　問　題	43
	2　解　答	45
10	大洋の潮汐の大きさ (1996 オスロ，ノルウェー)	**50**
	1　問　題	50
	2　解　答	52
11	二重星 (2001 アンタルヤ，トルコ)	**58**
	〈〈二重星までの距離はどうやって測るか〉〉	
	1　問　題	58
	2　解　答	59
12	月はいつ静止衛星になるか？(2001 第 2 回アジア物理オリンピック　台北，台湾)	**63**
	1　問　題	63
	2　解　答	66
13	円柱に巻きつく振り子 (2003 台北，台湾)	**71**
	1　問　題	71

	2	解　　答	74
14		不運な人工衛星 (2005 サラマンカ, スペイン)	**84**
		《《軌道を変えようとして間違った方向にロケット噴射した人工衛星の運命》》	
	1	問　　題	84
	2	解　　答	87
	3	参考：物体に距離の 2 乗に反比例する中心力がはたらく場合の軌道	92

II　磁場はどちらを向いているか—電場と磁場の物理— **95**

15		無限にくりかえす抵抗の格子 (1967 ワルシャワ, ポーランド)	**96**
	1	問　　題	96
	2	解　　答	96
16		一様に帯電した輪と輪の最高点から釣った帯電小球の釣り合い (1969 ブルーノ, チェコ)	**99**
	1	問　　題	99
	2	解　　答	99
17		蛍光灯 (1982 マレンテ, ドイツ)	**102**
		《《蛍光灯はどのようにして発光するのか．放射する光量の時間変動は？》》	
	1	問　　題	102
	2	解　　答	104
	3	参　　考	110
		3.1　交流回路のインピーダンス	110
		3.2　交流回路における仕事	112
		3.3　複素数を用いる方法	114
		3.4　複素数を用いた仕事の計算	116
		3.5　微分方程式の一般解と特殊解	117
18		無限に続く LC 格子を伝わる波の速さ (1987 イエナ, ドイツ)	**120**
	1	問　　題	120
	2	解　　答	121

| 19 | 大気中の電場 (1993 ウィリアムスバーグ, アメリカ) | **126** |

《地表付近には 150V/m ほどの下向きの電場がある．地表面の電荷密度は？》

- 1 問題 126
- 2 解答 129
- 3 考察 135

| 20 | 同軸円筒コンデンサー中の電子の運動 (1996 オスロ, ノルウェー) | **138** |

《同軸の円筒の間に電位差をかけ，軸に平行に磁場をかける．そこでの電子の運動は？》

- 1 問題 138
- 2 解答 140

| 21 | V字型ワイヤーを流れる電流による磁場 (1999 パドヴァ, イタリア) | **144** |

《アンペールの予想とビオとサバールの予想》

- 1 問題 144
- 2 解答 146
- 3 参考：対称性を用いて，磁場を求める方法 151
  - 3.1 円電流とその磁場の場合 151
  - 3.2 直線電流とそのまわりの磁場の場合 152
  - 3.3 鏡映の対称性によってV字型電流のPでの磁場の方向を求める .. 153

| 22 | 電子の比電荷 (2000 レスター, イギリス) | **155** |

《コンデンサーの極板の間から逃げ出す電子の条件から比電荷を求める》

- 1 問題 155
- 2 解答 158

| 23 | 地中に埋まったものを見つけ出すレーダー (2002 ヌサドゥア, インドネシア バリ島) | **164** |

- 1 問題 164
- 2 解答 166

| 24 | ピンポン抵抗 (2004 浦項, 韓国) | **170** |

- 1 問題 170
- 2 解答 172

3	参考：表面電荷密度から生ずる力	178
25	抵抗と電流を測る (2005 サラマンカ，スペイン)	**180**
	〈〈抵抗と電流を測るケルヴィン，レイリーとシドウィックの方法〉〉	
1	問　　　題	180
2	解　　　答	184

III　無人島でエンジンをつくる —熱と分子運動— 　　　　　189

26	ピストン同士を管でつないだ 2 つのシリンダー内の気体 (1972 ブカレスト，ルーマニア)	**190**
1	問　　　題	190
2	解　　　答	191
27	無人島でエンジンをつくる (1974 ワルシャワ，ポーランド)	**197**
1	問　　　題	197
2	解　　　答	198
28	気体分子流出の反動で動く容器の速度 (1981 ヴァルナ，ブルガリア)	**200**
1	問　　　題	200
2	解　　　答	200
3	参　　　考	204
	3.1　分子の速さの平均	204
	3.2　ガウス積分	205
29	上昇する湿った空気 (1987 イエナ，ドイツ)	**207**
	〈〈湿った気流が山岳地帯を越えていくときの雲と気象〉〉	
1	問　　　題	207
2	解　　　答	208
30	2 種類の液体 (1989 ワルシャワ，ポーランド)	**212**
	〈〈溶け合わない 2 種類の液体を層をなすように容器に入れたら沸点は？〉〉	
1	問　　　題	212
2	解　　　答	214

31	日なたの人工衛星 (1992 ヘルシンキ, フィンランド)	**217**
	《《表面が黒体の人工衛星を太陽光にあてると表面温度は？低温を保てるペンキはあるか？》》	
	1 問　　題	217
	2 解　　答	220
	3 参　　考	223
	3.1 シュテファン-ボルツマンの法則	223
32	表面原子の振動 (2001 第2回アジアオリンピック　台北, 台湾)	**226**
	《《電子線回折で原子の熱運動の振幅を求める》》	
	1 問　　題	226
	2 解　　答	228

IV 光より速い？——波の物理—— **233**

33	電波の干渉 (1981 ヴァルナ, ブルガリア)	**234**
	《《海の向こうから上がってくる星の電波を観測する》》	
	1 問　　題	234
	2 解　　答	235
	3 参考：平面電磁波の反射と屈折	237
	3.1 電 磁 波	237
	3.2 反射と屈折	239
	3.3 境 界 条 件	240
	3.4 反射波と屈折波	242
34	逃げ水 (1984 シグツーナ, スウェーデン)	**247**
	《《広い沙漠で水を見つけた．近づくと「水」は逃げていく》》	
	1 問　　題	247
	2 解　　答	248
35	光より速い？(1998 レイキャビク, アイスランド)	**252**
	《《2つの星が離れていく速さが光の速さより大きい？》》	
	1 問　　題	252

	2	解　　答	255
36		チェレンコフ光 (2008 ハノイ，ベトナム)	**262**
	1	問　　題	262
	2	解　　答	266

V　動いている棒はどう見えるか——相対性理論—— 　　　273

37		中心力のもとでの超相対論的粒子の 1 次元の運動 (1994 北京，中国)	**274**
	1	問　　題	274
	2	解　　答	276
38		中性子の β 崩壊 (A) と光の圧力による空中浮遊 (B)(2003 台北，台湾)	**281**
	1	問　　題	281
	2	解　　答	283
39		動いている棒はどう見えるか (2006 シンガポール，シンガポール共和国)	**290**
	1	問　　題	290
	2	解　　答	292
40		次元解析とブラックホール (2007 イスファファン，イラン)	**297**
	《 ブラックホールのホーキング放射を次元解析で考える 》		
	1	問　　題	297
	2	解　　答	300

VI　星はなぜあんなに大きいのか——量子力学—— 　　　305

41		水素原子同士の衝突 (1974 ワルシャワ，ポーランド)	**306**
	《 非弾性衝突がおこるには？ 》		
	1	問　　題	306
	2	解　　答	307
42		月に当てたレーザーの反射 (1979 モスクワ，ロシア)	**309**
	《 地球からのレーザー光パルスを月面に置いた反射鏡で送り返す．肉眼で		

見えるか?⟩⟩
1 問　　題 309
2 解　　答 310
3 考　　察 312

43 ドップラー効果によるレーザー冷却と光学的「糖蜜」(2009 メリダ, メキシコ)　314

⟨⟨レーザー光をあてて原子の熱運動を冷却する⟩⟩

1 問　　題 314
2 解　　答 320
3 参　　考 327
　3.1 相対論的ドップラー効果 327
　3.2 原子の励起状態の寿命 328
　3.3 不確定性関係 328
　3.4 アインシュタインとボーア 330

44 星たちはなぜあんなに大きいのか (2009 メリダ, メキシコ)　333

1 問　　題 333
2 解　　答 337
3 考察：星の温度 342
　3.1 星の温度はどのようにして定まるか？ 343
　3.2 $R = 0$ の近似 344
　3.3 $R = \hbar/(\mu c)$ の場合 346

参　考　書　351

索　　　引　352

解答作成協力者　361

注意　この本では，量 X を単位 u で表わすグラフの軸や表の欄には X/u と書く．
たとえば p.29 の表 6.2-1 に h/mm とあるのは，その欄に h という量を mm 単位で与えてあるという意味で，数字 30 は $h = 30\,\mathrm{mm}$ を表わす．同様に，T/s の欄に 1.78 とあるのは $T = 1.78$ s を表わす．

I 月はいつ静止衛星になるか
―力と運動の物理―

1

斜面上の円柱と直方体の運動

ブタペスト，ハンガリー

1968

1 問　　題

　水平面から $\theta = 30°$ 傾いた斜面の上に，中心軸のまわりに自由に回転できる円柱 (密度は一様，質量 $m_1 = 8.0\,\mathrm{kg}$，半径 $r = 5.0\,\mathrm{cm}$) が，その軸に軽い糸で結ばれた直方体 (質量 $m_2 = 4.0\,\mathrm{kg}$) を引いて滑り下りるように置かれている (図 1.1)．
　両物体が斜面を下る加速度を求めよ．ただし，直方体と斜面の間の動摩擦係数は $\mu = 0.20$ とする．円柱は斜面を滑ることなく転がるものとし，円柱と軸との間に摩擦はないものとする．

2 解　　答

　円柱と直方体は共通の加速度 α で滑り下りる．
　直方体と円柱を結ぶ糸の張力を T とする．直方体にはたらく重力の斜面に沿う成分は $m_2 g \sin\theta$，摩擦力は $\mu m_2 g \cos\theta$ であるから，直方体の運動方程式は

$$m_2 \alpha = m_2 g \left(\sin\theta - \mu \cos\theta \right) + T. \tag{2.1}$$

円柱に斜面からはたらく摩擦力を F とする．円柱には，このほかに斜面に沿って重力 $m_1 g \sin\theta$ と糸の張力 $-T$ がはたらくから，円柱の重心の運動方程式は

$$m_1 \alpha = m_1 g \sin\theta - F - T \tag{2.2}$$

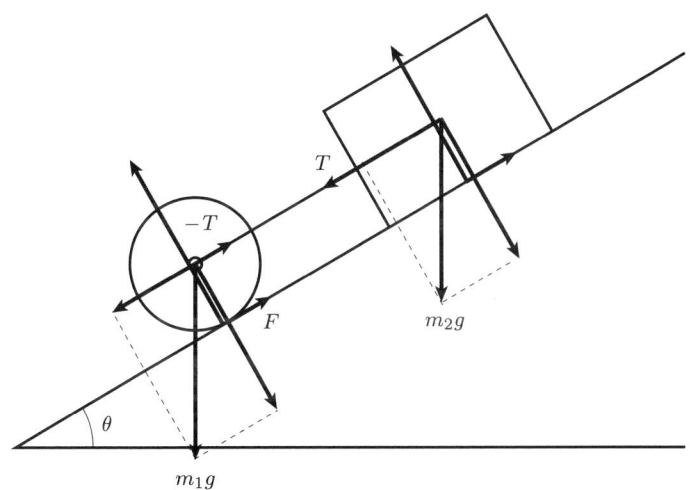

図 1.1

となる．

次に，円柱の重心まわりの回転運動を考える．円柱は滑らずに転がるから，円柱の走る速さ v と回転角速度 ω の間には $v = r\omega$ の関係がある．よって

$$\text{回転角加速度} = \frac{d\omega}{dt} = \frac{1}{r}\frac{dv}{dt} = \frac{\alpha}{r}$$

である．

円柱の密度を ρ，長さを L とすれば，慣性能率は

$$I = \rho L \int_0^r r'^2 \cdot 2\pi r' dr' = \rho L \frac{\pi}{2} r^4 = \frac{1}{2} m_1 r^2$$

となる．$\pi r^2 L \cdot \rho = m_1$ だからである．

円柱の重心まわりの回転運動の方程式は

$$I\frac{d\omega}{dt} = I\frac{\alpha}{r} = (\text{円柱にはたらく重心まわりのトルク})$$

である．

円柱にはたらく重力，斜面からの垂直抗力および糸の張力は円柱の重心を通るから，重心まわりのトルクには寄与しない．寄与するのは斜面の摩擦力のみで，

トルクは Fr である．よって

$$I\frac{\alpha}{r} = Fr.$$

すなわち

$$\frac{1}{2}m_1\alpha = F. \tag{2.3}$$

これで運動方程式はそろった．

(2.1) + (2.2) をつくると，張力 T が消えて

$$(m_1 + m_2)\alpha = m_1 g\sin\theta - F + m_2 g(\sin\theta - \mu\cos\theta)$$

となる．右辺の F に (2.3) を用いて

$$\left(\frac{3}{2}m_1 + m_2\right)\alpha = (m_1 + m_2)g\sin\theta - \mu m_2 g\cos\theta.$$

ゆえに

$$\alpha = \frac{(m_1 + m_2)\sin\theta - \mu m_2\cos\theta}{\frac{3}{2}m_1 + m_2}g. \tag{2.4}$$

となる．

問題に与えられた $\theta = 30°$, $\mu = 0.20$ を代入して

$$\alpha = \frac{(m_1 + m_2) - 0.20\sqrt{3}m_2}{3m_1 + 2m_2}g. \tag{2.5}$$

さらに $m_1 = 8.0$ kg, $m_2 = 4.0$ kg を代入すれば

$$\alpha = \frac{8.0 + 4.0 - 0.20\sqrt{3}\cdot 4.0}{3\cdot 8.0 + 2\cdot 4.0}\cdot 9.8\,\mathrm{m/s^2} = 3.3\,\mathrm{m/s^2}.$$

3　参考：剛体の運動

　力を加えても変形しない物体を剛体という．通常の固体は剛体に近い．剛体の運動は，重心の運動と重心のまわりの回転運動とに分けて考えることができる[1]．

---

[1] 参照：江沢 洋『力学 ― 高校生・大学生のために』，日本評論社 (2005)，§27 および §31．

重心の運動方程式は，重心に全質量が集中したとして，質点と同じ形になる．
重心のまわりの回転は，回転軸が一定の方向を向いている場合には簡単で

$$(慣性モーメント)\frac{d}{dt}(回転角速度) = (トルク)$$

である．ただし，すべての項で「重心をとおる軸のまわりの」を省略した．

重心をとおる軸のまわりの**慣性モーメント** I というのは (慣性能率ともいう)，物体を細分し，各部分の質量 dm にその軸からの距離 r の 2 乗をかけて，総和したもの (図 1.2)

$$I = \int r^2 dm$$

をいう．長さ L の軽い棒の両端に質量 m をつけたものの，棒の中心をとおり棒に垂直な軸のまわりの慣性モーメントは $2 \times m(L/2)^2 = mL^2/2$ である．

重心をとおる軸のまわりの**トルク** N というのは，「物体にはたらく力の，軸に垂直な成分」$f_\perp$ と，その作用線と軸からの距離 r をかけて，物体にはたらくすべての力にわたって総和したもの (図 1.3)

$$N = \sum f_\perp r$$

である．

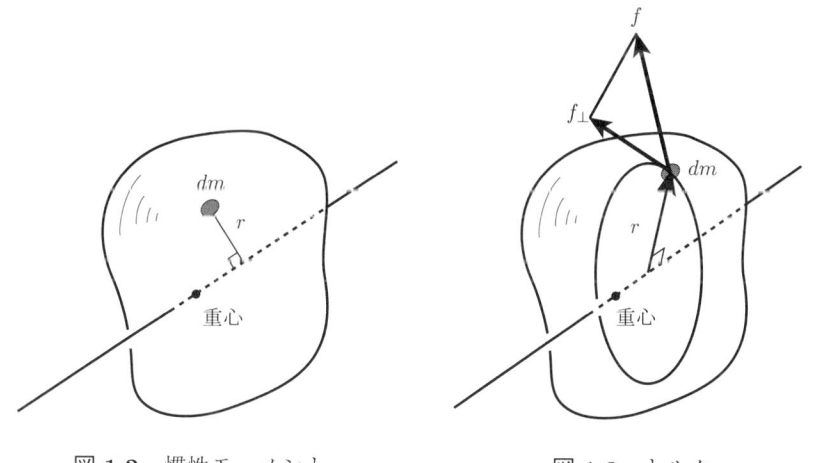

図 1.2　慣性モーメント　　　図 1.3　トルク

3.1 例

面密度 σ が一様な半径 R の円板の，中心をとおり円板に垂直な固定軸のまわりの回転を考える．円板の縁に，接線方向に力 f を加えるものとする (図 1.4)．

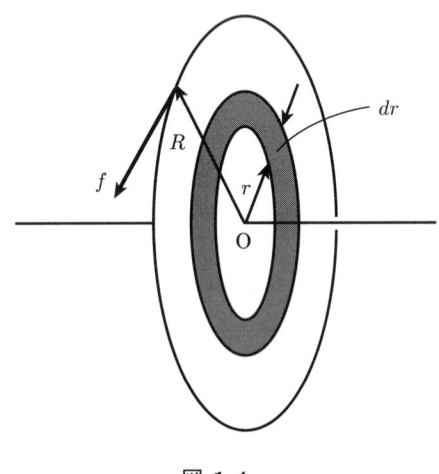

図 1.4

円板の軸まわりの慣性モーメント I を求めよう．軸から距離 r と $r+dr$ の間にある帯の面積は，(帯の長さ)×(幅) $= 2\pi r \times dr$ であり，これに質量の面密度 σ をかければ帯の質量が得られ，$2\pi r dr \cdot \sigma$ となるので

$$I = \int_0^R \sigma r^2 \cdot 2\pi r dr = 2\pi\sigma \frac{R^4}{4} = \frac{m}{2}R^2.$$

ここで円板の質量を $\pi R^2 \sigma = m$ とした．円板が時間 dt の間に角 $d\varphi$ だけまわったとすれば回転角速度は

$$\omega = \frac{d\varphi}{dt}$$

であり

$$(\text{回転角加速度}) = \frac{d^2\varphi}{dt^2}$$

となる．$d\varphi/dt$ を回転の角速度 ω とおけば

$$(回転角加速度) = \frac{d\omega}{dt}$$

とも書ける．

　円板にはたらく，重心をとおる軸のまわりのトルク N は，力の作用点は円板の縁で，回転軸から距離 R のところにあるから

$$M = fR$$

である．

　よって，円板の運動方程式は

$$I\frac{d^2\varphi}{dt^2} = fR, \quad すなわち \quad \frac{m}{2}R^2\frac{d^2\varphi}{dt^2} = fR \tag{3.1}$$

となる．簡単にすれば

$$\frac{d^2\varphi}{dt^2} = \frac{2f}{mR}$$

となる．

2

直方体の上に載せた直方体を引く

モスクワ，ロシア

1970

1　問　題

　質量 $M = 1.0\,\mathrm{kg}$ の長い板が，水平で滑らかなテーブルの面の上に置かれている．また，モーターを内蔵した質量 $m = 0.10\,\mathrm{kg}$ の車がその板の水平な上面をすべっていくことができるようになっている．その車と板の上面との動摩擦係数は $\mu = 0.020$ である．

　その車の中のモーターは一定の速さ $v_0 = 0.10\,\mathrm{m/s}$ で糸を軸のまわりに巻きとっている．糸のもう 1 つの端は，図 2.1 (a) の場合は，かなりはなれて固定されている支持棒に結ばれている．図 2.1 (b) の場合は，糸は板の端の杭にしばりつけられている．

　板を止めておいて，車が初速 v_0 で動きはじめるようにしてから板を手離すことにする．

　板を離したとき，車の先端は板の先端から $l = 0.50\,\mathrm{m}$ の位置にある．

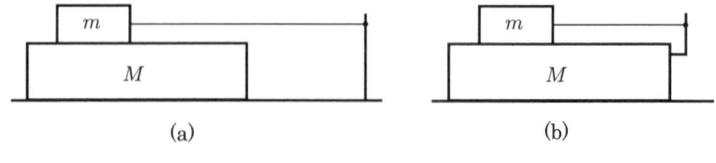

図 2.1

(a), (b) それぞれの場合について，車と板はどのような運動をするか，そして車が板の先端に到着するのに要する時間はいくらになるか求めよ．重力加速度の大きさは $g = 9.8\,\mathrm{m/s^2}$ とする．

2 解　答

2.1 (a) の場合

2.1.1 車の運動

この場合，車はテーブルに対して等速 v_0 で進み続ける．車が受けている力は図 2.2 のようになり，水平方向の運動方程式は，車の加速度を $a_車$ とすれば

$$ma_車 = F - f \tag{2.1}$$

であるので，$a_車 = 0$ から $F = f$ となる．上下方向は釣り合っているので $N = mg$ であり，動摩擦力の法則を用いると $f = \mu N = \mu mg$ が得られる．

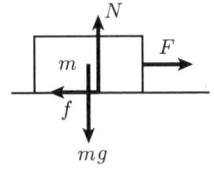

図 2.2

2.1.2 板の運動

板が受ける力は図 2.3 のようになり，板の運動方程式は

$$M \cdot a_板 = f' \tag{2.2}$$

となる．

動摩擦力 f' は f と作用・反作用の関係にあり互いに等しく反対向きである．よって $f' = f = \mu mg$ を (2.2) に代入すると

$$M \cdot a_板 = \mu mg$$

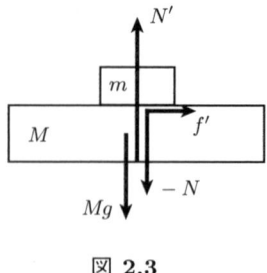

図 2.3

よって

$$a_{板} = \frac{\mu m}{M}g = \frac{0.020 \times 0.10\mathrm{kg}}{1.0\mathrm{kg}} \times 9.8\mathrm{m/s}^2 = 0.0196\mathrm{m/s}^2.$$

板の速度は

$$v_{板} = a_{板} \cdot t = \frac{\mu mg}{M}t \tag{2.3}$$

であり，板の速さが車の速さに等しくなるとそれ以後は車から引っ張られなくなるので，そこからは $v_{板} = v_0$ で進み続ける．その時刻を $t = t_0$ とする．(2.3) より

$$t_0 = \frac{M}{\mu mg} \cdot v_0 = \frac{1.0\mathrm{kg} \times 0.10\mathrm{m/s}}{0.020 \times 0.10\mathrm{kg} \times 9.8\mathrm{m/s}^2} = 5.1\mathrm{s}$$

$t = t_0$ までの車と板のテーブルに対しての移動距離をそれぞれ $S_{車}, S_{板}$ とすると

$$S_{車} = v_0 \cdot t_0 = v_0 \cdot \frac{M}{\mu mg}v_0$$
$$= \frac{M}{\mu mg} \cdot v_0^2$$
$$S_{板} = \frac{1}{2}a_{板} \cdot t_0^2$$
$$= \frac{1}{2} \cdot \frac{\mu mg}{M} \cdot \left(\frac{Mv_0}{\mu mg}\right)^2$$
$$= \frac{1}{2} \cdot \frac{M}{\mu mg}v_0^2$$

となるから，板に対する車の移動距離 S として

$$S = S_{車} - S_{板} = \frac{M}{2\mu mg}v_0^2$$

$$= \frac{1.0\text{kg} \times (0.10\text{m/s})^2}{2 \times 0.020 \times 0.10\text{kg} \times 9.8\text{m/s}^2}$$
$$= 0.26\text{m}$$

を得る．$S < l$ となるので，車は板の端に到着できず，両者はこのときの速度のまま，支持棒にぶつかるまで進む．そうすれば車はさらに進むことができて板の前端に達するだろうが，問題にはこの棒までの距離が与えられていないので，それまでの時間は計算できない．

2.2　(b) の場合

この場合モーターは常に v_0 の速さで巻き取るのだから，板に対して車は v_0 の速さで進むのは明らかである．したがって板の先端に達するまでの時間は

$$t = \frac{l}{v_0} = \frac{0.50\text{m}}{0.10\text{m/s}} = 5.0\text{s}$$

板と車の机の表面に対する速度を V, v とすると，この系は外力を受けていないので，全体の運動量は保存される．よって

$$mv_0 = MV + mv \tag{2.4}$$

ここで，車は台に対して v_0 で動いているので $v = v_0 + V$．これを (2.4) に代入すれば $V = 0$ を得る．したがって $v = v_0$．

つまり板は静止したままであり，車は板の上をずっと同じ速さ v_0 で動いていく．

3

球殻内側に置かれた物体の運動

ブダペスト，ハンガリー

1976

1 問　　題

　半径 $R = 0.50\,\mathrm{m}$ の薄い球殻が，その中心を通る垂直軸のまわりに一定の角速度 $\omega = 5.0\,\mathrm{s}^{-1}$ で回転している．図 3.1 で示すように，球殻の内面上には小さなブロックが $\dfrac{R}{2}$ の高さにあって，球殻とともに動いている．重力加速度 $g = 9.8\,\mathrm{m/s^2}$ として以下の問に答えよ．

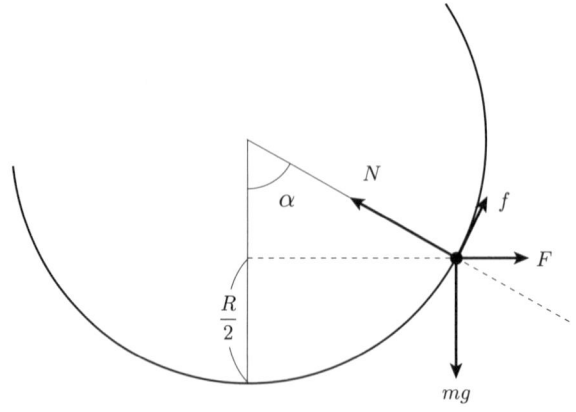

図 **3.1**

1.1 ブロックが滑らずにこのまま球殻と一緒に回転するために必要な最小の摩擦係数はいくらか

1.2 $\omega = 8.0\,\mathrm{s}^{-1}$ の場合にこの条件を満たす最小の摩擦係数を求めよ

1.3 上の 2 つの場合について、次のそれぞれの変化に対するブロックの安定性を調べよ

1.3.1 ブロックの位置の小さな変化に対する安定性

1.3.2 球殻の角速度の小さな変化に対する安定性

2 解　　答

ブロックの質量を m、球殻からの垂直抗力を N、摩擦力を f とする。球殻と一緒に回転している非慣性系で考えることにしよう。このとき物体には慣性力 (遠心力) $F = m(R\sin\alpha)\omega^2$ がはたらくと考えればよいので、ブロックにはたらく力は図 3.1 のようになる。ここで f は図の方向のとき正とする。ブロックが球殻とともに運動するとき、この系では合力 0 で静止しているので

$$mR\omega^2 \sin\alpha = N\sin\alpha - f\cos\alpha$$

$$mg = N\cos\alpha + f\sin\alpha$$

これを解けば抗力

$$N = m(g\cos\alpha + \omega^2 R\sin^2\alpha) \tag{2.1}$$

および摩擦力

$$f = m(g\sin\alpha - \omega^2 R\sin\alpha\cos\alpha) \tag{2.2}$$

が得られる。摩擦力 f は $\dfrac{g}{R\cos\alpha} - \omega^2$ の正負によって、図の向きかその反対向きになる。問題で与えられた数値を用いると $\dfrac{g}{R\cos\alpha} = \dfrac{9.8\,\mathrm{m/s^2}}{0.5\,\mathrm{m} \times 0.5} = 39.2\,\mathrm{s}^{-2}$ で $\omega^2 = 25\,\mathrm{s}^{-2}$ なので $f > 0$、つまり図の向きになる。

2.1 滑らずに一緒に回転するための最小摩擦係数

ブロックと球殻の内面の静止摩擦係数を μ_a とする．摩擦力 f が最大静止摩擦力 $\mu_a N$ 以下なら，このブロックは滑らずに球殻と一緒に回転する．よって (2.1) と (2.2) を用い，

$$\mu_a N \geq f$$

$$\mu_a \geq \frac{f}{N}$$

$$= \frac{m(g\sin\alpha - \omega^2 R \sin\alpha\cos\alpha)}{m(g\cos\alpha + \omega^2 R \sin^2\alpha)}$$

$$= \frac{g\sin\alpha - \omega^2 R \sin\alpha\cos\alpha}{g\cos\alpha + \omega^2 R \sin^2\alpha}$$

を得る．これに与えられた値および $R\cos\alpha = \dfrac{R}{2}$ だから $\alpha = \dfrac{\pi}{3}$ を代入して

$$\mu_a \geq 0.22 \tag{2.3}$$

を得る．

2.2 $\omega = 8.0 \text{ s}^{-1}$ の場合

これは $f < 0$ の場合になる．もしも

$$F\cos\alpha \geq mg\sin\alpha$$

になれば物体は面に沿って上に上がろうとするので摩擦力の向きは下向きになるが，このとき

$$\omega^2 \geq \frac{g}{R\cos\alpha}$$

$$\omega \geq 6.3$$

だからである．

したがって抗力として

$$N = m(g\cos\alpha - \omega^2 R \sin^2\alpha) \tag{2.4}$$

および摩擦力

3　球殻内側に置かれた物体の運動

$$f = m(g\sin\alpha + \omega^2 R \sin\alpha\cos\alpha) \tag{2.5}$$

が得られ，この場合の静止摩擦係数を μ_b とすると

$$\mu_b \geq \frac{f}{N}$$
$$= \frac{g\sin\alpha + \omega^2 R \sin\alpha\cos\alpha}{g\cos\alpha - \omega^2 R \sin^2\alpha}$$

与えられた値を代入すると

$$\mu_b \geq 0.179 \tag{2.6}$$

となる．

2.3　それぞれの場合の安定性

上のそれぞれの場合で，摩擦係数はその最小値であるとする．このときわずかな変動が加わったとしてその安定性を調べる．系の安定に必要な最小摩擦係数 μ_a および μ_b が α と ω の変化にどう依存するかを調べる．

まず μ_a の最小値を考え，$R = 0.50\,\mathrm{m}, \omega = 5.0\,\mathrm{s}^{-1}, g = 9.8\,\mathrm{m/s^2}$ を代入すると

$$\mu_{a\,\min} = \frac{g\sin\alpha - \omega^2 R \sin\alpha\cos\alpha}{g\cos\alpha + \omega^2 R \sin^2\alpha}$$
$$= \frac{\sin\alpha - 0.635\sin 2\alpha}{\cos\alpha + 1.27\sin^2\alpha}$$

これを α について微分し，$\alpha = \dfrac{\pi}{3}$ を代入すると

$$\frac{d}{d\alpha}\mu_{a\,\min}$$
$$= \frac{\cos\alpha - 1.27\cos 2\alpha}{\cos\alpha + 1.27\sin^2\alpha} - \frac{(\sin\alpha - 0.635\sin 2\alpha)(-\sin\alpha - 2.54\sin\alpha\cos\alpha)}{(\cos\alpha + 1.27\sin^2\alpha)^2}$$
$$= 0.97 \geq 0$$

よって $\alpha = \dfrac{\pi}{3}$ 付近では $\mu_{a\,\min}$ は増加である．また ω が大きくなると分母は大きく分子は小さくなるので減少する．グラフを書けば図 3.2-1 のようになる．

これから見ると，μ_a の場合はもし上にずれるとこの摩擦係数では不十分なので滑り落ちて元に戻る，つまり安定で，下にずれるとこの摩擦係数で十分なので

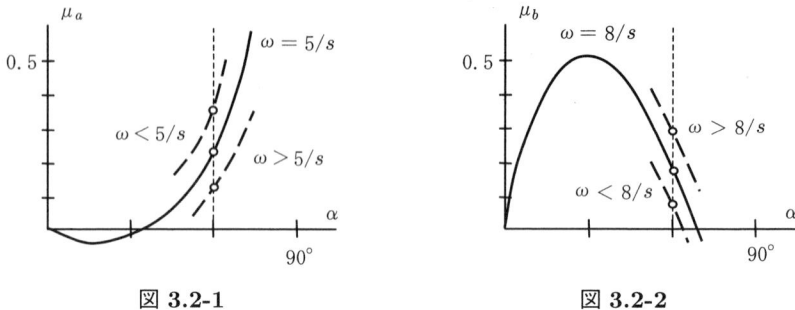

図 3.2-1　　　　　　　　図 3.2-2

そのまま戻らない，つまり不安定．また ω が大きくなるとそのままとどまり，小さくなると摩擦が不十分なので滑り落ちる．

同様に μ_b の場合を調べると図 3.2-2 のようになるので，ブロックが上にずれてもそのままとどまり，下にずれると元に戻る．また ω が大きくなると上に動き，小さくなると動かない．よって安定である．

4

空気中に水蒸気があると天秤による測定値が狂う？

モスクワ，ロシア

1979

1　問　　　題

　アルミニウムでつくられた試料の質量を測るのに，天秤と真鍮でできたおもりを用いる．測定は 2 度行い，一度は乾燥した空気の中で，もう一度は水蒸気の圧力が $P_v = 2.0 \times 10^3$ Pa である湿った空気の中で行う．どちらの場合も空気の全圧力は $P = 1.0 \times 10^5$ Pa，温度は $t = 20°$C で同じである．天秤の精度を $m_0 = 0.10$ mg としたとき，2 つの測定の違いが明らかになるようにするには試料の質量をいくらにすればよいか．アルミの密度は $\rho_1 = 2700$ kg/m^3，真鍮の密度は $\rho_2 = 8500$ kg/m^3 とする．

2　解　　　答

　試料とおもりには重力の他にまわりの空気から浮力がはたらくので，2 つの測定値が異なるのは，同じ質量であっても材料により体積が異なるので，空気の浮力に差があるためである．アルキメデスの原理から，浮力は物体と同体積のまわりの気体の重さに等しいので，まず乾燥した空気と湿った空気の密度の違いを求めよう．気圧はどちらも $P = 1.0 \times 10^5$ Pa，温度は $T = 293$ K，湿った空気の水蒸気の分圧は $P_v = 2 \times 10^3$ Pa である．どちらも体積は V とし，空気と水蒸気の 1 mol の質量をそれぞれ m_a, m_v と書くと，理想気体の状態方程式が成り立つとすれば

$$PV = \frac{M}{m_a}RT$$

$$P_v V = \frac{M_v}{m_v}RT$$

$$(P - P_v)V = \frac{M_a}{m_a}RT$$

となる．ここで M は乾いた空気の，M_a, M_v は湿った空気中の空気と水蒸気のそれぞれの質量であり，気体の全圧力は各気体の分圧の和であることを用いた．乾燥した空気の密度を ρ_d，湿った空気の質量を ρ_h とすると

$$\rho_d = \frac{M}{V} = \frac{Pm_a}{RT}$$

$$\rho_h = \frac{M_a + M_v}{V} = \frac{(P - P_v)m_a + P_v m_v}{RT}$$

となり，したがって密度の差は

$$\rho_d - \rho_h = \frac{P_v(m_a - m_v)}{RT}$$

となる．

アルミと真鍮の質量は両方とも m であるとすると，体積の違いは

$$\Delta V = \frac{m}{\rho_1} - \frac{m}{\rho_2} = \frac{m(\rho_2 - \rho_1)}{\rho_1 \rho_2}$$

である．この分にはたらく浮力が 2 つの実験で異なり，その差が m_0 より大きければ違いがわかることになるので，

$$m_0 \leq \Delta V(\rho_d - \rho_h) = \frac{m(\rho_2 - \rho_1)}{\rho_1 \rho_2} \times \frac{P_v(m_a - m_v)}{RT}$$

が成り立てばよい．m について解けば，

$$m \geq \frac{m_0 \rho_1 \rho_2 RT}{P_v(m_a - m_v)(\rho_2 - \rho_1)}$$

が成り立つので，これに各数値を代入する．このうち問題で与えられていない空気と水蒸気の 1 mol あたりの質量 (分子量) は次のように求めた．水素，酸素，窒素の原子量をそれぞれ 1.0，16.0，14.0，として，まず水蒸気 H_2O の分子量は 18.0 となる．空気は窒素分子 N_2 が $\frac{4}{5}$，酸素分子 O_2 が $\frac{1}{5}$ として比例配分すると

平均分子量が 29.6 となる．これから

$$m \geq \frac{0.1 \times 10^{-6}\mathrm{kg} \times 8.31 \mathrm{Nm/mol\,K} \times 293\mathrm{K} \times 2700\mathrm{kg/m^3} \times 8500\mathrm{kg/m^3}}{2 \times 10^3 \mathrm{N/m^2} \times (29.6 - 18.0) \times 10^{-3}\mathrm{kg/mol} \times (8500 - 2700)\mathrm{kg/m^3}}$$

となり，計算すると

$$m \geq 0.0415\,\mathrm{kg} = 41.5\,\mathrm{g}.$$

5

ハンガーの振動

マレンテ，ドイツ

1982

1 問　題

うまくつくられたワイヤハンガーは図 5.1 に示された位置で釣り合い，その平面内で小さい振幅で振動をさせることができる．位置 (a) と (b) において，もっとも長い辺は水平になっている．他の 2 辺は等しい長さである．振動の周期はいずれの場合にも同じになった．このときハンガーの質量中心の位置はどこにあるか．また，振動の周期はどれほどか．

図には与えられた寸法以外どのような情報も含まれていない．たとえば，質量の詳細な分布に関しても何も与えられていない．

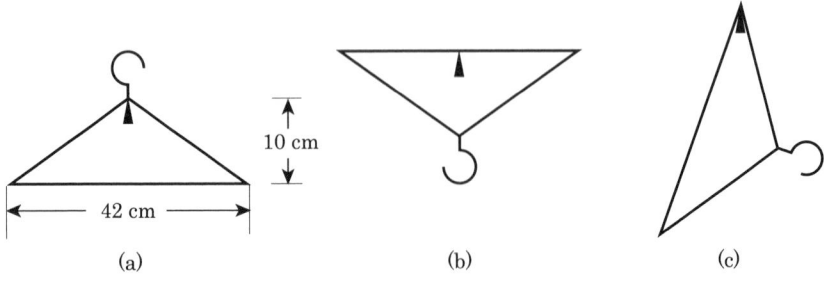

図 5.1

2 解　　答

はじめに剛体の振り子一般について考察しておく．剛体を図 5.2 のように O を通る回転軸のまわりを自由に回転できるようにする．剛体の質量を M，重心の位置を G，O を通る軸 (いまは紙面に垂直) のまわりの慣性モーメントを I_0，重力加速度を g として図のように h, θ をとると，この剛体の運動方程式は

$$I_0 \frac{d^2\theta}{dt^2} = -Mgh\sin\theta \tag{2.1}$$

である[1]．

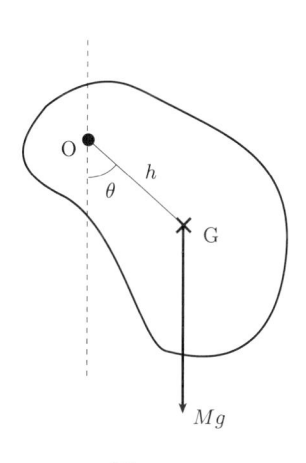

図 5.2

質点の運動方程式 $ma = F$ と比較してみると，質量 m が慣性モーメント I_0 に，加速度 a が角加速度 $\dfrac{d^2\theta}{dt^2}$ に，力 F が力のモーメントに置き換わっている．θ が小さいとき，$\sin\theta \approx \theta$ なので (2.1) は

$$I_0 \frac{d^2\theta}{dt^2} = -Mgh\theta \tag{2.2}$$

と書ける．これは単振動の方程式であり，その角振動数は

---

[1] 江沢 洋 『力学』，日本評論社 (2005)，pp.370-371.

$$\omega^2 = \frac{Mgh}{I_0}$$

周期は

$$T = 2\pi\sqrt{\frac{I_0}{Mgh}}$$

となる．

慣性モーメント I_0 は，軸がある O の位置が異なれば一般には異なる値をとる．しかし重心 G を通って現在の軸と平行な回転軸のまわりのこの剛体の慣性モーメントを I_G とすると

$$I_0 = I_G + Mh^2 \tag{2.3}$$

になることが証明できる (§3 参考)．以上のことを用いて問題を解く．

ハンガーの重心 G はハンガーの対称軸の上にある．

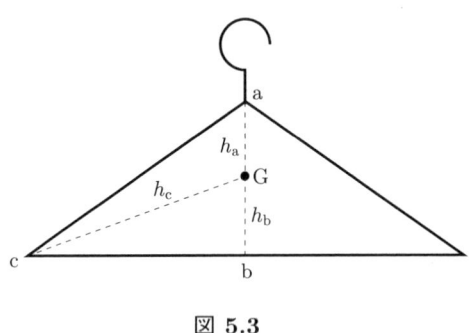

図 5.3

重心 G までの距離を図 5.3 のように h_a, h_b, h_c とすると，どの場合にも周期が等しいという条件から

$$\frac{I_G + Mh_a^2}{h_a} = \frac{I_G + Mh_b^2}{h_b} = \frac{I_G + Mh_c^2}{h_c} \tag{2.4}$$

が得られる．

ここで

$$\frac{I_G + Mh^2}{h} = \frac{I_G + Mh'^2}{h'}$$

という方程式を考えると，変形して

$$(I_G - Mhh')(h' - h) = 0 \tag{2.5}$$

と因数分解でき，$h' = h$ または $hh' = \dfrac{I_G}{M}$ という関係が得られる．したがって h_a, h_b, h_c はこの関係を満たす解になるが，h_c は明らかに h_a, h_b より長いので

$$h_a = h_b = 5.0\,\text{cm}$$

かつ

$$h_c = \sqrt{(21\,\text{cm})^2 + (5.0\,\text{cm})^2} = 21.6\,\text{cm}$$

である．また $h = h_a, h' = h_c$ とすると $\dfrac{I_G}{M} = h_a h_c$．したがって周期は，図 5.1 (a) の振動を考えて

$$T = 2\pi\sqrt{\dfrac{I_G + Mh_a^2}{Mgh_a}} = 2\pi\sqrt{\dfrac{\frac{I_G}{M} + h_a^2}{gh_a}} = 2\pi\sqrt{\dfrac{h_a(h_a + h_c)}{gh_a}} \tag{2.6}$$

なので $h_a = 5.0\,\text{cm}, h_c = 21.6\,\text{cm}$ を用いて計算すると $T = 1.03\,\text{s}$ が得られる．

3 参考：慣性モーメント

原点 O を通る軸 (図 5.4 では z 軸) のまわりの慣性モーメントを求める．この剛体の重心を G とし，G を通り z 軸に平行な回転軸を z' 軸として表そう．

剛体中に微小な質量 dm をとり，z 軸に垂直な平面内での dm の座標を (x, y) とする．またその平面と z' 軸との交点を (x_G, y_G) とする．このとき O を通る z のまわりの慣性モーメント I_O は

$$\begin{aligned}
I_O &= \int (x^2 + y^2)\,dm \\
&= \int \{(x - x_G)^2 + (y - y_G)^2 + 2(xx_G + yy_G) - (x_G^2 + y_G^2)\}\,dm \\
&= \int \{(x - x_G)^2 + (y - y_G)^2\}\,dm + 2x_G \int x\,dm + 2y_G \int y\,dm \\
&\quad - \int (x_G^2 + y_G^2)\,dm
\end{aligned}$$

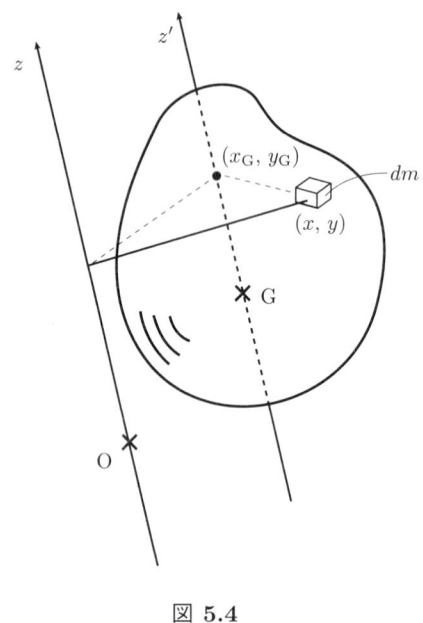

図 5.4

$$= \int \{(x-x_G)^2 + (y-y_G)^2\}\,dm + (x_G^2 + y_G^2)\int dm$$

ここで $x_G = \dfrac{\int x\,dm}{\int dm}$, $y_G = \dfrac{\int y\,dm}{\int dm}$ を用いた.

この式の第 1 項は重心を通る軸 (z') まわりの慣性モーメント I_G に等しく，第 2 項は全質量 $M = \int dm$ に z 軸と z' の距離 h の 2 乗をかけたものに等しい．よって

$$I_O = I_G + Mh^2 \tag{3.1}$$

が成り立つ．

6

セ イ シ

シグツーナ，スウェーデン

1984

1 問　　題

　ある湖には，セイシ (seiche) と呼ばれる奇妙な現象が見られる．それは水の振動である．この現象の見られる湖は，通常その深さの割に長く，また幅が狭い．普通の湖でも波はよく見かけるが，これらはセイシとは違う．セイシでは，水全体がゆれるのである．それはちょうど来客にコーヒーを運ぶとき，カップの中のコーヒーが揺れるのに似ている．セイシのモデルをつくるために，断面が長方形の形をした容器に入れた水を見てみよう．容器の長さは L で，水の深さは h である．最初，水の表面は水平面と小さい角度をなしているとする．そしてセイシが始まるが，このとき水面は，平らなまま，容器の中央にある水平な軸のまわりを振動すると仮定する．

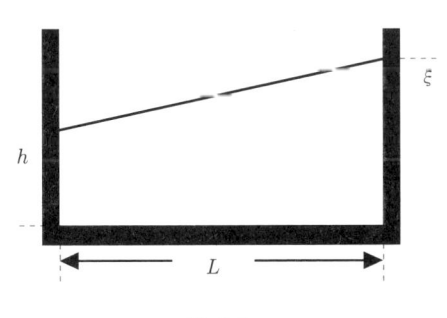

図 6.1

表 6.1-1　$L = 479\,\mathrm{mm}$

h/mm	30	50	69	88	107	124	142
T/s	1.78	1.40	1.18	1.08	1.00	0.91	0.82

表 6.1-2　$L = 143\,\mathrm{mm}$

h/mm	31	38	58	67	124
T/s	0.52	0.52	0.43	0.35	0.28

水の動きのモデルをつくり，振動の周期 T を表す公式を導け．初期条件は図 6.1 に示された通りである．ここで $\xi \ll h$ であると仮定する．表 6.1 は，長さ L の異なる 2 つの容器に，水をいろいろな深さまで入れて実験した場合の，振動周期の測定値を示している．何らかの合理的な方法で，導いた公式が実験データとどの程度一致するか，検証せよ．また，あなたのモデルが良いものかどうか，意見を述べよ．

図 6.2 のグラフは，スエーデンのヴェッテルン湖における測定結果から得られたものである．この湖は長さ 123 km，平均の深さ 50 m である．グラフの時間軸

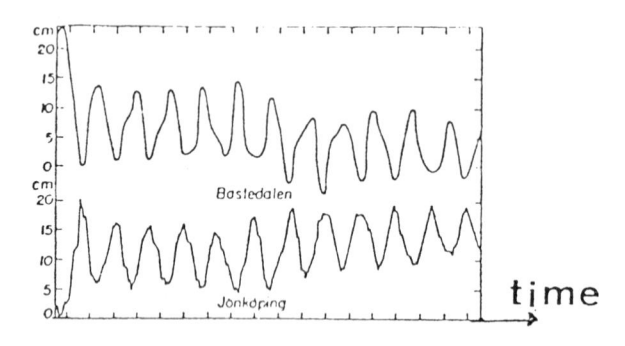

図 6.2　ヴェッテルン湖の北端 Bastudalen と南端 Jönköping における水面の高さ

の一目盛はいくらか．

2 解　答

水が容器内で静止しているときの重心 (容器の中央で高さ $\dfrac{h}{2}$ の点) を原点として，図 6.3 のように座標軸をとる．

水の右側が ξ 上がり左側が ξ 下がったとき，図 6.3 のように，水を三角形と長方形の部分に分ける．

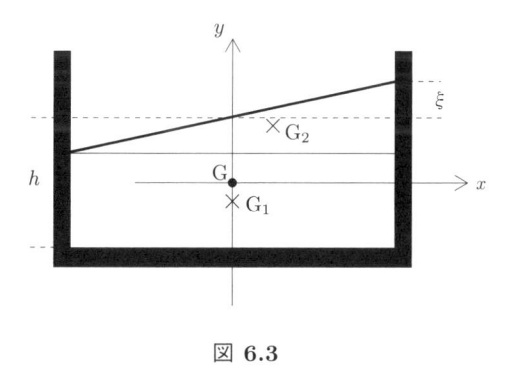

図 **6.3**

すると，

$$\text{長方形の部分の重心 } G_1 \text{ の座標 } : \left(0, -\frac{\xi}{2}\right)$$

$$\text{三角形の部分の重心 } G_2 \text{ の座標 } : \left(\frac{L}{6}, \frac{h}{2} - \frac{\xi}{3}\right)$$

となる．水全体の重心の座標 (x_G, y_G) は，これらの座標を $(h-\xi) : \xi$ の比に内分する点であるから，次式のようになる．

$$x_G = \frac{L\xi}{6h} \quad y_G = \frac{\xi^2}{6h} \tag{2.1}$$

(2.1) の x_G, y_G をそれぞれ時間で微分すると，重心の速度は，次式のようになる．

$$v_x = \frac{L\dot{\xi}}{6h} \quad v_y = \frac{\xi\dot{\xi}}{3h} \tag{2.2}$$

ここで $\dot{\xi}$ は，ξ を時間で微分した導関数を表す．

(2.1) より，水の重心の x 座標は ξ に比例し，y 座標は ξ^2 に比例している．したがって仮定 ($\xi \ll h$) から，y 成分は x 成分に比べて無視できる．つまり ξ が小さい振動に限れば水の重心はもっぱら水平方向に振動すると見てよい．とはいえ，水の振動の原因は重力である．重心が y_G 増せば，水の位置エネルギーは水の質量を M として Mgy_G 増える．(2.1) より

$$Mgy_G = \frac{Mg}{6h}\xi^2 = \frac{1}{2}\frac{12hMg}{L^2}x_G{}^2$$

となる．あたかも水は重心が水平方向に x_G 移動したために $x_G{}^2$ に比例したエネルギーをもつように見えるが，これはばねを x 縮めたりのばしたりするとき $\frac{1}{2}kx^2$ エネルギーをもつのと同じ関係であり，したがって水の重心は近似的にばね振り子のように振動することになる．

また (2.2) より $\frac{v_y}{v_x} = \frac{2\xi}{L}$ だから，水の重心の速度の y 成分は x 成分に比べてずっと小さい．したがって，水の運動エネルギーは主として v_x だけで決まる．したがって重力加速度を g とすると，水の力学的エネルギーは次式で表される．

$$E = \frac{1}{2}Mv_x^2 + \frac{1}{2}\frac{12hMg}{L^2}x_G{}^2 \tag{2.3}$$

これと，ばねに質量 m の物体がついて，角振動数 ω で単振動しているときの力学的エネルギー

$$E = \frac{1}{2}mv^2 + \frac{1}{2}m\omega^2 x^2$$

を比較して

$$\omega = \sqrt{\frac{12gh}{L^2}} = 2\frac{\sqrt{3gh}}{L} \tag{2.4}$$

これから振動の周期 T は

$$T = \frac{2\pi}{\omega} = \frac{\pi L}{\sqrt{3gh}}. \tag{2.5}$$

この式に従って周期を計算し，問題に与えられた測定値と並べると次の表 6.2 のようになる．

表 6.2-1　$L = 479\,\mathrm{mm}$

h/mm	30	50	69	88	107	124	142
T/s (測定値)	1.78	1.40	1.18	1.08	1.00	0.91	0.82
T/s (計算値)	1.60	1.24	1.06	0.934	0.848	0.788	0.736

表 6.2-2　$L = 143\,\mathrm{mm}$

h/mm	31	38	58	67	124
T/s (測定値)	0.52	0.52	0.43	0.35	0.28
T/s (計算値)	0.471	0.425	0.344	0.320	0.235

これより，測定値は計算値より少し大きく，およそ 1.1〜1.2 倍になっていることがわかる．セイシのモデルとしては悪くないものであるといえるだろう．

ヴェッテルン湖のセイシの周期は，(2.5) に $L = 123\,\mathrm{km} = 1.23 \times 10^5\,\mathrm{m}$, $h = 50\,\mathrm{m}$ を代入して，1.1 倍することにより，

$$T = 1.01 \times 10^4\,\mathrm{s} = 3.1\,\mathrm{h}$$

と計算される．

グラフの時間軸の一目盛は振動のほぼ一周期に相当するから，一目盛は 3 時間であると考えられる．

参考文献：江沢 洋・東京物理サークル編『物理なぜなぜ事典 2』，日本評論社 (2000), pp.45–49.

7

重力を及ぼし合う質点系の回転

ワルシャワ, ポーランド

1989

1 問　　題

　同一直線上にない 3 点 P_1, P_2, P_3 があり，それぞれ質量 m_1, m_2, m_3 をもち，互いに重力のみで相互作用している．この系は孤立し，他のどんな系とも相互作用しない．

　これら 3 点が，3 点を頂点とする三角形の面に垂直なある軸のまわりに，三角形の形を変えずに回転することがあるだろうか？　もしあるとしたら，三角形の 3 辺はどんな条件を満たすべきか？

2 解　　答

2.1 回転の角速度の条件

　この系は孤立しているので，(運動エネルギー) + (位置エネルギー) は一定である．

　位置エネルギーは，重力によるもので質点相互の距離の関数であって，形を変えずに回転するときは一定である．したがって，運動エネルギーも一定でなければならない．運動エネルギーは，重心の運動エネルギーと重心のまわりの回転運動のエネルギーの和である．この系は孤立しているから，重心は等速度運動をするので，重心の運動エネルギーは一定である．したがって，重心のまわりの回転

運動のエネルギーも一定でなければならないが，これは重心から質点 m_k までの距離を r_k とし，回転の角速度を ω とすれば，m_k の速さは $r_k\omega$ であるから

$$K = \frac{1}{2}(m_1 r_1^2 + m_2 r_2^2 + m_3 r_3^2)\omega^2$$

と書くことができる．運動によって三角形の形は変わらないから r_k も一定で，したがって

$$\omega = 一定 \tag{2.1}$$

でなければならない．

2.2 三角形の辺の長さに対する必要条件

三点の重心を O とし，これを原点として m_k の位置ベクトルを $\boldsymbol{r}_k$ とする．重心が原点だから

$$m_1 \boldsymbol{r}_1 + m_2 \boldsymbol{r}_2 + m_3 \boldsymbol{r}_3 = 0 \tag{2.2}$$

が成り立つ．

これからは，重心を通り三角形に垂直な軸 σ のまわりの角速度 ω の回転運動を考える．

質点 m_1 にはたらく力は，重力定数を G として

　　遠心力：$m_1 \boldsymbol{r}_1 \omega^2$

　　重力：m_2 から，$Gm_1 m_2 \dfrac{\boldsymbol{r}_2 - \boldsymbol{r}_1}{a_{12}^3}$ ，　m_3 から，$Gm_1 m_3 \dfrac{\boldsymbol{r}_3 - \boldsymbol{r}_1}{a_{13}^3}$

である．ここで $\overline{\mathrm{P}_j \mathrm{P}_k}$ を a_{jk} とした．これらの力の釣り合いから

$$m_1 \boldsymbol{r}_1 \omega^2 + Gm_1 \left(m_2 \frac{\boldsymbol{r}_2 - \boldsymbol{r}_1}{a_{12}^3} + m_3 \frac{\boldsymbol{r}_3 - \boldsymbol{r}_1}{a_{13}^3} \right) = 0$$

が成り立つ．

この式に (2.2) を用いて $\boldsymbol{r}_1$ を消去すれば

$$-(m_2 \boldsymbol{r}_2 + m_3 \boldsymbol{r}_3)\omega^2 + Gm_1 \left(m_2 \frac{\boldsymbol{r}_2}{a_{12}^3} + m_3 \frac{\boldsymbol{r}_3}{a_{13}^3} \right)$$
$$+ G \left(\frac{m_2}{a_{12}^3} + \frac{m_3}{a_{13}^3} \right)(m_2 \boldsymbol{r}_2 + m_3 \boldsymbol{r}_3) = 0$$

これは r_2 と r_3 の一次結合が 0 であるという式であるが、これら 2 つのベクトルは異なる方向を向いているから、それぞれの係数が別々に 0 でなければならない。

r_2 の係数: $\quad -m_2\omega^2 + G\left[\dfrac{m_1 m_2}{a_{12}^3} + \dfrac{m_2^2}{a_{12}^3} + \dfrac{m_2 m_3}{a_{13}^3}\right] = 0$

r_3 の係数: $\quad -m_3\omega^2 + G\left[\dfrac{m_1 m_3}{a_{13}^3} + \dfrac{m_2 m_3}{a_{12}^3} + \dfrac{m_3^2}{a_{13}^3}\right] = 0.$

この第 1 式に m_3 をかけ、第 2 式に m_2 をかけて引けば、

$$m_1 m_2 m_3 \left(\dfrac{1}{a_{12}^3} - \dfrac{1}{a_{13}^3}\right) = 0$$

が得られる。よって

$$a_{12} = a_{13}$$

でなければならない。

これは m_1 にはたらく力の釣り合いを考えて得た結論であるが、同様に m_2 にはたらく力を考えれば

$$a_{21} = a_{23}$$

が得られる。もちろん $a_{12} = a_{21}$ であるから

$$a_{12} = a_{23} = a_{31} \tag{2.3}$$

が得られる。三角形の 3 辺は長さが等しくなければならない。

2.3 十分条件

上では、3 つの質点が剛体的に回転するには、それらが正三角形をなしていることが必要であることを見た。これは十分であろうか？

3 質点が正三角形をなして配置されているとして、その一辺の長さを a とする。重心を原点としてそれぞれの質点までの位置ベクトルを r_k とすれば、質点 m_1 の運動方程式は

$$m_1 r_1 \omega^2 + \dfrac{G}{a^3} m_1 \bigl\{m_2(r_2 - r_1) + m_3(r_3 - r_1)\bigr\} = 0 \tag{2.4}$$

である．重心の定義 (2.2) を用いて

$$-(m_2\boldsymbol{r}_2 + m_3\boldsymbol{r}_3)\omega^2 + \frac{G}{a^3}\Big\{m_1(m_2\boldsymbol{r}_2 + m_3\boldsymbol{r}_3) + (m_2+m_3)(m_2\boldsymbol{r}_2 + m_3\boldsymbol{r}_3)\Big\}$$

この式の

$$\boldsymbol{r}_2 \text{ の係数}: \quad -m_2\omega^2 + \frac{G}{a^3}m_2\Big\{m_1 + (m_2+m_3)\Big\}$$

$$\boldsymbol{r}_3 \text{ の係数}: \quad -m_3\omega^2 + \frac{G}{a^3}m_3\Big\{m_1 + (m_2+m_3)\Big\}$$

であって，いずれも

$$\omega^2 = \frac{G}{a^3}(m_1 + m_2 + m_3) \tag{2.5}$$

であれば 0 となる．このとき m_1 の運動方程式 (2.4) は成り立つのである．

この ω^2 は m_1, m_2, m_3 について対称的だから，これで m_2, m_3 の運動方程式も成り立つことは明らかである．

こうして，3 質点が正三角形をなすことは，剛体的な回転の十分条件であることもわかった．

8

回転する人工衛星

ヘルシンキ，フィンランド

1992

1 問　　題

　図 8.1 は地球の赤道面上を，ほぼ円軌道を描いて回っている人工衛星を表している．衛星は質量を無視できる中心物体 P と，質量はそれぞれ m の 4 つの小さな周辺物体 B からなる．

　B はどれも，伸び縮みが無視できる長さ r のワイヤで P に結びつけられている．P と 4 つの B を含む全体は地球の赤道と共通な平面上にあるとしよう．中心の P とまわりの B を結ぶ放射状のワイヤは互いに別の細いワイヤで結ばれて，互いの角度を 90° に保たれている．この結合ワイヤは，運動の解析を非常に複雑にしてしまう B たちの振動を妨げるためにも用いられている．すべての B は同じ角速度で P のまわりを回る．恒星系から見たこの角速度の大きさを ω とする．つまり衛星は剛体のように振る舞うと考えてよい．B の自転と公転を含む様々な条件を考えて以下の問に答えよ．§1.1, 1.2 については求めた量の数値解も出せ．必要なデータや数値は問題の末尾に与えられている．

1.1　ワイヤーの張力

　衛星は図 8.1 のような位置にある．すなわち P と B を結ぶ 4 本のワイヤが，地球から P に引いたベクトル $\boldsymbol{R}$ (長さ R) に，それぞれ平行，反平行，垂直になっている．ベクトル $\boldsymbol{r}$ は P から B に引かれたベクトルとすると，それは 4 つ

8 回転する人工衛星　　　　　　　　　　　　　35

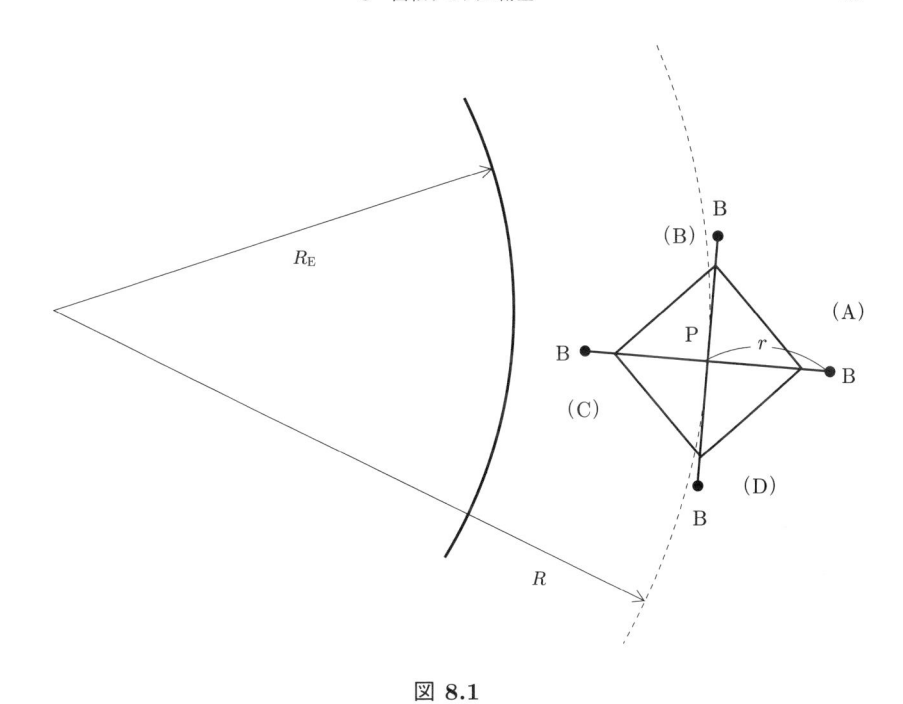

図 8.1

あるが，ひとまず 1 つの r で代表させておいて考察し，その後 4 つの場合に分けることにしよう．その長さはどれも r である．各 B が図 8.1 のそれぞれの位置にあるときにワイヤから中心 P の方向にはたらく力を求めよ．これらの位置のそれぞれは近似的に力の最大最小に対応するだろう．

1.2　B 内に置かれた機械の仕事

　4 つの B の内部には，中心方向のワイヤにつながっていて，太陽エネルギーで動く機械がある．前問で求められたワイヤの力が最大になる位置にくると，機械は短い時間ワイヤを B に引っ張り込む．そしてワイヤの張力が最小になるところでは，逆にワイヤをもとの長さに繰り出す．引っ張り込み，また繰り出すワイヤの長さはワイヤの平均の長さの 1 ％ である．衛星が 1 回転する間にわたって平均した，1 つの機械がする正味の仕事率 (パワー) はいくらか．正味の仕事率とは

$$P = \frac{W_1 - W_2}{T}$$

で定義する．ここで W_1 は機械がワイヤを引っ張り込むときにする仕事，W_2 はワイヤが繰り出されるときワイヤが機械に対してする仕事であり，T は回転の周期である．

1.3 衛星の運動の変化

これらの機械たちの作用によって引き起こされる衛星の運動の変化を論ぜよ．特に，軌道速度，軌道の半径，角速度，重力のポテンシャルエネルギーがどんなときにどのように変化するかを調べよ．

データ
数値解を求めるときは次のような条件の下にあるとする．

- 中心物体の軌道半径は　$R = R_\mathrm{E} + 500\,\mathrm{km}$
- 中心方向のワイヤの平均の長さは　$r = 100\,\mathrm{km}$
- したがって衛星全体の半径は　$200\,\mathrm{km}$
- B の質量は　$m = 1000\,\mathrm{kg}$
- 初期状態で 4 つの B は P のまわりを，恒星系から見て 10 回転／毎時の速さで回っていた．
- ワイヤの質量および P の質量は無視できる．

注意：自転と公転を考慮せよ．
厳密な解を要求されているわけではない．5%の誤差は許容範囲である．
月と太陽の重力は無視して良い．

役に立つ数値

地球の質量	$M_\mathrm{E} = 5.97 \times 10^{24}\,\mathrm{kg}$
重力定数	$G = 6.673 \times 10^{-11}\,\mathrm{m^3 kg^{-1} s^{-2}}$
地球の赤道半径	$R_\mathrm{E} = 6378\,\mathrm{km}$
積 $M_\mathrm{E} G = K$	$K = 3.983 \times 10^{14}\,\mathrm{m^3 s^{-2}}$

8　回転する人工衛星　　　　　　　　　　　　　　　　　　　　　　　　　　37

2　解　　答

2.1　ワイヤーの張力

1つの B を考える．地球の中心を原点としたとき，B の位置ベクトルを r_B とすると

$$r_B = R + r \tag{2.1}$$

である．これを微分して B の速度を求めると，

$$v_B = \dot{r}_B = \dot{R} + \dot{r} \tag{2.2}$$

になるが，P の角速度を Ω とし，B が P を回る角速度 ω も用いると，これは

$$v_B = \Omega \times R + \omega \times r \tag{2.3}$$

と書ける．加速度を求めるにはこれをもう一度微分する．このとき角速度の時間変化も考慮しなければならないが，ここでは変化は無視できるとして近似すれば

$$a_B = \ddot{r}_B = \Omega \times (\Omega \times R) + \omega \times (\omega \times r)$$

で，どちらの角速度も衛星のある赤道面に垂直なので，ベクトル積は

$$a_B = -\Omega^2 R - \omega^2 r \tag{2.4}$$

と書ける．B にこの加速度を引き起こしているのはワイヤの力と地球の重力である．したがって B の運動方程式は，重力を F_g，ワイヤの張力を F_w として，

$$F_g + F_w = m(-\Omega^2 R - \omega^2 r) \tag{2.5}$$

となり，

$$F_w = m(-\Omega^2 R - \omega^2 r) - F_g.$$

ここで重力の大きさを求めてみよう．重力の法則から $M_E G = K$ を用いて

$$\text{地球の重力}\ F_g = -Km\frac{R+r}{|R+r|^3}$$

と表される．ベクトルの関係を図 8.2 に示す．余弦定理を用いると

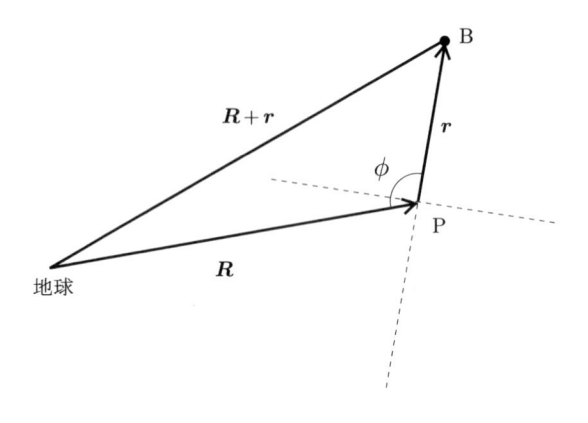

図 8.2

$$(\boldsymbol{R}+\boldsymbol{r})^2 = R^2 + r^2 - 2(\boldsymbol{R}\cdot\boldsymbol{r})$$

より

$$|\boldsymbol{R}+\boldsymbol{r}| = (R^2 + r^2 - 2Rr\cos\phi)^{\frac{1}{2}}$$

であり，これを重力の式に入れて $\frac{r}{R} \ll 1$ として展開すると

$$\begin{aligned}
\boldsymbol{F_g} &= -Km\frac{\boldsymbol{R}+\boldsymbol{r}}{|\boldsymbol{R}+\boldsymbol{r}|^3} \\
&= -Km(\boldsymbol{R}+\boldsymbol{r})(R^2 + r^2 - 2Rr\cos\phi)^{-\frac{3}{2}} \\
&= -Km(\boldsymbol{R}+\boldsymbol{r})R^{-3}\left\{1+\left(\frac{r}{R}\right)^2 - 2\frac{r}{R}\cos\phi\right\}^{-\frac{3}{2}} \\
&= -Km(\boldsymbol{R}+\boldsymbol{r})R^{-3}\left(1+3\frac{r}{R}\cos\phi+\cdots\right) \\
&\approx -KmR^{-3}\left(\boldsymbol{R}+\boldsymbol{r}+\frac{3r}{R}\boldsymbol{R}\cos\phi\right)
\end{aligned}$$

衛星 (質量がすべて重心に集まっているとして) については，円軌道を考えれば向心力 = 重力の関係があるので，

$$4mR\Omega^2 = G\frac{4mM_{\mathrm{E}}}{R^2} = \frac{4mK}{R^2}$$

より，

8 回転する人工衛星

$$K = \Omega^2 R^3 \tag{2.6}$$

が求まる．これは円軌道でなくても一般的に成り立つケプラーの法則である．これを代入すると，

$$\boldsymbol{F_g} = -m\Omega^2 \boldsymbol{R} - m\Omega^2 \boldsymbol{r} - \frac{3mr\Omega^2 \boldsymbol{R}\cos\theta}{R} \tag{2.7}$$

となるので，ワイヤが及ぼす力として

$$\frac{\boldsymbol{F_w}}{m} = -\omega^2 \boldsymbol{r} + \Omega^2 \boldsymbol{r} + 3\Omega^2 r \frac{\boldsymbol{R}}{R}\cos\phi \tag{2.8}$$

を得る．この式を用いて図 8.1 の (A), (B), (C), (D) の 4 通りの位置の場合について考えてみよう．

(A). $\phi = \pi$ なので $\cos\phi = -1$，また $\boldsymbol{R} = \dfrac{R}{r}\boldsymbol{r}$ が成り立つ．よって

$$\boldsymbol{F_w} = -m\omega^2 \boldsymbol{r} - 2m\Omega^2 \boldsymbol{r} = -m(\omega^2 + 2\Omega^2)\boldsymbol{r}$$

(B), (D). $\cos\phi = 0$ であり，

$$\boldsymbol{F_w} = -m(\omega^2 - \Omega^2)\boldsymbol{r}$$

(C). $\cos\phi = 1$ しかし今度は $\boldsymbol{R} = -\dfrac{R}{r}\boldsymbol{r}$ となるので A と同じく

$$\boldsymbol{F_w} = -m(\omega^2 + 2\Omega^2)\boldsymbol{r}.$$

したがってワイヤの力は (A), (C) で最大，(B), (D) で最小となる．

数値計算を行うと，

$$\Omega = \sqrt{\frac{K}{R^3}} = 1.1064 \times 10^{-3} \text{rad/s} \tag{2.9}$$

$$\omega = \frac{20\pi}{3600\text{s}} = 1.7453 \times 10^{-2} \text{rad/s} \tag{2.10}$$

$$最小の力 = mr(\omega^2 - \Omega^2) = 3.034 \times 10^4 \text{N} \tag{2.11}$$

$$最大の力 = mr(\omega^2 + 2\Omega^2) = 3.071 \times 10^4 \text{N} \tag{2.12}$$

となる．

2.2 B 内に置かれた機械の仕事

1つの B について考えると,衛星が1回自転する間に4つの位置を通過するので,ワイヤに対し (A), (C) で仕事をし (B), (D) で仕事をされる.いずれのときも長さの変化は同じで $\Delta r = 1\,\mathrm{km}$ であるので,全仕事は

$$W = 2mr\Delta r\{(\omega^2 + 2\Omega^2) - (\omega^2 - \Omega^2)\} = 7.344 \times 10^5 \mathrm{J}$$

となる.仕事率を出すには周期を出さなくてはならないが,ここで ω は恒星系から見た角速度なので,衛星のまわりを自転する運動としてみると,衛星全体が公転する角速度を引いた,$\omega - \Omega$ で回っていることになる.これは自転と公転が同じ方向を向いている場合で,もし互いに反対ならば,もちろん $\omega + \Omega$ である.

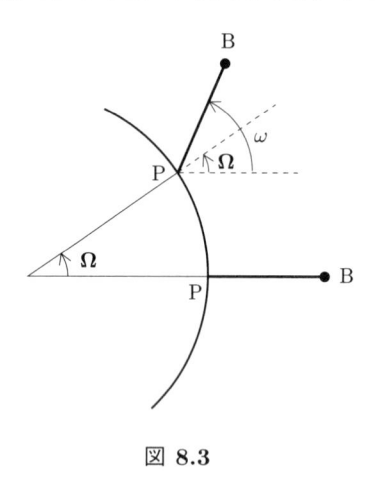

図 8.3

したがって周期は $T = 2\pi/(\omega \pm \Omega)$ で自転と公転が同じ向きのときは $-$,逆向きのときは $+$ をとる.これを用いて

$$P = \frac{W}{T} = \frac{W(\omega \pm \Omega)}{2\pi} \tag{2.13}$$

$$= \frac{7.344 \times 10^5 \mathrm{J} \times (17.453 \times 10^{-3} \pm 1.1064 \times 10^{-3})\,\mathrm{rad/s}}{2\pi} \tag{2.14}$$

計算すると,回転が同方向の場合 $1911\,\mathrm{W}$,反対方向の場合 $2180\,\mathrm{W}$.

2.3 衛星の運動の変化

ここまで計算したように衛星内部では太陽エネルギーを吸収した機械が正味の仕事をするので，衛星のエネルギーは増加する．もっているエネルギーが増加するとき衛星の運動はどう変化するだろう．

まず，衛星のエネルギーを書き表す．質量 m の物体が半径 r，角速度 ω で回転するときの運動エネルギーは $\frac{1}{2}mr^2\omega^2$ と書けるので，

$$\text{エネルギー } E = 4 \times \frac{1}{2}mr^2\omega^2 + \frac{1}{2} \times 4mR^2\Omega^2 - \frac{4mK}{R}$$

となる．第 1 項は重心まわりの自転のエネルギー，第 2 項は重心が地球のまわりを公転するエネルギー，第 3 項は重力のポテンシャルエネルギーである．この中で変化し得る量は軌道半径 R，重心 P の公転角速度 Ω，B の角速度 ω である．ケプラーの法則の式 (2.6) を用いると，$\frac{1}{2}4mR^2\Omega^2 = \frac{2mK}{R}$ となり，

$$E = -\frac{2mK}{R} + 2mr^2\omega^2 \tag{2.15}$$

したがってエネルギーの増加は

$$dE = \frac{2mK}{R^2}dR + 4mr^2\omega d\omega \tag{2.16}$$

と書ける．ここで外力は中心向きの重力だけであるから全角運動量 (軌道角運動量と自転角運動量の和．それぞれは変化する) が保存するので

$$\text{角運動量の和} = 4 \times mr^2\omega \pm 4mR^2\Omega = 4mr^2\omega \pm 4m\sqrt{KR} = \text{const.}.$$

+− は自転の向きが公転の向きと同じか逆かを表す．これを微分して変化の間の関係を求めると

$$r^2 d\omega \pm \frac{1}{2}\sqrt{\frac{K}{R}}dR = 0 \tag{2.17}$$

これを式 (2.16) に代入すると

$$\frac{dE}{2m} = \frac{K}{R^2}dR \mp \omega\sqrt{\frac{K}{R}}dR$$

$$= \frac{K}{R^2}dR\left(1 \mp \omega K^{-\frac{1}{2}}R^{\frac{3}{2}}\right)$$
$$= \frac{K}{R^2}dR\left(1 \mp \frac{\omega}{\Omega}\right)$$

われわれは $\Omega < \omega$ の場合を考えてきた．また dE は正であるから，自転と公転が同じ向きのとき，つまり式の負号のときには $dR < 0$ つまり公転半径 R は減少する．反対向きのときは R は増加する．よってこの機械の作用で軌道半径を変えることができる．

(2.17) から

$$d\omega = \mp \frac{1}{2r^2}\sqrt{\frac{K}{R}}\,dR. \qquad (2.18)$$

ここで上側の符号が自転と公転が同じ向き，下側の負号が反対向きのときである．

また (2.6) より

$$2\Omega\,d\Omega = -\frac{K}{R^4}dR \qquad (2.19)$$

なので dR と $d\Omega$ は異符号である．したがって

・自転と公転が同じ向きなら $dR < 0$ で $d\omega > 0, \quad d\Omega > 0, \quad dU < 0$.
・自転と公転が反対向きなら $dR > 0$ で $d\omega > 0, \quad d\Omega < 0, \quad dU > 0$.

ただし U はポテンシャルエネルギーで，当然 R が小さいほど低くなる．

9

直線状の分子の振動

ヘルシンキ，フィンランド

1992

1 問 題

　図 9.1 に示したような，一直線上に並んだ原子からできている分子の縦方向の運動すなわち分子軸に沿った運動を考える．回転運動や分子の折れ曲がりは考えない．分子はそれぞれ質量 $m_1, m_2, \cdots, m_N$ の N 個の原子からなり，個々の原子は隣の原子と化学結合によって結びついていて，それぞれの結合はばね定数 $k_1, k_2, \cdots, k_{N-1}$ の，フックの法則に従う軽いばねで近似できる．

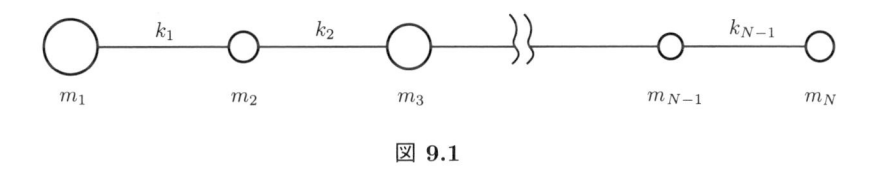

図 **9.1**

　この問題を解くうえで，次の事実を用いよ．一直線状の分子の縦振動は，基準振動または基準モードと呼ばれる振動たちを重ね合わせたものである．基準モードでは，すべての原子は同じ振動数の単振動をし，またすべての原子はそれぞれの平衡位置を同時に通過する．

1.1 原子にはたらく力と変位の関係式

x_i を i 番目の原子の平衡位置からの変位とする．i 番目の原子に作用する力 F_i を変位 $x_1, x_2, \cdots, x_N$ とばね定数 $k_1, k_2, \cdots, k_{N-1}$ の関数として表せ．力 $F_1, F_2, \cdots, F_N$ の間にはどのような関係があるか．この関係を用いて，変位 $x_1, x_2, \cdots, x_N$ の間の関係を導き，その関係の物理的解釈を与えよ．

1.2 2原子分子の振動

図 9.2 のような 2 原子分子 AB を考える．ばね定数の値は k とするとき原子 A, B に作用する力を求め，可能な基準振動のタイプを決定せよ．対応する振動数を求め，原子はどのように運動するか述べよ．

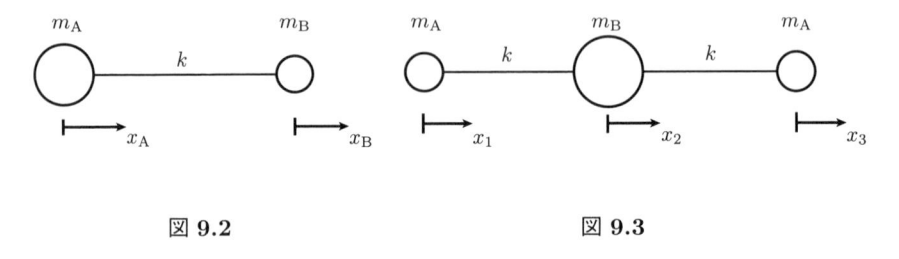

図 9.2

図 9.3

1.3 3原子分子の振動

図 9.3 のような 3 原子分子 BA_2 を考える．原子にはたらく力を変位の関数として表し，可能な基準振動とそれに対応する振動数を求めよ．

1.4 二酸化炭素分子の結合の強さ

二酸化炭素分子の 2 つの基準縦振動の振動数は，それぞれ 3.998×10^{13} Hz と 7.042×10^{13} Hz である．CO 結合のばね定数の値を求めよ．原子間の結合のこのような近似は実際の分子の振動運動をよく説明しているだろうか．

炭素原子の原子質量 = 12 amu (原子質量単位)，酸素原子の原子質量 = 16 amu とし，1 amu = 1.661×10^{-27} kg とする．

9 直線状の分子の振動   45

2 解　　答

2.1 原子にはたらく力および変位の関係式

i 番目の原子には $(i-1)$ 番目の原子から $-k_{i-1}(x_i - x_{i-1})$ の力が，$(i+1)$ 番目の原子からは $-k_i(x_i - x_{i+1})$ の力がはたらくから，合力 F_i は，

$$F_i = -k_{i-1}(x_i - x_{i-1}) - k_i(x_i - x_{i+1}) \tag{2.1}$$

$i=1$ の原子と $i=N$ の原子には片方の隣の原子しかないことを考慮すると，各原子にはたらく力は，

$$F_1 = -k_1(x_1 - x_2)$$
$$F_2 = -k_1(x_2 - x_1) - k_2(x_2 - x_3)$$
$$\cdots = \cdots$$
$$F_i = -k_{i-1}(x_i - x_{i-1}) - k_i(x_i - x_{i+1})$$
$$\cdots = \cdots$$
$$F_N = -k_{N-1}(x_N - x_{N-1})$$

となる．分子全体にはたらく力の合力 F を求めると，

$$F = F_1 + F_2 + \cdots + F_i + \cdots + F_N = 0 \tag{2.2}$$

となり，これは外力がないことに対応している．

個々の原子の加速度を a_i とすると，$m_i a_i = F_i$ の関係があるから，(2.2) から

$$m_1 a_1 + m_2 a_2 + \cdots m_N a_N = 0 \tag{2.3}$$

加速度 a_i は $a_i = \dfrac{d^2 x_i}{dt^2}$ また速度は $v_i = \dfrac{dx_i}{dt}$ であるから積分して

$$m_1 v_1 + m_2 v_2 + \cdots + m_N v_N = 一定 \tag{2.4}$$

となる．分子全体の質量 M と重心の座標 x_G と速度 $v_G = \dfrac{dx_G}{dt}$ を導入すればこの左辺は Mv_G になる．外力ははたらかないので，分子の重心は等速度運動を行

い，全体の運動量は変わらない．

いま，重心とともに運動する座標系を考えると，$v_G = 0$ となるから，(2.4) の右辺 $= 0$ とおいて，さらに積分すると，

$$m_1 x_1 + m_2 x_2 + \cdots + m_N x_N = \text{一定} \tag{2.5}$$

となる．重心の位置は変わらないので，重心を原点にとればこの右辺も 0 にできる．

2.2　2 原子分子の振動

原子 A, B の質量と変位をそれぞれ m_A, m_B, x_A, x_B とする．原子 A に作用する力を F_A，原子 B に作用する力を F_B とすると，

$$F_A = -k(x_A - x_B), \quad F_B = -k(x_B - x_A).$$

したがって，運動方程式は

$$m_A a_A = -k(x_A - x_B), \quad m_B a_B = -k(x_B - x_A) \tag{2.6}$$

となる．(2.5) より

$$x_B = -\frac{m_A}{m_B} x_A \tag{2.7}$$

これを (2.6) に代入すると

$$\frac{d^2}{dt^2} x_A = -k \frac{m_A + m_B}{m_A m_B} x_A \tag{2.8}$$

これは単振動の方程式である．この解は 2 通りで

1. (2.6) から $x_A = x_B$ の場合は $a_A = a_B = 0$ で，これは A, B が一緒に併進運動している解で，振動数 $\omega_1 = 0$．

2. $x_A = A \cos \omega_2 t$, $\omega_2 = \sqrt{\dfrac{k(m_A + m_B)}{m_A m_B}}$．このとき $x_B = -\dfrac{m_A}{m_B} A \cos \omega_2 t$ で，重心の位置が変わらないように反対向きに変位している．

2.3　3 原子分子の振動

前問のように 3 つの原子についての運動方程式を書くと

9 直線状の分子の振動

$$m_A a_1 = -k(x_1 - x_2)$$
$$m_B a_2 = -k(x_2 - x_1) - k(x_2 - x_3) = -k(-x_1 + 2x_2 - x_3)$$
$$m_A a_3 = -k(x_3 - x_2). \tag{2.9}$$

基準振動を求めるには

$$x_1 = A\cos\omega t, \quad x_2 = B\cos\omega t, \quad x_3 = C\cos\omega t$$

とおく。$a_i = \dfrac{d^2 x_i}{dt^2}$ を用いて (2.9) に代入すると，$\cos\omega t$ の係数について次の関係を得る．

$$\begin{array}{rl} (k - m_A\omega^2)A \quad -kB \quad\quad\quad = 0 & \\ -kA + (2k - m_B\omega^2)B \quad -kC = 0 & \\ kB + (k - m_A\omega^2)C = 0 & \end{array} \tag{2.10}$$

この方程式の解が $A = B = C = 0$ 以外の解をもつ条件は，この連立方程式の係数の行列式 $= 0$ であることだから

$$\begin{vmatrix} k - m_A\omega^2 & -k & 0 \\ -k & 2k - m_B\omega^2 & -k \\ 0 & -k & k - m_A\omega \end{vmatrix} = 0 \tag{2.11}$$

これから $(k - m_A\omega^2)^2(2k - m_B\omega^2) - 2k^2(k - m_A\omega^2) = 0$ が得られ，この解として

$$\omega_1 = 0 \tag{2.12}$$

$$\omega_2 = \sqrt{\dfrac{k}{m_A}} \tag{2.13}$$

$$\omega_3 = \sqrt{\dfrac{(2m_A + m_B)k}{m_A \cdot m_B}} = \sqrt{\left(\dfrac{1}{m_A} + \dfrac{2}{m_B}\right)k} \tag{2.14}$$

を得る．これが 3 つの基準振動である．

自明な ω_1 を除いてそれぞれの振幅を求めてみよう．

1. ω_2 の場合

(2.10) へ代入すると

$$
\begin{aligned}
\left(k - m_A \frac{k}{m_A}\right) A \quad & -kB & &= 0 \\
-kA + \left(2k - \frac{m_B}{m_A} k\right) B & & -kC &= 0 \quad (2.15)\\
& kB + \left(k - m_A \frac{k}{m_A}\right) C &= 0
\end{aligned}
$$

が得られ，これから $B = 0, C = -A$ つまり真ん中の分子は止まっていて，両側が反対に動く．

2. ω_3 の場合

(2.10) へ代入すると

$$
\begin{aligned}
\left(k - m_A \frac{k(2m_A + m_B)}{m_A m_B}\right) A - kB &= 0 \\
-kA + \left(2k - m_B \frac{k(2m_A + m_B)}{m_A m_B}\right) B - kC &= 0 \quad (2.16)\\
kB + \left(k - m_A \frac{k(2m_A + m_B)}{m_A m_B}\right) C &= 0
\end{aligned}
$$

が得られ，これから $A = C, B = -\dfrac{2m_A}{m_B} A$ となる．つまり両側は一緒に動き，真ん中が反対に動く．

2.4 二酸化炭素分子の結合の強さ

$\omega_2 < \omega_3$ は明らかだから，

$$\omega_2 = 2\pi f_2 = 2 \times 3.1415\,\text{rad} \times (3.998 \times 10^{13})\text{s}^{-1} = 2.512 \times 10^{14}\,\text{rad/s}$$

$$\omega_3 = 2\pi f_3 = 2 \times 3.1415\,\text{rad} \times (7.042 \times 10^{13})\text{s}^{-1} = 4.424 \times 10^{14}\,\text{rad/s}$$

それぞれに対応する k を k_2, k_3 とすると，

$$
\begin{aligned}
k_2 &= m_A \omega_2^2 \\
&= 16 \times (1.661 \times 10^{-27})\text{kg} \times (2.512 \times 10^{14}\,\text{rad/s})^2 \\
&= (1.6760 \times 10^3)\text{N/m} \quad (2.17)\\
k_3 &= \frac{m_A \cdot m_B}{2m_A + m_B} \cdot \omega_3^2
\end{aligned}
$$

$$= \frac{16 \times 12 \times [(1.661 \times 10^{-27})\mathrm{kg}]^2}{(2 \times 16 + 12) \times (1.661 \times 10^{-27})\mathrm{kg}} \times [(4.424 \times 10^{14})\mathrm{rad/s}]^2$$
$$= 1.4194 \times 10^3 \mathrm{N/m} \tag{2.18}$$

k_2 と k_3 はおおむね一致しているので，この近似はその範囲で分子の様子を表しているといえる．

10

大洋の潮汐の大きさ

オスロ,ノルウェー

1996

1 問　　題

地球上の大きな海 (大洋) の潮の満ち引きの大きさを考える.

1. 地球と月とを 1 つの孤立した系と考える.
2. 地球から月までの距離は一定であるとする.
3. 地球は海 (大洋) によって完全に覆われていると考える.
4. 地球自転による力学的影響は無視する.
5. 地球による万有引力 (重力) は全質量が地球の中心にあるとして計算できる.

次の数値が与えられている.

- 地球の質量：$M = 5.98 \times 10^{24}$ kg
- 月の質量：$M_m = 7.35 \times 10^{22}$ kg
- 地球の半径：$R = 6.37 \times 10^6$ m
- 地球の中心から月の中心までの距離：$L = 3.84 \times 10^8$ m
- 万有引力の定数：$G = 6.67 \times 10^{-11}$ m^{3}kg^{-1}s^{-2}

1.1 質量中心の位置と地球と月の角速度

月と地球は質量中心 C のまわりを角速度 ω で回っている．C と地球の中心との距離を l として，その大きさを求めよ．また ω の値を求めよ．

ここでわれわれは C のまわりを月と地球の中心と一緒に回っている座標系を用いる．この座標系では地球の液体表面は静止している．C を通り，回転軸に垂直な平面 P の上では，図 10.1 に示すように地球の液体表面上の各質点の位置は，極座標 r と ϕ で表すことができる．ここで r は地球の中心からの距離であり，地球半径 R とそこからの変位を h とすれば $r(\phi) = R + h(\phi)$ である．

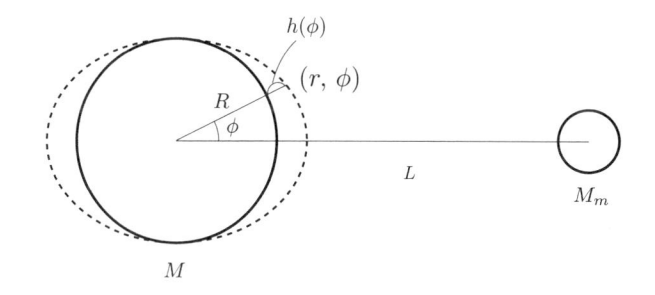

図 10.1

1.2 ポテンシャルエネルギー

平面 P 上で，地球の液体表面にある質量 m の質点を考える．われわれの考えている座標系では月と地球からの重力と遠心力が作用している．これら 3 つの力に対応するポテンシャルエネルギーを書け．

(注) r のみに依存する力 $F(r)$ は，球対称のポテンシャルエネルギー $V(r)$ を微分したものに負号をつけて得られる．

$$F(r) = -\frac{dV(r)}{dr} \tag{1.1}$$

1.3 潮汐によるふくらみ h

M, M_m などの与えられた数値を用いて $h(\phi)$ を近似値で求めよ．このモデルでの満潮と干潮の違いは何メートルか．なお，次の近似計算を用いよ．

$$\frac{1}{\sqrt{1+a^2-2a\cos\theta}} \approx 1 + a\cos\theta + \frac{1}{2}a^2(3\cos^2\theta - 1) \tag{1.2}$$

a の値が 1 より非常に小さいときにこの近似式が成り立つ.

この問題では可能ならいつでも妥当な近似を用いよ.

2 解　答

2.1 質量中心の位置と地球と月の角速度

距離 l は

$$Ml = M_m(L-l)$$

を満たす. よって

$$l = \frac{M_m L}{M+M_m} = \frac{7.35 \times 10^{22}\,\text{kg} \times 3.84 \times 10^8\,\text{m}}{5.98 \times 10^{24}\,\text{kg} + 7.35 times 10^{22}\,\text{kg}} = 4.66 \times 10^6\,\text{m} \tag{2.1}$$

l は地球の半径 R より小さいので，地球の内部にある.

$$R - l = 6.37 \times 10^6\,\text{m} - 4.66 \times 10^6\,\text{m} = 1.71 \times 10^6\,\text{m}$$

なので，月と地球の質量の中心 C は地球の表面より 1710 km 内側である.

地球にはたらく遠心力 $Ml\omega^2$ は地球が月から受ける重力 $\dfrac{GM_m M}{L^2}$ と釣り合っているので

$$Ml\omega^2 = \frac{GM_m M}{L^2} \tag{2.2}$$

よって l に (2.1) を用い

$$\omega = \sqrt{\frac{GM_m}{L^2 l}} = \sqrt{\frac{G(M+M_m)}{L^3}}$$
$$= \sqrt{\frac{6.67 \times 10^{-11}\,\text{Nm}^2/\text{kg}^2 (5.98 \times 10^{24}\,\text{kg} + 7.35 \times 10^{22}\,\text{kg})}{(3.84 \times 10^8\,\text{m})^3}}$$
$$= 2.66 \times 10^{-6}\,\text{s}^{-1} \tag{2.3}$$

したがって

$$T = \frac{2\pi}{\omega} = \frac{2 \times 3.142}{2.66 \times 10^{-6}\mathrm{s}^{-1}} = 2.36 \times 10^6\,\mathrm{s}$$
$$= \frac{2.36 \times 10^6\,\mathrm{s}}{60\mathrm{s/min} \times 60\,\mathrm{min/h} \times 24\,\mathrm{h/day}} = 27.3\,\mathrm{day} \tag{2.4}$$

(別解) 当然だが，(月にはたらく遠心力) = (月が地球から受ける重力) でも求めることができる．

$$M_m(L-l)\omega^2 = \frac{GM_m M}{L^2}$$

より

$$\omega = \sqrt{\frac{GM}{L^2(L-l)}}$$
$$= \sqrt{\frac{6.67 \times 10^{-11}\mathrm{Nm}^2/\mathrm{kg}^2 \times 5.98 \times 10^{24}\mathrm{kg}}{(3.84 \times 10^8\mathrm{m})^2 \times (3.84 \times 10^8\mathrm{m} - 4.66 \times 10^6\mathrm{m})}}$$
$$= 2.66 \times 10^{-6}\,\mathrm{s}^{-1}$$

2.2 ポテンシャルエネルギー

ポテンシャルエネルギーは 3 つの部分からなる．

(1) 回転による (遠心力の) ポテンシャルエネルギー

質点の C からの距離を r_C とする．問題の注から，質点の受ける遠心力が

$$mr_\mathrm{C}\omega^2 = -\frac{dV_1(r_\mathrm{C})}{dr_\mathrm{C}} \tag{2.5}$$

と表されるポテンシャルエネルギー $V_1(r_\mathrm{C})$ が存在する．両辺を積分して

$$V_1(r_\mathrm{C}) = -\frac{1}{2}mr_\mathrm{C}^2\omega^2 \tag{2.6}$$

を得る．積分定数はいま問題にならないので 0 とする．以下も同様である．

(2) 地球からの重力によるポテンシャルエネルギー

地球の重力 $-G\dfrac{mM}{r^2}$ を与えるポテンシャルエネルギーは無限遠で 0 とすると

$$V_2(r) = \int_\infty^r G\frac{mM}{r^2}\,dr = -G\frac{mM}{r}. \tag{2.7}$$

ただし，r は地球の中心からの距離である．

（3） 月からの重力のポテンシャルエネルギー

同様に

$$V_3(r_m) = -G\frac{mM_m}{r_m} \tag{2.8}$$

以上を合わせると質点 m のポテンシャルエネルギーは

$$\begin{aligned}V &= V_1(r_1) + V_2(r) + V_3(r_m) \\ &= -\frac{1}{2}mr_\text{C}^2\omega^2 - G\frac{mM}{r} - G\frac{mM_m}{r_m}\end{aligned} \tag{2.9}$$

2.3 潮汐によるふくらみ h

ここで r_C, r_m を含む回転軸に垂直な平面内での m の位置の極座標 r, ϕ を図 10.2 のようにとる．

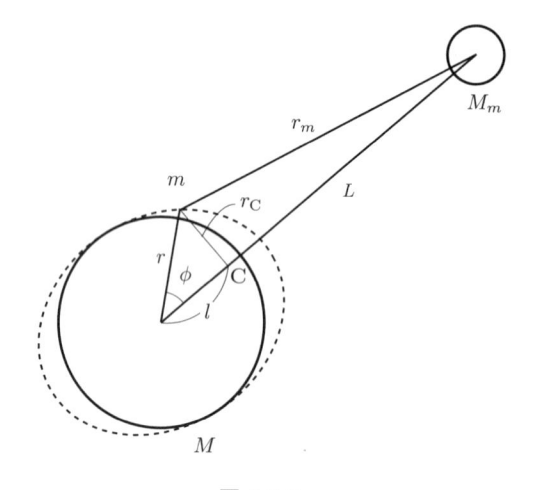

図 10.2

r_C は

$$r_\text{C}^2 = r^2 - 2rl\cos\phi + l^2 \tag{2.10}$$

となり，r_m は

$$r_m = \sqrt{L^2 + r^2 - 2Lr\cos\phi} = L\sqrt{1 + \left(\frac{r}{L}\right)^2 - 2\left(\frac{r}{L}\right)\cos\phi} \qquad (2.11)$$

となるが，$\dfrac{r}{L}$ は非常に小さいので (1.2) の近似を用いることができる．これらを (2.9) に代入して

$$\begin{aligned}
V(r,\phi) &= -\frac{1}{2}m\omega^2(r^2 - 2rl\cos\phi + l^2) - G\frac{mM}{r} \\
&\quad - G\frac{mM_m}{L\sqrt{1 + \left(\frac{r}{L}\right)^2 - 2\left(\frac{r}{L}\right)\cos\phi}} \\
&= -\frac{1}{2}m\omega^2 r^2 + m\omega^2 rl\cos\phi - \frac{1}{2}m\omega^2 l^2 - G\frac{mM}{r} \\
&\quad - \frac{GmM_m}{L}\left\{1 + \left(\frac{r}{L}\right)\cos\phi + \frac{1}{2}\left(\frac{r}{L}\right)^2(3\cos^2\phi - 1)\right\} \\
&= -\frac{1}{2}m\omega^2 r^2 - \frac{1}{2}m\omega^2 l^2 - G\frac{mM}{r} \\
&\quad - \frac{GmM_m}{L} - \frac{GmM_m r^2}{2L^3}(3\cos\phi - 1) \\
&= -\frac{1}{2}m\omega^2 r^2 - G\frac{mM}{r} - \frac{GmM_m r^2}{2L^3}(3\cos^2\phi - 1)
\end{aligned}$$

$V(r,\phi)$ を m で割り

$$\frac{V(r,\phi)}{m} = -\frac{1}{2}\omega^2 r^2 - \frac{GM}{r} - \frac{GM_m r^2}{2L^3}\cdot(3\cos^2\phi - 1). \qquad (2.12)$$

液体は自由に動けるので，表面の形は表面の粒子にはたらく力が表面に垂直になるように決まる．そのことは表面は等ポテンシャル面であることを意味する．潮の高さ h は地球の半径 R よりずっと小さいので

$$\frac{1}{r} = \frac{1}{R+h} = \frac{1}{R}\cdot\frac{1}{1+\frac{h}{R}} \approx \frac{1}{R} - \frac{h}{R^2}$$

という近似が成り立つ．同様に

$$r^2 = R^2 + 2Rh + h^2 \approx R^2 + 2Rh$$

これと (2.3) 式の ω の値を (2.12) 式に入れると

$$\frac{V(r,\phi)}{m} = -\frac{1}{2}\frac{G(M+M_m)}{L^3}(R^2 + 2Rh) - GM\left(\frac{1}{R} - \frac{h}{R^2}\right)$$

$$-\frac{GM_m}{2L^3}(3\cos^2\phi - 1)(R^2 + 2Rh)$$
$$= -\frac{G(M+M_m)Rh}{L^3} + \frac{GMh}{R^2} - \frac{GM_m}{2L^3}(3\cos^2\phi - 1)(R^2 + 2Rh)$$
$$+ (定数項,\ r, \phi によらない) \tag{2.13}$$

この式の h と ϕ による部分の和が 0 になるような h と ϕ の関係が $V = $ 一定とし，海水の表面を与える．

h の係数の大きさをあたってみると

$$M \sim 10^{24} \text{kg}, \quad M_m \sim 10^{22} \text{kg}, \quad L \sim 10^8 \text{m}, \quad R \sim 10^6 \text{m}$$

であるから，(2.13) の第 2 行において，共通の G を除き

第 1 項： $\dfrac{(M+M_m)R}{L^3} \sim 10^6$

第 2 項： $\dfrac{M}{R^2} \sim 10^{12}$

第 3 項： $\dfrac{M_m R}{L^3} \sim 10^4$

となる．したがって，h の係数としては第 2 項だけとれば十分である．よって，海面の形は

$$\frac{Mh}{R^2} = \frac{M_m R^2}{L^3}(3\cos^2\phi - 1) \cdot 2Rh$$

すなわち

$$h(\phi) = \frac{M_m R^2}{2ML^3}(3\cos^2\phi - 1) \tag{2.14}$$

もっとも大きい高さ $h_{\max}$ は $\phi = 0$ または π のときに起こる．

$$h_{\max} = \frac{M_m R^4}{2ML^3}(3\cos 0 - 1) = \frac{M_m R^4}{2ML^3}(3-1) = \frac{M_m R^4}{ML^3}$$

これは月の方向を向いているか，月と反対の方向を向いている．もっとも小さい値 $h_{\min}$ は $\phi = \dfrac{\pi}{2}$ または $\dfrac{3\pi}{2}$ のとき起こる．

$$h_{\min} = \frac{M_m R^4}{2ML^3}\left(3\cos\frac{\pi}{2} - 1\right) = \frac{M_m R^4}{2ML^3}(0-1) = -\frac{M_m R^4}{2ML^3}$$

それゆえ，満潮と干潮の高さの差は

$$h_{\max} - h_{\min} = \frac{M_m R^4}{ML^3} - \left(-\frac{M_m R^4}{2ML^3}\right) = \frac{3M_m R^4}{2ML^3}$$

$$= \frac{3M_m R^4}{2ML^3} = \frac{3 \times 7.35 \times 10^{22}\mathrm{kg} \times \{6.37 \times 10^6\,\mathrm{m}\}^4}{2 \times 5.98 \times 10^{24}\mathrm{kg} \times \{3.84 \times 10^8\,\mathrm{m}\}^3}$$

$$= 0.536\,\mathrm{m}$$

11

二　重　星

アンタルヤ，トルコ

2001

1　問　　題

多くの星が二重星であることは，よく知られている．その1つの形は，普通の星 S (質量 m_0, 半径 R) と，密度が大きく重い中性子星 (質量 M) が互いのまわりを回っているものである．そのような二重星を観測して次の知見を得ることができる．

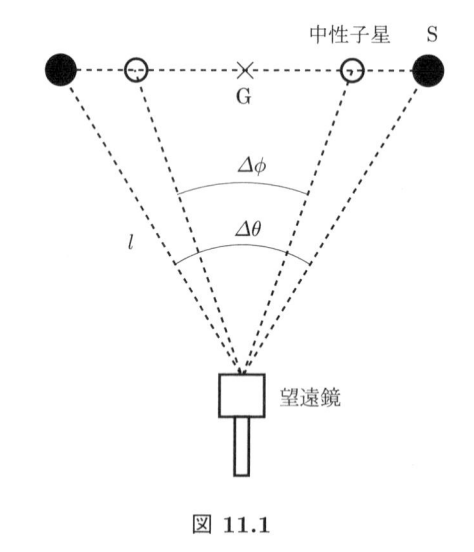

図 11.1

1. 星と中性子星の運動による，それぞれの見える方向の変化の幅 (図 11.1 の $\Delta\theta$ と $\Delta\phi$).このとき，地球の運動の影響は無視する．

2. 星たちが見える方向が図 11.1 の幅だけ変化する時間 τ．

3. 星 S の放射の特徴から，S の表面温度 T を知ることができる．地球表面の単位面積に単位時間に入射する放射エネルギー P も測定できる．

4. S の放射が含むカルシウムのスペクトル線は，S の重力場のせいで通常の波長 λ より $\Delta\lambda$ だけ長い．この延びを計算するには，光子が有効質量 $\frac{h\nu}{c^2} = \frac{h}{c\lambda}$ をもつと考えることができる．

1.1 地球との距離

上の知見から，この二重星までの距離 l を求めよ．

1.2 放出ガスの運動

$M \gg m_0$ とする．このとき，星 S は中性子星のまわりを半径 r_0 の円を描いて回っている．S が中性子星に向けて速さ v_0 (S に対する速さ) でガスを放出する．この放出による星 S の運動の変化は無視できるとして，ガスが中性子星にもっとも近づいたときの距離と速さを求めよ．

ガスを放出し続ければ，S の軌道は少しずつだが大きくなる．

2 解　　答

2.1 地球との距離

二重星までの距離 l を求めるのに，普通の星 S から S に直面する地球上の単位面積が単位時間に受け取る放射エネルギー P を用いることが考えられる．S が単位時間に放出する放射エネルギーは，S の温度を T，半径を R とすれば放射は黒体放射であるとして $\sigma T^4 \cdot 4\pi R^2$ であるから，l だけ離れた単位面積が受け取るのは

$$P = \sigma T^4 \frac{R^2}{l^2}$$

である．したがって

$$l^2 = \frac{P}{\sigma T^4} R^2 \tag{2.1}$$

S の温度 T は S の出す放射のスペクトルから推定できる．しかし，l を知るには S の半径 R を知らねばならない．

R を知るには，S からの光の赤方偏移が使える．S が波長 λ_0 の光を出すと，その光子は実効質量 $\frac{h\nu}{c^2} = \frac{h}{c\lambda_0}$ をもち，S の重力場を脱出するまでに $G\frac{m_0 \times (\text{光子の質量})}{R}$ の仕事をするから，エネルギーが

$$h\nu = h\nu_0 - G\frac{m_0}{R}\frac{h\nu_0}{c^2}$$

になる．波長でいえば

$$hc\left(\frac{1}{\lambda_0} - \frac{1}{\lambda}\right) = G\frac{m_0}{R}\frac{h}{c\lambda_0}$$

となるから

$$R = \frac{Gm_0}{c^2}\frac{\lambda}{\lambda - \lambda_0}. \tag{2.2}$$

問題にはカルシウムのスペクトル線の波長が観測されているとしてある．

しかし，この式で R を出すためには S の質量 m_0 を知る必要がある．それには，中性子星の運動を調べる．S と中性子星が重心を中心にそれぞれ半径 r_1, r_2，角速度 ω の円運動をしているとすれば，中性子星に対して

$$Mr_2\omega^2 = G\frac{m_0 M}{(r_1 + r_2)^2}$$

が成り立つ．ここで r_1, r_2 は問題に与えられている S および中性子星の見える方向の変化 $\Delta\theta, \Delta\phi$ から

$$r_1 = l \cdot \frac{\Delta\theta}{2}, \qquad r_2 = l \cdot \frac{\Delta\phi}{2}$$

と求められる．ω は，問題に与えられている「星の見える方向」がその幅だけ振

れる時間 τ から

$$\omega = \frac{\pi}{\tau} \tag{2.3}$$

として求められる．よって

$$m_0 = \frac{\omega^2}{G} r_2 (r_1 + r_2)^2 = l^3 \frac{1}{8G} \frac{\pi^2}{\tau^2} \Delta\phi (\Delta\theta + \Delta\phi)^2 \tag{2.4}$$

となる．

(2.1), (2.2), (2.4) をまとめて

$$l^2 = \frac{P}{\sigma T^4} \cdot \left(\frac{G}{c^2} \frac{\lambda}{\lambda - \lambda_0} \right)^2 \cdot \left\{ l^3 \frac{\pi^2}{8G\tau^2} \Delta\phi (\Delta\theta + \Delta\phi)^2 \right\}^2$$

を得る．よって

$$l = \left\{ \frac{\sigma T^4}{P} \cdot \frac{8^2 c^4 \tau^4}{\pi^4} \cdot \left(\frac{\lambda - \lambda_0}{\lambda} \right)^2 \cdot \frac{1}{\Delta\phi^2 (\Delta\theta + \Delta\phi)^4} \right\}^{1/4}. \tag{2.5}$$

ここで

$$\lambda = \lambda_0 + \Delta\lambda$$

であるのでこれを用いて

$$l = \left\{ \frac{\sigma T^4}{P} \cdot \frac{8^2 c^4 \tau^4}{\pi^4} \cdot \left(\frac{\Delta\lambda}{\lambda_0 + \Delta\lambda} \right)^2 \cdot \frac{1}{\Delta\phi^2 (\Delta\theta + \Delta\phi)^4} \right\}^{1/4} \tag{2.6}$$

と表せる．

2.2 放出ガスの運動

星 S はガス δm を中性子星の方向に出すが，S は軌道運動をしているのでガスも軌道の接線方向に速度 $r_0 \omega$ をもつ．ω は S の公転の角速度である．そのため，ガスは中性子星のまわりに角運動量をもつ (図 11.2)．ガスを放出すると S は反動を受けるであろうが，$\delta m \ll m_0$ として，これは省略する．

S を離れた後のガスの角運動量は保存されるから，ガスが中性子星にもっとも接近したときの速さと中性子星からの距離を v_f, r_f とすれば

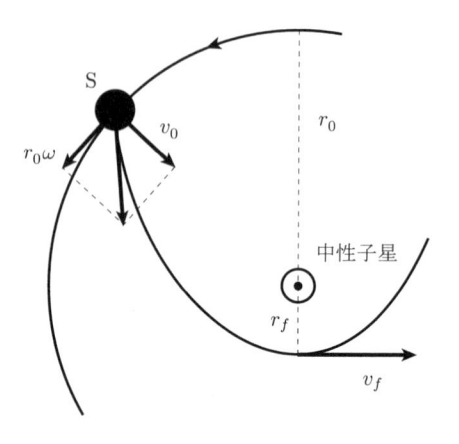

図 11.2

$$r_0^2 \omega \delta m = r_f v_f \delta m \tag{2.7}$$

が成り立つ．また，エネルギーの保存は

$$\frac{1}{2}(r_0^2\omega^2 + v_0^2)\delta m - G\frac{M\delta m}{r_0} = \frac{1}{2}v_f^2 \delta m - G\frac{M\delta m}{r_f} \tag{2.8}$$

を与える (問題より $M \gg m_0$ として星 S に関する量は無視した)．ここで，$r_0 \gg r_f$ であろうから，左辺の第 2 項は省略できる．(2.7) から $v_f = r_0^2\omega/r_f$ を出して (2.8) に入れると

$$\frac{1}{2}(r_0^2\omega^2 + v_0^2) = \frac{1}{2}\left(\frac{r_0^2\omega}{r_f}\right)^2 - G\frac{M}{r_f}$$

となるから，両辺に $2r_f^2$ をかけて整理すれば

$$(r_0^2\omega^2 + v_0^2)r_f^2 + 2GMr_f - r_0^4\omega^2 = 0.$$

解いて，$r_f > 0$ の解をとり

$$r_f = \frac{1}{r_0^2\omega^2 + v_0^2}\left(\sqrt{(GM)^2 + (r_0^2\omega)^2(r_0^2\omega^2 + v_0^2)} - GM\right). \tag{2.9}$$

12

月はいつ静止衛星になるか？

台北，台湾

2001，第 2 回アジア物理オリンピック

1　問　　題

　月の現在の自転周期は，月が地球のまわりを回る公転周期と同じである．そのため，月は常に同じ面を地球に向けている．これら 2 つの周期が同じなのは，地球－月系の長い歴史の間はたらいてきた潮汐力によるものと推定される．

　しかしながら，地球の自転周期は，現在，月の公転周期よりも短い．結果として，月による潮汐力は地球の自転速度を遅くするようにはたらき続け，また月自身を地球から遠ざけてしまうのである．

　この問題では，地球の自転周期が月の公転周期と等しくなるまであとどれくらいの時間がかかるのかを求める．月はそのとき静止衛星になり，つまり空での位置が固定され，地球の月に面している側の人のみが観ることができる．またこのように 2 つの周期が等しくなったときの回転周期も求めよう．

　2 つの右手直交座標系を導入しよう．これら 2 つの系の三番目の座標軸はお互いに平行で，月の公転軌道面に垂直である．

1. 地球－月系の重心 C を原点とする慣性系 (CM 系)．

2. 原点を地球の中心 O にとり，z 軸を地球の自転軸と一致するようにとった xyz 系．x 軸は月と地球の中心を結んだ線に沿って，図 12.1 の向きにとる．この系では月は常に負の x 軸上にある．

図 12.1 は正しい縮尺ではないことに注意しておこう．矢印は地球の自転，月の公転の向きを表している．地球－月間の距離は r とする．

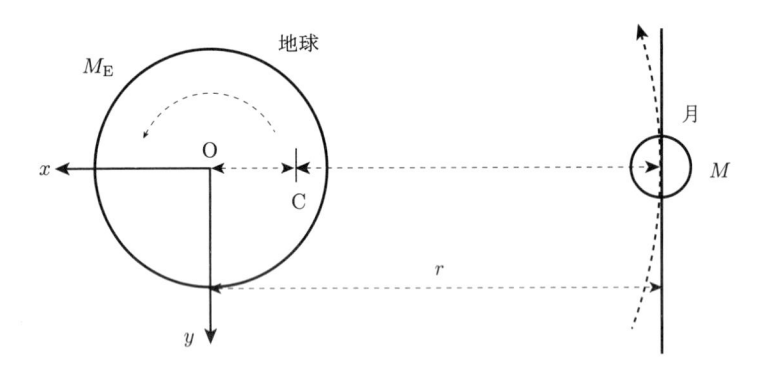

図 12.1

次のデータが与えられている．

1. 月と地球間の現在の距離は $r_0 = 3.84 \times 10^8$ m で，1年間に 0.038 m の割合で増加している

2. 月の現在の公転周期は $T_M = 27.322$ 日

3. 月の質量は $M = 7.35 \times 10^{22}$ kg

4. 月の半径は $R_M = 1.74 \times 10^6$ m

5. 地球の現在の自転周期は，$T_E = 23.94$ 時間

6. 地球の質量は $M_E = 5.97 \times 10^{24}$ kg

7. 地球の半径は $R_E = 6.37 \times 10^6$ m

8. 重力定数は $G = 6.67428 \times 10^{-11}$ N·m^2/kg^2

次のように仮定することが許される．

1. 地球－月系は宇宙の他の天体から孤立している

2. 地球を回る月の軌道は円

3. 地球および月の自転軸は月の公転面に対し垂直

4. もし月がなく，地球が自転していないとして，そのとき地球の質量分布は球対称であり，地球の半径は R_E になる

5. 地球または月の中心を通る軸についての慣性モーメント I は，質量 M，半径 R の均一な球体の慣性モーメント $I = \dfrac{2MR^2}{5}$ に等しい

6. 地球上の水は xyz 系では静止している

1.1 質量中心 C のまわりの地球ー月系の現在の全角運動量はいくらか

1.2 地球の自転周期と月の公転周期が同じになったときその大きさ T はいくらか

単位は現在の 1 日とし，漸近法を用いた近似解でよい．

1.3 2 つの周期が一致するまでの時間 t_f を求めよ

地球を表面が水の層で覆われた回転する固体球と考える．月が地球のまわりを回るとき，その水の層は xyz 系にたいし静止している．回転する固体球と水の層との間の摩擦力を考慮に入れた 1 つのモデルを考える．より速く自転する固体地球は月の影響による潮汐を引きずり，図 12.2 のように，潮汐のふくらみを結ぶ線は x 軸と角 δ をなす．結果として地球は，月の潮汐力により O のまわりにトルク $\varGamma$ を受け自転が遅くなる．

月の公転が地球の自転と同じになり摩擦力がなくなるまで，角 δ は地球ー月間の距離 r によらず一定と仮定する．したがってトルク $\varGamma$ は地球ー月間の距離に応じて定まり，$\dfrac{1}{r^6}$ に比例する．このモデルで地球の自転と月の公転が同じ周期になるまでの時間 t_f を現在の 1 年を単位にして求めよ．

次の数学の公式を使用して良い．

$0 \leq s < r$ で $x = s\cos\theta$ として

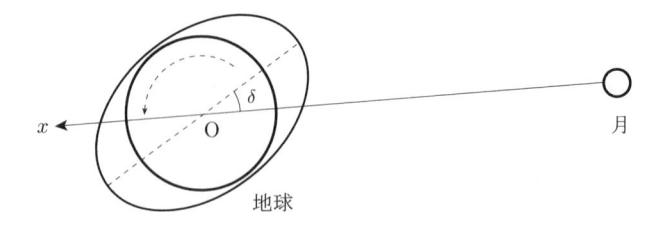

I 月はいつ静止衛星になるか —力と運動の物理—

図 12.2

$$\frac{1}{\sqrt{r^2+s^2+2rx}} \approx \frac{1}{r} - \frac{x}{r^2} + \frac{3x^2-s^2}{2r^3} + \cdots \tag{1.1}$$

もし $a \neq 0$ かつ $\dfrac{d\omega}{dt} = b\omega^{1-a}$ なら

$$\omega^a(t') - \omega^a(t) = (t'-t)ab \tag{1.2}$$

2 解　答

2.1 質量中心 C のまわりの地球−月系の現在の全角運動量

地球−月間の距離を r_0 とすると，重心の位置 C は地球−月を結ぶ線分を M_E と M に内分する点で，地球−重心 C 間の距離を r_E，月−重心 C 間の距離を r_M とすると，

$$r_\mathrm{E} = \frac{M}{M+M_\mathrm{E}} r_0 = 4.68 \times 10^6 \mathrm{m} \tag{2.1}$$

$$r_\mathrm{M} = \frac{M_\mathrm{E}}{M+M_\mathrm{E}} r_0 = 3.80 \times 10^8 \mathrm{m}. \tag{2.2}$$

重心系からみると，地球と月は，この重心を中心とした円運動を行っていることになる．その周期 T は $T = T_\mathrm{M} = 27.322$ 日であるから，月の公転角速度 ω_0 と自転角速度 Ω_M は等しく

$$\omega_0 = \Omega_\mathrm{M} = \frac{2\pi}{T_\mathrm{M}} = \frac{2 \times 3.1415 \mathrm{rad}}{27.322 \times 24 \times 60 \times 60 \mathrm{s}}$$
$$= 2.6617 \times 10^{-6} \mathrm{rad/s}. \tag{2.3}$$

よって，月の C 点まわりの公転角運動量 l_M は

$$l_\mathrm{M} = M \times r_\mathrm{M}^2 \times \omega_0$$
$$= (7.35 \times 10^{22}\mathrm{kg}) \times (3.80 \times 10^8 \mathrm{m})^2 \times (2.6617 \times 10^{-6}\mathrm{rad/s})$$
$$= 2.83 \times 10^{34} \mathrm{kg \cdot m^2/s} \tag{2.4}$$

また，月の自転角運動量 S_M は，月の自転軸のまわりの慣性モーメントを I_M とすると，$I_\mathrm{M} = \frac{2}{5}MR_\mathrm{M}^2$ だから，

$$S_\mathrm{M} = I_\mathrm{M}\Omega_\mathrm{M} = \frac{2}{5}MR_\mathrm{M}^2 \Omega_\mathrm{M} = 2.36 \times 10^{29} \mathrm{kg \cdot m^2/s} \tag{2.5}$$

同様に，地球の C 点まわりの公転角運動量 l_E は

$$l_\mathrm{E} = M_\mathrm{E} \cdot r_\mathrm{E}^2 \cdot \omega_0 = 3.48 \times 10^{32} \mathrm{kg \cdot m^2/s}. \tag{2.6}$$

地球の自転角速度は

$$\Omega_\mathrm{E} = \frac{2\pi}{T_\mathrm{E}} = 2 \times \frac{3.1415 \mathrm{rad}}{23.933 \times 3600} = 7.2926 \times 10^{-5} \mathrm{rad/s}$$

なので，地球の自転角運動量 S_E は

$$S_\mathrm{E} = \frac{2}{5} M_\mathrm{E} R_\mathrm{E}^2 \Omega_\mathrm{E} = 7.07 \times 10^{33} \mathrm{kg \cdot m^2/s} \tag{2.7}$$

であり，どの角運動量も z 軸方向だから全角運動量 J はこれらの和

$$J = l_\mathrm{M} + S_\mathrm{M} + l_\mathrm{E} + S_\mathrm{E}$$

で与えられる．ただし，月の自転角運動量 S_M は他の値に比べ無視できるほど小さい．よって

$$J = l_\mathrm{M} + l_\mathrm{E} + S_\mathrm{E} = 3.57 \times 10^{34} \mathrm{kg \cdot m^2/s}. \tag{2.8}$$

2.2 地球の自転周期と月の公転周期が同じになったときその大きさ T

2 つの周期が同じになったときの角速度を ω，そのときの地球 − 月間の距離を r とする．重心から地球までの距離は $Mr/(M_\mathrm{E} + M)$ だから，地球について運動方程式を書けば

$$M_\mathrm{E} \frac{Mr}{M_\mathrm{E} + M} \omega^2 = G \frac{M_\mathrm{E} M}{r^2}$$

となるから
$$\omega^2 r^3 = G(M_E + M). \tag{2.9}$$

このときの CM 系について，地球と月の公転角運動量，l'_E, l'_M は

$$\text{地球} \quad l'_E = M_E \left(\frac{Mr}{M+M_E}\right)^2 \omega \tag{2.10}$$

$$\text{月} \quad l'_M = M \left(\frac{M_E r}{M+M_E}\right)^2 \omega \tag{2.11}$$

よって全角運動量 J' は，月の自転角運動量の値は十分小さいので無視すると，

$$\begin{aligned}
J' &= l'_E + l'_M + S'_E = \frac{MM_E}{M+M_E}r^2\omega + \frac{2}{5}M_E R_E^2 \omega \\
&= MM_E \left\{\frac{G^2}{(M+M_E)\omega}\right\}^{\frac{1}{3}} + \frac{2}{5}M_E R_E^2 \omega \\
&= 7.35 \times 10^{22}\text{kg} \times 5.97 \times 10^{24}\text{kg} \left\{\frac{(6.674 \times 10^{-11}\text{Nm}^2/\text{kg}^2)^2}{(0.0735 + 5.97) \times 10^{24}\text{kg}\omega}\right\}^{\frac{1}{3}} \\
&\quad + \frac{2}{5} \times 5.97 \times 10^{24}\text{kg} \times (6.37 \times 10^6\text{m})^2 \times \omega
\end{aligned} \tag{2.12}$$

となるが，全角運動量は保存されるから，この値は §2.1 で求めた全角運動量 L に等しい．よって，

$$3.96 \times 10^{32}\text{kgm}^2\text{s}^{-\frac{4}{3}}\omega^{-\frac{1}{3}} + 9.69\,\text{kg m}^2 \times 10^{37}\omega = 3.57 \times 10^{34}\,\text{kg m}^2/\text{s} \tag{2.13}$$

ここで第 1 項と第 2 項は大きくオーダーが異なるので，逐次近似を用いることを考える．第 2 項を無視して第 1 項だけで計算すると

$$\omega = \left\{\frac{3.96 \times 10^{32}\text{kgm}^2\text{s}^{-\frac{4}{3}}}{3.57 \times 10^{34}\text{kgm}^2/\text{s}}\right\}^3 = \left(\frac{3.96}{357}\right)^3 1/\text{s} = 1.365 \times 10^{-6}\text{rad/s} \tag{2.14}$$

となる．この ω の値を第 2 項に入れてみると，第 2 項 $\approx 1.322 \times 10^{32}$ になる．同様に第 1 項を無視して第 2 項だけで計算してみると，$\omega = 3.68 \times 10^{-4}\text{rad/s}$ が得られ，この ω に対して第 1 項は $\approx 5.53 \times 10^{32}$ となる．どちらにすべきか．現在の地球自転の角速度は $\Omega_E = 7.29 \times 10^{-5}\text{rad/s}$ であったことを考えると，これ

より遅くなるはずであるからここでは前者の方を選ぶことにする．したがって (2.14) を第 0 近似とし，その値から第 2 項を計算し式に取り入れる．そうすると第 1 似で

$$\omega^{(1)} = \left(\frac{3.96}{356}\right)^3 = 1.377 \times 10^{-6} \text{rad/s} \tag{2.15}$$

となる．これを用いて共通の周期は

$$T_f = \frac{2\pi}{\omega^{(1)}} = \frac{2 \times 3.14}{1.38 \times 10^{-6} \times 24 \times 60 \times 60} = 52.7 \text{ 日} \tag{2.16}$$

となる．

2.3　2 つの周期が一致するまでの時間 t_f

現在の地球－月間の距離を r_0，トルクを Γ_0 とすると，$r^6 \times \Gamma = k$（一定）から

$$\Gamma = \left(\frac{r_0}{r}\right)^6 \times \Gamma_0. \tag{2.17}$$

トルク Γ は地球の自転角運動量 $I\Omega_\text{E}$ の変化率に等しいから

$$\Gamma = \frac{d}{dt} S_\text{E} = \frac{d}{dt}(I\Omega_\text{E})$$

ニュートンの作用反作用の法則，および角運動量保存則より $-\Gamma$ は地球－月系の全公転角運動量 L の変化率に等しい．よって，

$$\frac{dL}{dt} = -\Gamma$$

地球－月系の全公転角運動量 L は (2.9, 2.10) の関係を使って，

$$L = l_H + l_E = MM_\text{E} \left\{\frac{G^2}{(M+M_\text{E})\omega}\right\}^{\frac{1}{3}}$$

$$= MM_\text{E} \left\{\frac{G}{M+M_\text{E}}\right\}^{\frac{1}{2}} \cdot r^{\frac{1}{2}} \tag{2.18}$$

と二様に書ける．第 2 の形を微分して，

$$-\Gamma = \frac{dL}{dt} = MM_\text{E} \left(\frac{G}{M+M_\text{E}}\right)^{\frac{1}{2}} \cdot \frac{1}{2} r^{-\frac{1}{2}} \frac{dr}{dt} \tag{2.19}$$

ここに $r = r_0 = 3.85 \times 10^8$m, $\left(\dfrac{dr}{dt}\right)_0 = 0.038$m/year を入れて計算すると現在の $\varGamma_0$ が求められる.

$$\begin{aligned}
-\varGamma_0 &= \left(\frac{dL}{dt}\right)_0 \\
&= \frac{1}{2} \times 7.35 \times 10^{22}\mathrm{kg} \times 5.97 \times 10^{24}\mathrm{kg} \\
&\quad \times \left\{\frac{6.67 \times 10^{-11}\mathrm{Nm^2 kg^2}}{(5.97 \times 10^{24} + 7.35 \times 10^{22})\mathrm{kg} \times 3.85 \times 10^8 \mathrm{m}}\right\}^{\frac{1}{2}} \times \frac{3.8 \times 10^{-2}\mathrm{m}}{365 \times 24 \times 3600 \mathrm{s}} \\
&= 4.5 \times 10^{16} \cdot \mathrm{N} \cdot \mathrm{m}
\end{aligned}$$

他方, 第 1 の形から

$$-\varGamma = \frac{dL}{dt} = -\frac{1}{3}MM_\mathrm{E}\left(\frac{G^2}{M+M_\mathrm{E}}\right)^{\frac{1}{3}} \omega^{-\frac{4}{3}} \cdot \frac{d\omega}{dt} \tag{2.20}$$

左辺に (2.17) を用い, r を (2.9) で ω に直せば

$$\frac{d\omega}{dt} = b\omega^{\frac{16}{3}}, \quad b = \frac{3r_0^6 \varGamma_0}{GMM_\mathrm{E}\{G(M+M_\mathrm{E})\}^{\frac{5}{3}}}$$

を得る.

したがって, 与えられた公式を $a = -\dfrac{13}{3}$ として用いれば

$$\omega_f^{-\frac{13}{3}} - \omega_0^{-\frac{13}{3}} = (t_f - 0) \times \left(-\frac{13}{3}\right) \times b \tag{2.21}$$

ここで, $\omega_f = 1.38 \times 10^{-6}$rad/s, $\omega_0 = 2.66 \times 10^{-6}$rad/s, $-\dfrac{3}{13b} = 3.4 \times 10^{-8}\mathrm{s}^{\frac{-10}{3}}$ なので

$$\begin{aligned}
t_f &= 3.4 \times 10^{-8}\mathrm{s}^{\frac{-10}{3}} \times \{(1.38 \times 10^{-6}\mathrm{s}^{-1})^{-\frac{13}{3}} - (2.66 \times 10^{-6}\mathrm{s}^{-1})^{-\frac{13}{3}}\} \\
&= 2.4 \times 10^{10} \text{年}. \tag{2.22}
\end{aligned}$$

13

円柱に巻きつく振り子

台北, 台湾

2003

1 問　　題

　半径 R の剛体の円柱が，軸が水平になるように固定されている．図 13.1 にあるように，質量の無視できる長さ L $(L > R)$ のひもの一端は質量 m のおもりに，他端は円柱の最上点 A に結びつけられている．ひもをぴんと張った状態でおもりを点 A と同じ高さまで上げて静かに放す．ひもの伸縮は無視する．おもりの運動は円柱の軸に垂直な 1 つの平面内に限られ，おもりは質点とみなす．したがっておもりを粒子と呼ぶことにする．重力加速度を g とする．

　円柱の断面の中心点 O を座標系の原点とする．粒子が点 P にあるとき，ひもは円柱表面と点 Q で接している．線分 PQ の長さを s とする．点 Q での接線方向の単位ベクトルと動径方向の単位ベクトルを，図のようにそれぞれ $\hat{t}$ と $\hat{r}$ とする．線分 OA を含むように x 軸を鉛直上向きにとる．動径 OQ の角度は，x 軸から反時計回りに θ とする．

　$\theta = 0$ のとき，長さ s は L に等しく，重力による位置エネルギー U を 0 とする．粒子の運動において，θ と s の単位時間あたりの変化率を $\dot{\theta}$ と $\dot{s}$ とする．

　特にことわりのない限り，速さや速度は，固定した点 O に関するものとする．

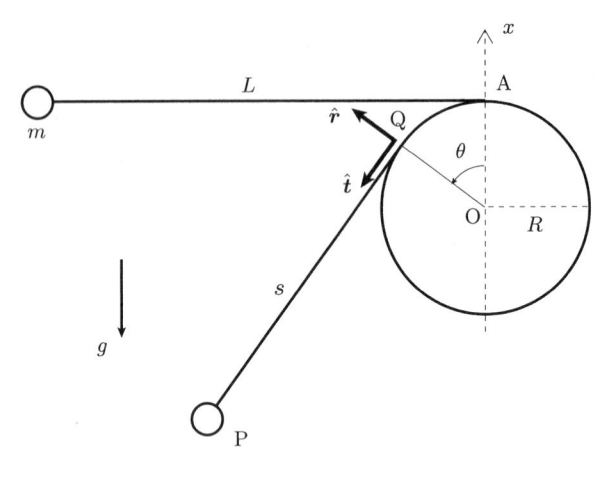

図 13.1

1.1 ひもがたるまずに巻きつくときの運動

粒子の運動中ひもはぴんと張っているとする．上で導入された量 ($s, \theta, \dot{s}, \dot{\theta}, R, L, g, \hat{t}, \hat{r}$) を用いて以下を求めよ．

1.1.1 $\dot{\theta}$ と $\dot{s}$ の関係

1.1.2 O に対する Q の速度 v_Q

1.1.3 粒子が P にあるときの Q に対する速度 v'

1.1.4 粒子が P にあるときの O に対する速度 v

1.1.5 粒子が P を通過するときの O に対する加速度の t 成分

1.1.6 粒子が P にあるときの重力による位置エネルギー U

1.1.7 最下点通過時の粒子の速さ v_m

1.2 巻きついていってひもがたるむとき

L と R の比を以下のように定める．

$$\frac{L}{R} = \frac{9\pi}{8} + \frac{2}{3}\cot\frac{\pi}{16} = 3.534 + 3.352 = 6.886$$

1.2.1 ひもの一部 **QP** がまっすぐなままで，かつもっとも短くなったときの粒子の速さ v_s を g と R を用いて表せ

1.2.2 円柱の右側に粒子が振れたとき，その最高点での速さ v_H を g と R を用いて表せ

1.3 ひもが A に固定されていない場合

ひもの端を A に固定する代わりに，図 13.2 のように，円柱の最上点を越えて，反対側にある，より重い質量 M の分銅と結ぶ．分銅も粒子 (質点) とみなすことができる．

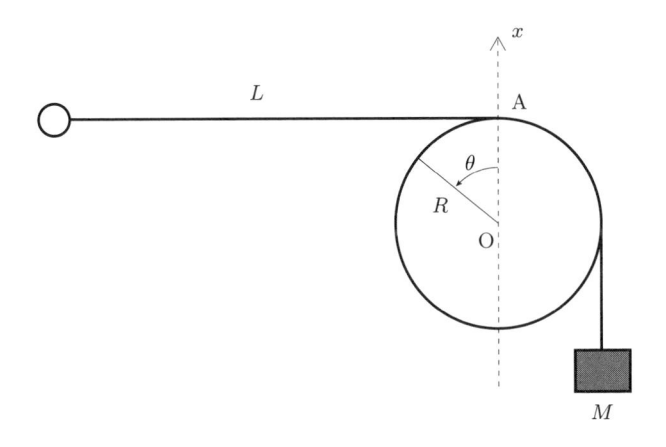

図 13.2

はじめに，ひもをぴんと張った状態でおもりを点 A と同じ高さまで上げ，分銅は反対側で点 O より低くたらす．ひもの水平部分の長さを L とする．おもりを静かに放すと分銅は落下し始める．おもりの運動は円柱の軸に垂直な 1 つの平面内に限られ，落ちる分銅にさまたげられずに円柱の反対側へ連動できるものとする．

ひもと円柱表面との動摩擦力は無視できる．しかし静止摩擦力は十分大きく，分銅はいったん停止すると (つまり速さ 0 となると) そのまま静止し続ける．

分銅は距離 D だけ落下して停止したとする．ただし $(L-D) \gg R$ とする．もしひもが $\theta = 2\pi$ になるまで円柱に巻きつき，そのとき円柱に巻きついていない，

ひもの両方の部分がぴんと張っているなら，$\alpha = \dfrac{D}{L}$ は，ある臨界値 α_C 以上である．

$\dfrac{R}{L}$ の 1 次以上の量は無視して，α_C を $\dfrac{M}{m}$ を用いて表せ．

2 解　　答

2.1 ひもがたるまずに巻きつくときの運動

2.1.1 $\dot{\theta}$ と $\dot{s}$ の関係

$s + R\theta = L$ は一定なので，両辺を時間で微分して

$$\dot{s} + R\dot{\theta} = 0 \tag{2.1}$$

2.1.2 O に対する Q の速度 $\boldsymbol{v}_\mathrm{Q}$

Q は半径 R，角速度 $\dot{\theta}$ の円運動をしているので，接線方向の単位ベクトル $\hat{\boldsymbol{t}}$ を用いて

$$\boldsymbol{v}_\mathrm{Q} = R\dot{\theta}\hat{\boldsymbol{t}} \tag{2.2}$$

(2.1) を用いて $\dot{\theta}$ を消去すれば $\boldsymbol{v}_\mathrm{Q} = -\dot{s}\hat{\boldsymbol{t}}$ となる．

2.1.3 粒子が P にあるときの Q に対する速度 $\boldsymbol{v}'$

t, r 座標系の成分で考える．図 13.3 のように，点 Q から見た粒子の位置は $(t, r) = (s, 0)$．微小時刻 $\Delta\tau$ の後，Q は Q' に P は P' に移る．$\overrightarrow{\mathrm{Q'P'}}$ を Q' を Q に重ねよう．このとき t, r 座標系における $\overrightarrow{\mathrm{Q'P'}}$ の成分は

$$(t + \Delta t, r + \Delta r) = ((s + \dot{s}\Delta\tau)\cos(\dot{\theta}\Delta\tau), -(s + \dot{s}\Delta\tau)\sin(\dot{\theta}\Delta\tau))$$

したがって点 Q から見た粒子の速度は

$$\begin{aligned}\dfrac{\overrightarrow{\mathrm{Q'P'}} - \overrightarrow{\mathrm{QP}}}{\Delta\tau} &= \left(\dfrac{\Delta t}{\Delta\tau}, \dfrac{\Delta r}{\Delta\tau}\right) \\ &= \left(\dfrac{(s + \dot{s}\Delta\tau)\cos(\dot{\theta}\Delta\tau) - s}{\Delta\tau}, \dfrac{-(s + \dot{s}\Delta\tau)\sin(\dot{\theta}\Delta\tau)}{\Delta\tau}\right)\end{aligned}$$

$\Delta\tau \to 0$ とすると

13 円柱に巻きつく振り子　　　75

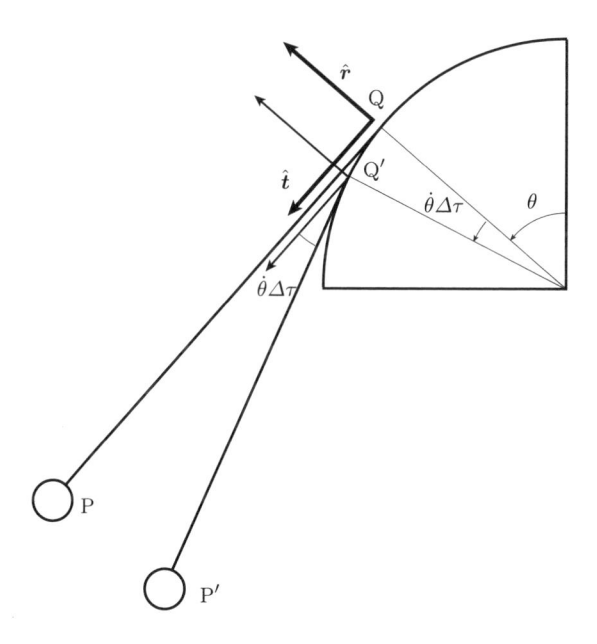

図 13.3

$$v' = (\dot{s},\, -s\dot{\theta})$$

最初に定義した 2 つの単位ベクトルを用いてベクトル表示にすれば

$$v' = \dot{s}\hat{t} - s\dot{\theta}\hat{r} \tag{2.3}$$

2.1.4　粒子が P にあるときの O に対する速度 v

原点 O から見た粒子の速度 v は，原点から見た Q の速度 v_Q と，Q から見た粒子の速度 v' を合成すればよい．(2.2) と (2.3) および (2.1) を用いて

$$v = v_Q + v' = (R\dot{\theta} + \dot{s})\hat{t} - s\dot{\theta}\hat{r} = -s\dot{\theta}\hat{r} \tag{2.4}$$

2.1.5　粒子が P を通過するときの O に対する加速度の t 方向の成分

(2.4) を時間微分し，

$$\frac{d}{d\tau}\hat{r} = \dot{\theta}\hat{t}$$

を用いれば

$$\text{加速度} \quad \boldsymbol{a} = \frac{d}{d\tau}\boldsymbol{v} = -\frac{d}{d\tau}(s\dot{\theta}\hat{\boldsymbol{r}}) = -\hat{\boldsymbol{r}}\frac{d}{d\tau}(s\dot{\theta}) - s\dot{\theta}\frac{d}{d\tau}\hat{\boldsymbol{r}}$$
$$= -(\dot{s}\dot{\theta} + s\ddot{\theta})\hat{\boldsymbol{r}} - s\dot{\theta}^2\hat{\boldsymbol{t}} \tag{2.5}$$

よって加速度の t 成分は $-s\dot{\theta}^2$.

2.1.6 粒子が P にあるときの重力による位置エネルギー U

点 A を高さ 0 としているので点 Q の高さは $-R(1-\cos\theta)$. 点 P の高さは $-R(1-\cos\theta) - s\sin\theta$ になるが, $L = R\theta + s$ という関係があるので, これを用いれば点 P での重力による位置エネルギーは

$$U = -mg\{R(1-\cos\theta) + (L - R\theta)\sin\theta\}. \tag{2.6}$$

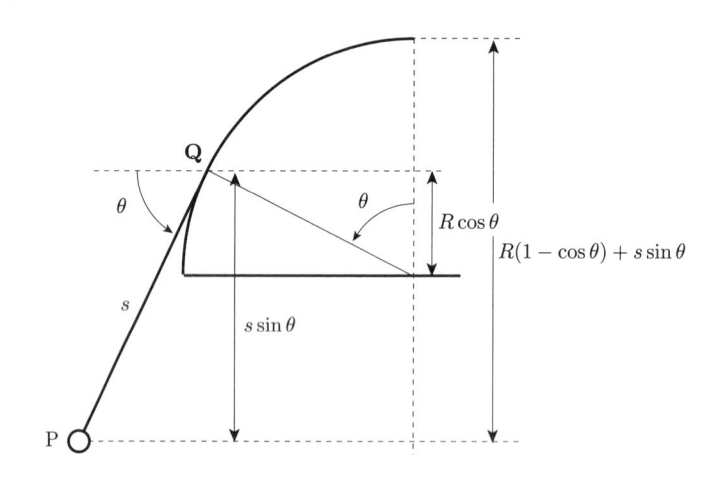

図 13.4

2.1.7 最下点通過時の粒子の速さ v_m

最下点では動径のなす角 $\theta = \frac{\pi}{2}$ となる. したがって (2.6) より最下点での重力による位置エネルギーは

$$U_m = -mg\left(R + L - \frac{\pi}{2}R\right) = -mg\left\{L - \left(\frac{\pi}{2} - 1\right)R\right\} \tag{2.7}$$

$\theta = 0$ のときから $\theta = \dfrac{\pi}{2}$ のときまで力学的エネルギーは保存するので,

$$0 = \frac{1}{2}mv_m^2 + U_m = \frac{1}{2}mv_m^2 - mg\left\{L - \left(\frac{\pi}{2} - 1\right)R\right\}$$

これから

$$v_m = \sqrt{2g\left\{L - \left(\frac{\pi}{2} - 1\right)R\right\}} \tag{2.8}$$

を得る.

2.2 巻きついていってひもがたるむとき

2.2.1 ひもの一部 QP がまっすぐなままで,かつもっとも短くなったときの粒子の速さ v_s を g と R を用いて表す

ひもに張力がある限り,ひもは円柱に巻き取られていく.粒子が円柱にぶつかるまで張力が存在すれば,すべて巻き取られて QP の長さの最小値は 0 となる.そうではなく粒子が円柱にぶつかる前に張力が 0 の瞬間が訪れれば,その後ひもはたるみ粒子は放物運動する.その場合は張力が 0 の瞬間の直線部分の長さが最小値となる.

ひもがたるみ始める瞬間があるとしてその瞬間の速さを v_s, $\angle\mathrm{AOQ} = \theta_s$ とする.

この瞬間のエネルギー保存則と,ひもの張力を 0 とした運動方程式をたて,これを v_s, θ_s の連立方程式とし,正の実数解があれば,そのうち θ_s がもっとも小さいときがたるみ始める瞬間である.

まず,(2.6) を用いて $\theta = 0$ のときと $\theta = \theta_s$ のときのエネルギー保存から

$$0 = \frac{1}{2}mv_s^2 - mg\{R(1 - \cos\theta_s) + (L - R\theta_s)\sin\theta_s\} \tag{2.9}$$

が成り立つ.

次に PQ 方向の運動方程式を立てる.(2.5) から PQ 方向の加速度 a は

$$a = s\dot{\theta}^2 = \frac{(s\dot{\theta})^2}{s} = \frac{v_s^2}{s} \tag{2.10}$$

ひもの長さについて $s = L - R\theta$ の関係があるので，これを代入し

$$a = \frac{v_s^2}{L - R\theta_s} \tag{2.11}$$

ひもの張力は 0 とする．このとき，図 13.5 から PQ 方向の力は $mg\sin(\theta_s - \pi) = -mg\sin\theta_s$ なので，PQ 方向の運動方程式は

$$m\frac{v_s^2}{L - R\theta_s} = -mg\sin\theta_s. \tag{2.12}$$

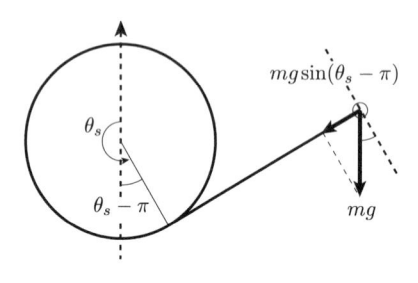

図 13.5

(2.9) と (2.12) から v_s を消去すると

$$0 = -\frac{1}{2}(L - R\theta_s)mg\sin\theta_s - mg\{R(1 - \cos\theta_s) + (L - R\theta_s)\sin\theta_s\}$$

すなわち

$$0 = 2R(1 - \cos\theta_s) + 3(L - R\theta_s)\sin\theta_s$$

ここで

$$\cos\theta_s = 1 - 2\sin^2\left(\frac{\theta_s}{2}\right), \ \sin\theta_s = 2\sin\left(\frac{\theta_s}{2}\right)\cos\left(\frac{\theta_s}{2}\right)$$

を用いると

$$0 = 4R\sin^2\left(\frac{\theta_s}{2}\right) + 6(L - R\theta_s)\sin\left(\frac{\theta_s}{2}\right)\cos\left(\frac{\theta_s}{2}\right)$$

となるから，$4R\sin\left(\frac{\theta_s}{2}\right)\cos\left(\frac{\theta_s}{2}\right)$ で割って

13 円柱に巻きつく振り子

$$\tan\left(\frac{\theta_s}{2}\right) = \frac{3}{2}\left(\theta_s - \frac{L}{R}\right) \tag{2.13}$$

$\pi < \theta < 2\pi$ で (2.13) の左辺は負の無限大から 0 への上に凸の単調増加，右辺は $-\frac{3}{2}\left(\frac{L}{R}-\pi\right) = -5.616$ から $-\frac{3}{2}\left(\frac{L}{R}-2\pi\right) = -0.904$ への直線的な単調増加なのでこの間で 1 つ解があり，これが求める値である．

(2.13) に問題で与えられた $\frac{L}{R} = \frac{9\pi}{8} + \frac{2}{3}\cot\frac{\pi}{16}$ を代入すると

$$\tan\left(\frac{\theta_s}{2}\right) = \frac{3}{2}\left(\theta_s - \frac{9\pi}{8}\right) - \cot\frac{\pi}{16}$$

左辺を $-\cot$ にそろえると

$$-\cot\left(\frac{\theta_s - \pi}{2}\right) = \frac{3}{2}\left(\theta_s - \frac{9\pi}{8}\right) - \cot\frac{\pi}{16}$$

この式は $\theta_s = \frac{9\pi}{8}$ とするとうまくいくので，これが求める値である．

v_s を求めるには (2.12) から

$$v_s^2 = -g(L - R\theta_s)\sin\theta_s = -gR\left(\frac{L}{R} - \theta_s\right)\sin\theta_s$$

これに $\theta_s = \frac{9\pi}{8}$ と問題に与えられた $\frac{L}{R} = \frac{9\pi}{8} + \frac{2}{3}\cot\frac{\pi}{16}$ を代入して，

$$v_s^2 = -\frac{2}{3}gR\cot\left(\frac{\pi}{16}\right)\sin\left(\frac{9\pi}{8}\right)$$
$$= \frac{2}{3}gR\cot\left(\frac{\pi}{16}\right)\sin\left(\frac{\pi}{8}\right)$$
$$= \frac{4}{3}gR\cos^2\left(\frac{\pi}{16}\right)$$

よって

$$v_s = 2\cos\left(\frac{\pi}{16}\right)\sqrt{\frac{gR}{3}} \tag{2.14}$$

2.2.2 円柱の右側に粒子が振れたとき，その最高点での速さ v_H を g と R を用いて表す

ひもがたるんでからは粒子は放物運動し，その頂点が円柱の右側での最高点となる．最高点に達する前に円柱に当たることはないことは後で示す．

最高点での速さは放物運動の始まったときの水平速度に等しい．放物運動の初速は (2.14) であり，x 軸となす角は $\dfrac{\pi}{8}$ なので，その水平成分は

$$v_H = v_s \sin\left(\frac{\pi}{8}\right) = 2\cos\left(\frac{\pi}{16}\right)\sin\left(\frac{\pi}{8}\right)\sqrt{\frac{gR}{3}} \tag{2.15}$$

最高点に達する前に円柱に当たらないことを示すには，図 13.6 のように $x-y$ 座標をとったとき，放物運動の最高点の y 座標 y_H が R より大きいことを確認すればよい．

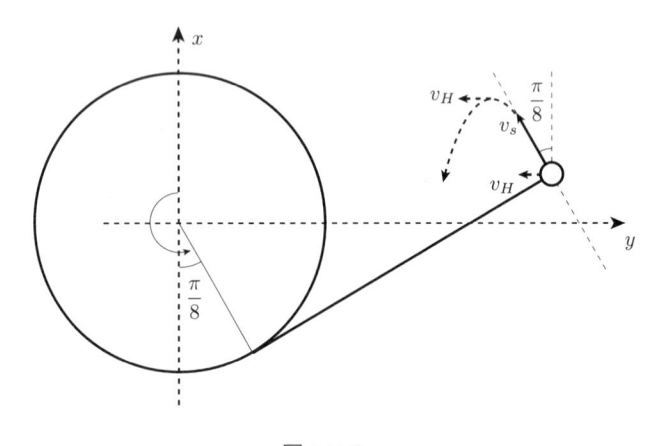

図 **13.6**

ひもがゆるみはじめた瞬間の粒子の y 座標 y_s は

$$y_s = R\sin\frac{\pi}{8} + \left(L - \frac{9\pi}{8}R\right)\cos\frac{\pi}{8} \tag{2.16}$$

y_s から y 軸負方向へ初速 v_s 仰角 $\dfrac{3\pi}{8}$ で放物運動が始まったので，最高点に達したときの y 座標 y_H は

$$y_H = y_s - \left(v_s \sin\frac{\pi}{8}\right)\frac{v_s \cos\frac{\pi}{8}}{g} = y_s - \frac{v_s^2 \sin\frac{\pi}{4}}{2g} \tag{2.17}$$

(2.14), (2.17) から

$$y_H = R\sin\frac{\pi}{8} + \left(L - \frac{9\pi}{8}R\right)\cos\frac{\pi}{8} - \frac{\sqrt{2}R}{3}\cos^2\left(\frac{\pi}{16}\right)$$

問題で与えられた $\frac{L}{R} - \frac{9\pi}{8} = \frac{2}{3}\cot\frac{\pi}{16} = 3.352$ を用い,

$$\begin{aligned}
y_H &= R\sin\frac{\pi}{8} + 3.352R\cos\frac{\pi}{8} - \frac{\sqrt{2}R}{6}\cos^2\left(\frac{\pi}{16}\right) \\
&> R\sin\frac{\pi}{8} + 3.352R\cos\frac{\pi}{8} - \frac{\sqrt{2}R}{6} \\
&> R\sin\frac{\pi}{8} + 3.588R \times 0.5 - 0.236R = R\sin\frac{\pi}{8} + 1.558R = 1.941R
\end{aligned}$$

これは明らかに R より大きいので,最高点に達する前に円柱に当たることはない.

2.3 ひもが A に固定されていない場合

分銅が再停止するまでに分銅の失った力学的エネルギーは MgD であるので,力学的エネルギー保存より,分銅再停止以後のおもりの力学的エネルギーは MgD となる.分銅再停止以後,ひもが張力をもち続け運動するとして,∠AOQ $= \theta$,おもりの速さ v,張力 T を用いてエネルギー保存則と運動方程式を立て,$\theta \leq 2\pi$ の範囲で張力 T と運動エネルギー $\frac{1}{2}mv^2$ が 0 以上となる条件が,$\alpha = \frac{D}{L}$ の下限を決める.

位置エネルギーの式は (2.6) であるが,ここでは $s = L - D - R\theta$ の関係が成り立つので,

$$U = -mg\{R(1 - \cos\theta) + (L - D - R\theta)\sin\theta\}$$

となり,エネルギー保存の式は

$$MgD = \frac{1}{2}mv^2 - mg\{R(1-\cos\theta) + (L - D - R\theta)\sin\theta\} \tag{2.18}$$

となる.

次に PQ 方向の運動方程式を立てる.(2.5) から PQ 方向の加速度 a は

$$a = s\dot\theta^2 = \frac{(s\dot\theta)^2}{s} = \frac{v^2}{s}$$

であり,ここではひもの長さについて $s = L - D - R\theta$ の関係があるので,これ

を代入し
$$a = \frac{v^2}{L - D - R\theta} \tag{2.19}$$
となる．PQ 方向の力は $T + mg\sin(\theta - \pi) = T - mg\sin\theta$ なので，PQ 方向の運動方程式は
$$m\frac{v^2}{L - D - R\theta} = T - mg\sin\theta \tag{2.20}$$
である．

(2.18) と (2.20) から v^2 を消去すると，
$$MgD = \frac{1}{2}(L - D - R\theta)(T - mg\sin\theta)$$
$$- mg\{R(1 - \cos\theta) + (L - D - R\theta)\sin\theta\}$$
となるので，全体を L で割り，$\dfrac{R}{L}$ は微小なので無視すれば
$$\frac{MgD}{L} = \frac{1}{2}\left(1 - \frac{D}{L}\right)(T - mg\sin\theta) - mg\left(1 - \frac{D}{L}\right)\sin\theta.$$
T について解くと，$T \geq 0$ の条件は
$$T = \frac{2MgD}{L\left(1 - \dfrac{D}{L}\right)} + 3mg\sin\theta \geq 0$$
$0 < \theta \leq 2\pi$ の範囲では $\theta = \dfrac{3\pi}{2}$ のとき $\sin\theta = -1$ で最小になるので，この条件が満たされるためには
$$\frac{2MgD}{L\left(1 - \dfrac{D}{L}\right)} - 3mg \geq 0$$
でなければならない．これを $\dfrac{D}{L}$ について解くと
$$\frac{D}{L} \geq \frac{1}{\dfrac{2M}{3m} + 1} \tag{2.21}$$

が得られる．

よって臨界値は

$$\alpha_c = \frac{1}{\dfrac{2M}{3m}+1}. \tag{2.22}$$

14

不運な人工衛星

サラマンカ，スペイン

2005

1　問　　題

　宇宙船の軌道を変えるために普通に行われる方法は，飛行方向の速度を変化させることである．つまり，中心の地球からより遠くをまわる軌道に移るために加速するか，大気圏に再突入するために減速するかである．この問題では，もし計画とは違って，積んでいるエンジンの推力 (ロケット噴射) が動径方向にはたらいたら，軌道がどう変化するかを考える．

　数値計算のため以下の数値を用いよ．

- 地球半径　　$R = 6.37 \times 10^6$ m
- 地球表面上の重力加速度　　$g = 9.81$ m/s^2
- 恒星日の長さ　　$T_0 = 24.0$ h

赤道上の半径 r_0，周期 T_0 の軌道にある質量 m の静止衛星を考えよう．衛星は，最初に述べたように，軌道接線方向に加減速して目的の軌道に達するために用いる「アポジーエンジン」を積んでいる．

1.1　事故前の静止軌道

1.1.1　r_0 の値を求めよ

1.1.2　衛星の速さ v_0 を g, R, r_0 で表し，数値も計算せよ

1.1.3　衛星の角運動量 L_0，力学的エネルギー E_0 を v_0, m, g, R_T で表せ

14 不運な人工衛星

衛星が静止軌道に達し (図 14.1)，予定の位置に安定してその役目を果たし始めようとしたとき，地上管制官の過ちによってアポジーエンジンが再点火してしまった．地上係官の素早い対応でエンジンは消すことができたが，この間に地球に向かう方向の推力が発生し衛星に予定外の速度変化 Δv が生じた．この誤噴射による変化をパラメーター $\beta = \dfrac{\Delta v}{v_0}$ で特徴づけることにしよう．このエンジン噴射の持続時間は軌道運動と比べて無視できるくらい小さく，ほとんど瞬間的であると見なしてよい．

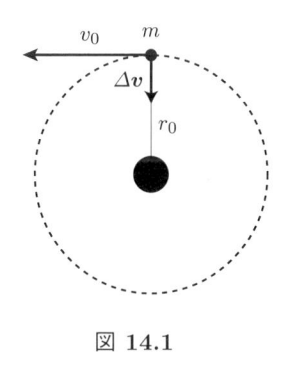

図 14.1

1.2 $\beta < 1$ の場合の噴射事故後の軌道

1.2.1 半通径 l，離心率 ε を r_0, β で表せ

ヒント

距離の 2 乗に反比例する中心力が物体にはたらくと，物体は楕円か放物線か双曲線を描いて運動する．物体 (衛星) の質量 m より重力を及ぼす物体 (地球) の質量 M の方がずっと大きいという近似では，M は軌道の焦点の 1 つにあると考えてよい．この焦点を座標の原点として極座標による物体の軌跡の方程式は

$$r(\theta) = \frac{l}{1 - \varepsilon \cos \theta} \tag{1.1}$$

となる (図 14.2)．l は半通径 (半直弦) と呼ばれる正の定数で，ε は離心率である (§3 参考)．

運動の保存量を使って表せば，

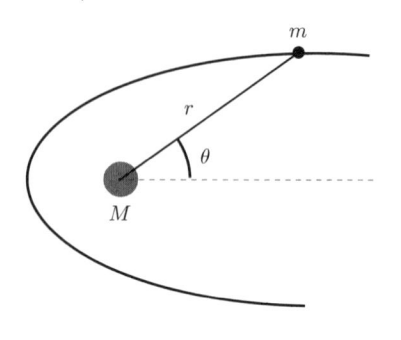

図 14.2

$$l = \frac{L^2}{GMm^2} \tag{1.2}$$

$$\varepsilon = \left(1 + \frac{2EL^2}{G^2M^2m^3}\right)^{\frac{1}{2}} \tag{1.3}$$

ここで G は重力定数，L は原点に関する m の軌道角運動量，E は位置エネルギーの基準 0 を無限遠にとったときの力学的エネルギーである．

ε の値により，軌道の形は次のようになる:

1. $0 \leq \varepsilon < 1$ のとき楕円 ($\varepsilon = 0$ のときは円)
2. $\varepsilon = 1$ のとき放物線
3. $\varepsilon > 1$ のとき双曲線．

1.2.2 軌道の長軸と誤点火のあった地点の位置ベクトルとのなす角 α を求めよ

1.2.3 地球の中心から近地点までの距離 $r_{\min}$ と遠地点までの距離 $r_{\max}$ を r_0 と β を用いて表し，$\beta = \dfrac{1}{4}$ のときの値を計算せよ

1.2.4 周期 T を T_0, β の関数として表し，$\beta = \dfrac{1}{4}$ のときの値を計算せよ

1.3 重力圏から離脱する条件

1.3.1 地球の引力を離脱するのに必要な β の最小値 β_{esc} を求めよ

1.3.2 地球の中心にもっとも近づくときの距離 $r'_{\min}$ を r_0 を用いて表せ

1.4 $\beta > \beta_{\mathrm{esc}}$ で衛星が重力圏から離脱する場合の運動

1.4.1 無限遠に達したときの速さ v_∞ を v_0, β を用いて表せ

1.4.2 図 14.3 に示されている漸近的な脱出方向の "衝突パラメーター" b を r_0, β を用いて表せ

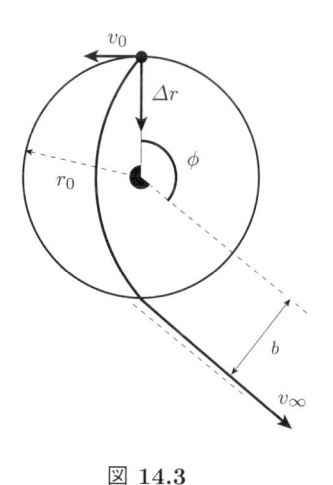

図 14.3

1.4.3 図 14.3 に示された漸近的な脱出方向の角度 ϕ を β を用いて表し，$\beta = \dfrac{3}{2}\beta_{\mathrm{esc}}$ の場合の値を求めよ

2 解答

2.1 事故前の静止軌道

2.1.1 軌道半径 r_0

円運動の向心力を重力が与えるので

$$G\frac{Mm}{r_0^2} = \frac{mv_0^2}{r_0} \tag{2.1}$$

が成り立ち，速度と周期の関係

$$v_0 = \frac{2\pi r_0}{T_0} \tag{2.2}$$

と地表の重力加速度

$$g = \frac{GM}{R^2} \tag{2.3}$$

を用いれば

$$r_0 = \left(\frac{gR^2 T_0^2}{4\pi^2}\right)^{\frac{1}{3}} \tag{2.4}$$

が得られる．与えられた数値を代入すれば

$$r_0 = 4.22 \times 10^7 \mathrm{m}. \tag{2.5}$$

2.1.2 衛星の速さ v_0

(2.1) に (2.3) を代入して

$$v_0 = R\sqrt{\frac{g}{r_0}} \tag{2.6}$$

数値を代入して計算すれば

$$v_0 = 3.07 \times 10^3 \mathrm{m/s} \tag{2.7}$$

を得る．

2.1.3 衛星の角運動量 L_0，力学的エネルギー E_0

角運動量は $L_0 = r_0 m v_0$ であるから，(2.6) を用いて r_0 を消去すれば

$$L_0 = \frac{mgR^2}{v_0} \tag{2.8}$$

また衛星の力学的エネルギーは $E_0 = \frac{1}{2}mv_0^2 - \frac{GMm}{r_0}$ であるから，(2.1) を用いて

$$E_0 = \frac{1}{2}mv_0^2 - mv_0^2 = -\frac{1}{2}mv_0^2 \tag{2.9}$$

2.2 $\beta < 1$ の場合の噴射事故後の軌道

2.2.1 半通径 l, 離心率 ε

推力は動径方向にはたらいたので角運動量は変化しない ($L = L_0$). よってヒントの半通径の式 (1.2) に (2.3) と (2.8) を代入すれば

$$l = \frac{L_0^2}{GMm^2} = \frac{m^2 g^2 R^4}{v_0^2} \frac{1}{gR^2 m^2} = \frac{gR^2}{v_0^2} = r_0 \tag{2.10}$$

衛星は噴射により v_0 と垂直に Δv の速度増加を得るので,噴射後の速度を v とすれば $v^2 = v_0^2 + \Delta v^2$. したがって噴射後の衛星の力学的エネルギーを E とすると,

$$E = \frac{1}{2}m(v_0^2 + \Delta v^2) - G\frac{Mm}{r_0} = E_0 + \frac{1}{2}m\Delta v^2$$
$$= -\frac{1}{2}mv_0^2 + \frac{1}{2}m\Delta v^2 = \frac{1}{2}mv_0^2(\beta^2 - 1) \tag{2.11}$$

これをヒントの離心率の式 (1.3) に代入すれば

$$\varepsilon = \beta \tag{2.12}$$

を得る.ここでは $\beta = \dfrac{\Delta v}{v_0} < 1$ としているので,軌道は楕円になる.

2.2.2 軌道の長軸と誤点火のあった地点の位置ベクトルとのなす角 α

アポジーエンジンが瞬間的に噴射した地点を P とする.噴射前の円軌道と噴射後の楕円軌道は P で交差し,楕円の極方程式に $l = r_0, \varepsilon = \beta$ を代入すると

$$r = \frac{r_0}{1 - \beta \cos \alpha}$$

となるので, $r = r_0$ とすれば $\alpha = \dfrac{\pi}{2}$ が得られる (図 14.4).

2.2.3 $\beta = \dfrac{1}{4}$ のときの $r_{\min}$ と $r_{\max}$

図 14.4 からわかるように r の最大値と最小値は極方程式の $\theta = 0$ と $\theta = \pi$ に対応する.したがって

$$r_{\max} = \frac{r_0}{1 - \beta} \qquad r_{\min} = \frac{r_0}{1 + \beta} \tag{2.13}$$

となり, $\beta = \dfrac{1}{4}$ のとき

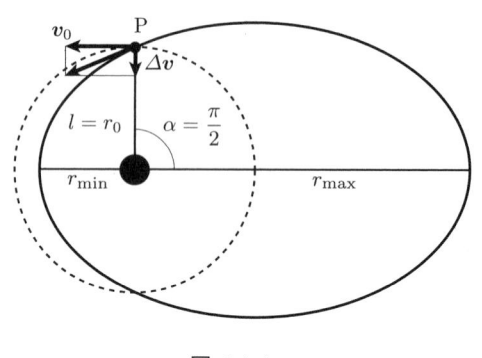

図 **14.4**

$$r_{\max} = 5.63 \times 10^7 \mathrm{m} \qquad r_{\min} = 3.38 \times 10^7 \mathrm{m} \tag{2.14}$$

となる．

2.2.4 $\beta = \dfrac{1}{4}$ のときの周期 T

楕円の半長軸を a とするとケプラーの第 3 法則は

$$\frac{T^2}{a^3} = \frac{T_0^2}{r_0^3} \tag{2.15}$$

である．半長軸は $a = \dfrac{r_{\max} + r_{\min}}{2} = \dfrac{r_0}{1-\beta^2}$ なので，これを代入すれば

$$T = T_0(1-\beta^2)^{-\frac{3}{2}} \tag{2.16}$$

数値を代入して計算すれば $T = 26.4\,\mathrm{h}$．

2.3 重力圏から離脱する条件

2.3.1 β の最小値 β_{esc}

衛星が地球の引力圏を脱出するということは，軌跡が放物線か双曲線になること，すなわち $\varepsilon \geq 1$ であることである．したがって最小値は $\beta_{\mathrm{esc}} = \varepsilon = 1$．これはまた無限遠で衛星の力学的エネルギーが 0 になるとしても得られる．

2.3.2 地球の中心にもっとも近づくときの距離 $r'_{\min}$

$l = r_0, \varepsilon = 1$ であるから極方程式は

$$r = \frac{r_0}{1 - \cos\theta} \tag{2.17}$$

であり，$\theta = \pi$ とおけば

$$r'_{\min} = \frac{r_0}{2} \tag{2.18}$$

2.4　$\beta > \beta_{\mathrm{esc}}$ で衛星が重力圏から離脱する場合の運動

2.4.1　無限遠に達したときの速さ v_∞

無限遠ではポテンシャルエネルギーが 0 なので，(2.11) を用いてエネルギー保存則を表すと

$$E = \frac{1}{2}mv_0^2(\beta^2 - 1) = \frac{1}{2}mv_\infty^2. \tag{2.19}$$

これを解いて

$$v_\infty = v_0(\beta^2 - 1)^{\frac{1}{2}} \tag{2.20}$$

2.4.2　衝突パラメーター b

$\beta > \beta_{\mathrm{esc}}$ のとき軌跡は双曲線である．その漸近線を図 14.5 のようにとる．

角運動量保存から

$$mv_0 r_0 = mv_\infty b \tag{2.21}$$

(2.20) を用いれば

$$b = r_0(\beta^2 - 1)^{-\frac{1}{2}} \tag{2.22}$$

2.4.3　漸近的脱出方向の角度 ϕ

図 14.5 のように θ_{asym} をとると $\phi = \frac{\pi}{2} + \theta_{\mathrm{asym}}$ である．θ_{asym} は極方程式 (2.17) において $r = \infty$ に対応する．したがって

$$1 - \beta\cos\theta_{\mathrm{asym}} \tag{2.23}$$

これから $\theta_{\mathrm{asym}} = \cos^{-1}\left(\frac{1}{\beta}\right)$ で

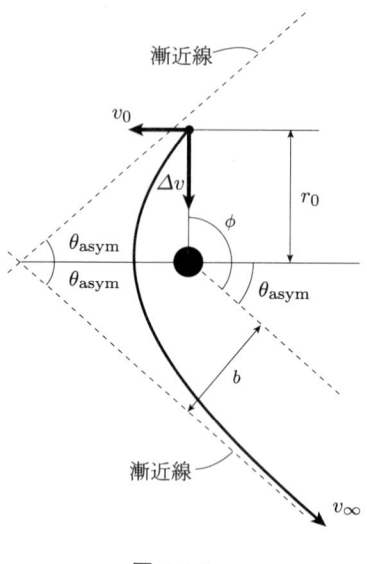

図 14.5

$$\phi = \frac{\pi}{2} + \cos^{-1}\left(\frac{1}{\beta}\right) \tag{2.24}$$

条件 $\beta = \frac{3}{2}, \beta_{\mathrm{esc}} = \frac{3}{2}$ においては

$$\phi = 2.41\mathrm{rad} = 138°. \tag{2.25}$$

3 参考：物体に距離の2乗に反比例する中心力がはたらく場合の軌道

運動の2つの保存則，エネルギー保存と中心力であることによる角運動量の保存則から出発する．

$$\frac{1}{2}mv^2 + U(r) = \text{エネルギー } E = \text{一定} \tag{3.1}$$

$$\boldsymbol{r} \times m\boldsymbol{v} = \text{角運動量 } L = \text{一定} \tag{3.2}$$

が得られる．

ここで極座標 (r, θ) を導入する．

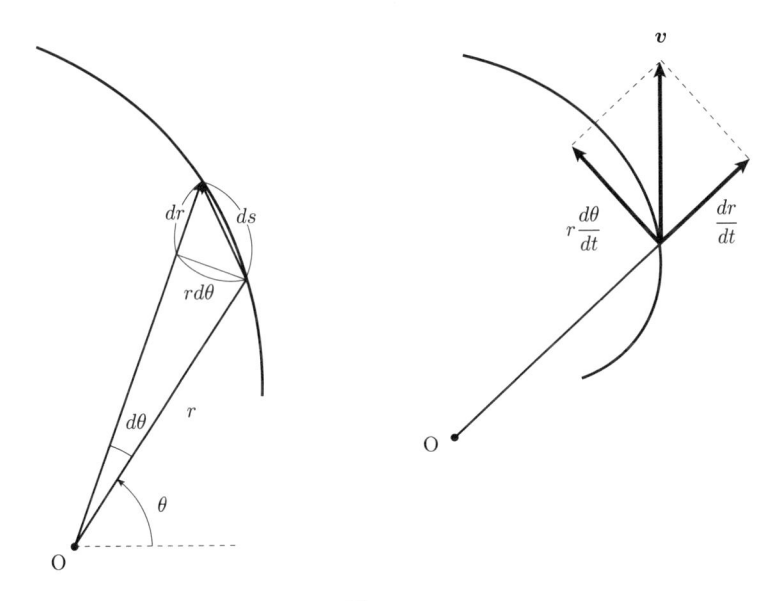

図 **14.6**

図 14.6 から $v^2 = \left(\dfrac{dr}{dt}\right)^2 + r^2\left(\dfrac{d\theta}{dt}\right)^2$ また $L = mr^2\left(\dfrac{d\theta}{dt}\right)$ となることがわかるので，運動エネルギー保存の式を極座標に直し，角運動量の値を代入し，ポテンシャルエネルギーを $U = -\dfrac{A}{r}$ とすれば

$$E = \frac{1}{2}m\left(\frac{dr}{dt}\right)^2 + \frac{1}{2}\frac{L^2}{mr^2} - \frac{A}{r} \tag{3.3}$$

となる．この方程式を解いて $r(t)$ を求め，その $r(t)$ を角運動量保存の式に代入して解けば $\theta(t)$ が求まる．しかしここでは，極座標で表した曲線の形が見たいので

$$\frac{\dfrac{dr}{dt}}{\dfrac{d\theta}{dt}} = \frac{dr}{d\theta} \tag{3.4}$$

を用い，両辺を L^2 で割ると，(3.3) は

$$\frac{1}{2m}\left(\frac{1}{r^2}\frac{dr}{d\theta}\right)^2 + \frac{1}{2mr^2} - \frac{A}{rL^2} = \frac{E}{L^2} \tag{3.5}$$

となる．$u = \frac{1}{r}$ を導入すると，$\frac{du}{d\theta} = -\frac{1}{r^2}\frac{dr}{d\theta}$ だから (3.5) は

$$\left(\frac{du}{d\theta}\right)^2 + u^2 - \frac{2mA}{L^2}u = \frac{2mE}{L^2} \tag{3.6}$$

と表せ，さらに $w = u - \frac{mA}{L^2}$ に変数変換すれば

$$\left(\frac{dw}{d\theta}\right)^2 + w^2 = \left(\frac{mA}{L^2}\right)^2\left(1 + \frac{2L^2E}{mA^2}\right) \tag{3.7}$$

となる．これは単振動のエネルギー保存の式

$$\frac{1}{2}mv^2 + \frac{1}{2}m\omega^2 x = \frac{1}{2}m\omega^2 A^2 \tag{3.8}$$

で $\omega = 1$ としたものと同じなので

$$w(\theta) = \frac{mA}{L^2}\sqrt{1 + \frac{2L^2E}{mA^2}}\cos(\theta + \delta) \tag{3.9}$$

という解が求まる．初期位相 δ を極座標の基線の取り方で π にすることができる．(3.9) の解も $\pm$ があっていいのだが，それもこの基線の取り方に吸収できる．変数を r に戻すと

$$\frac{1}{r} = \frac{mA}{L^2} - \frac{mA}{L^2}\sqrt{1 + \frac{2L^2E}{mA^2}}\cos\theta$$

これから

$$r = \frac{\dfrac{L^2}{mA}}{1 - \sqrt{1 + \dfrac{2L^2E}{mA^2}}\cos\theta} \tag{3.10}$$

を得る．これに $A = GmM$ を代入すればヒントで与えられた (1.1), (1.2), (1.3) となる．

II 磁場はどちらを向いているか
―電場と磁場の物理―

15

無限にくりかえす抵抗の格子

ワルシャワ, ポーランド

1967

1　問　　題

図 15.1 に示したような，どれも同じ抵抗値 r をもつ抵抗たちを組み合わせてできた無限格子回路がある．AB 間の合成抵抗を求めよ．

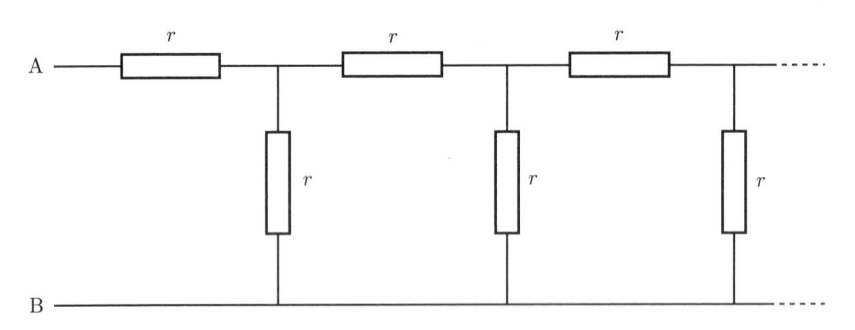

図 **15.1**　無限格子回路

2　解　　答

図 15.2 に示すように格子の 1 単位を 1 個接続したときの抵抗を R_1，2 個接続したときの抵抗を R_2 として，$R_1, R_2, R_3, \cdots$ の数列を考える．

格子を n 個つないだ，抵抗 R_n の回路へさらにもう 1 つ格子を増やすと，全抵

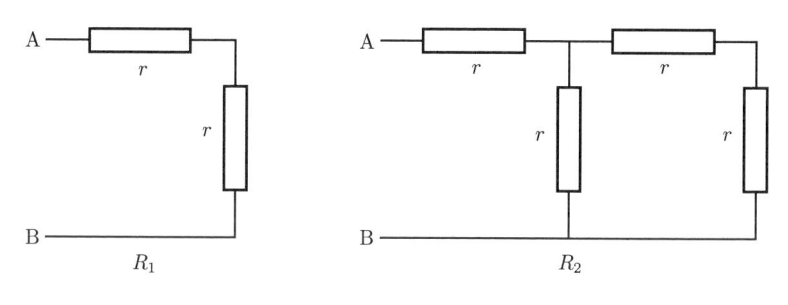

図 **15.2**

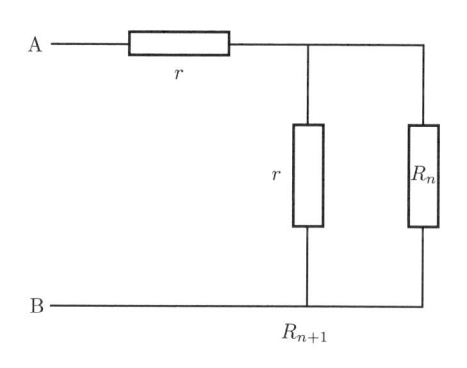

図 **15.3**

抗は，図 15.3 から R_n と r を並列にした R' に r を直列につないだものである．

並列接続の抵抗 R' は

$$\frac{1}{R'} = \frac{1}{R_n} + \frac{1}{r} \quad \text{から} \quad R' = \frac{rR_n}{r + R_n}$$

これと r を直列接続するのだから

$$R_{n+1} = r + \frac{rR_n}{r + R_n} = \frac{2rR_n + r^2}{r + R_n}. \tag{2.1}$$

という関係が成り立つ．

この $R_1, R_2, R_3, \cdots, R_n, R_{n+1}, \cdots$ という無限数列は明らかに $R_1 = 2r$ から単調に減少し，かつ r よりは大きいので有界であるから収束する．この極限値を

R として (2.1) で $n \to \infty$ とすれば

$$R = \frac{2rR + r^2}{r + R}$$

となるから

$$R^2 - rR - r^2 = 0, \quad \text{となり} \quad R = \frac{1}{2}(r \pm \sqrt{r^2 + 4r^2})$$

$R > 0$ のはずだから複号のうち + をとって

$$R = \frac{1 + \sqrt{5}}{2}r = \frac{3.236\cdots}{2}r = 1.618\cdots r. \tag{2.2}$$

が得られる．有効数字は，与えられる r の値に合わせてとればよい．

16

一様に帯電した輪と輪の最高点から釣った帯電小球の釣り合い

ブルーノ, チェコ

1969

1 問題

断面積を無視してよい剛体ワイヤーでできた半径 R の輪が鉛直面内に固定され,これには電荷 Q が一様に分布している.質量が m で電荷 q をもつ小球を,輪の最高点から絶縁コードで吊り下げる. Q と q は同符号とする.

小球の釣り合い点が,輪の面に垂直な対称軸上にくるようにコードの長さ L を決定せよ.

$Q = q = 9.0 \times 10^{-8}$ C, $R = 5$ cm, $m = 1.0$ g のとき, L はいくらか? 真空の誘電率を $\varepsilon_0 = 8.9 \times 10^{-12}$ F/m とする.

2 解答

輪の,輪の面に垂直な対称軸の方向に x 軸をとり,輪の面との交点を原点として,小球の位置を x とする.輪を細分して,その一部分の電荷 dQ が点 x につくる電場の x 成分は

$$dE = \frac{1}{4\pi\varepsilon_0} \frac{dQ}{L^2} \frac{x}{L} = \frac{1}{4\pi\varepsilon_0} \frac{x}{L^3} dQ \tag{2.1}$$

である.これを輪の全部分にわたって総和すれば,輪が点 x につくる電場の x 成分

$$E = \frac{1}{4\pi\varepsilon_0} \frac{Q}{L^3} x \tag{2.2}$$

となる.

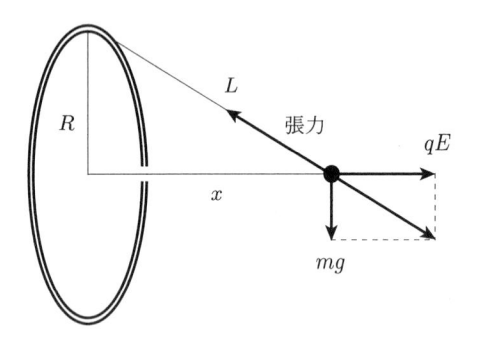

図 16.1

輪にはたらく力は 水平の x 方向に輪の電場から qE, 鉛直下向きに重力 mg およびコードの張力である. 前 2 者の合力が張力と反対向きになる条件は

$$\frac{qE}{mg} = \frac{x}{R} \tag{2.3}$$

である. 電場 E を代入して

$$\frac{x}{R} = \frac{qQ}{4\pi\varepsilon_0 \cdot mg} \frac{x}{L^3}.$$

よって

$$L = \left(\frac{qQ}{4\pi\varepsilon_0} \frac{R}{mg} \right)^{1/3}. \tag{2.4}$$

与えられた数値を代入して

$$L = \left(\frac{(9.0 \times 10^{-8}\mathrm{C})^2}{4\pi(8.9 \times 10^{-12}\mathrm{F/m})} \frac{5.0 \times 10^{-2}\,\mathrm{m}}{(1.0 \times 10^{-3}\,\mathrm{kg})(9.8\,\mathrm{m/s^2})} \right)^{1/3} = 7.2 \times 10^{-2}\mathrm{m} \tag{2.5}$$

ここで, 電気容量の単位 F は, F = $\mathrm{C^2}$/[Energy] = $\mathrm{C^2/(kg\,m^2\,s^{-2})}$ なので

$$\frac{\mathrm{C}^2}{\mathrm{C}^2/(\mathrm{kg\ m^3 s^{-2}})} \frac{\mathrm{m}}{\mathrm{kg\,m\,s^{-2}}} = \mathrm{m}^3$$

となることを用いた．

17

蛍　光　灯

マレンテ，ドイツ

1982

1　問　題

図 17.1 に示される回路の蛍光灯に，周波数 50Hz の交流電圧が加わっている．

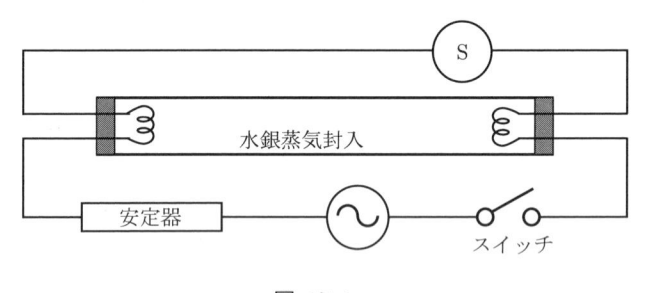

図 17.1

この回路において，次の各量が測定されている (交流の場合，測定値は実効値であるのでそれをはっきりさせるため添え字をつけた．交流電圧が $V_0 \cos\omega t$ のように変動するとき，実効値は $V_{効} = \dfrac{V_0}{\sqrt{2}}$ である)．

電源の交流電圧	$V_{効} = 228.5\,\text{V}$
点灯時の電流	$I_{効} = 0.600\,\text{A}$
蛍光灯両端にかかる電圧	$V'_{効} = 84.0\,\text{V}$
直列に挿入した安定器のオーム抵抗値	$R_{\text{d}} = 26.3\,\Omega$

蛍光灯自身は計算上オーム抵抗器と見なして次の各問に答えよ．

1.1 直列に入れた安定器のインダクタンス L はいくらか

1.2 電圧と電流間の位相のずれ ϕ はどれほどか

1.3 平均の消費電力 P_w はいくらか

1.4 安定器の役割

直列に入れた安定器は蛍光灯に流れる電流を制限するはたらきがあるが，このこととは別に，重要なはたらきももっている．このはたらきの名称を述べ，それについて説明せよ．

ヒント：スターター S は，蛍光灯の電源スイッチを入れてから少し後に回路が閉じ，再び開いて，その後は開いたままになるという接続の仕方をする装置である．

1.5 横軸に時間をとり，縦軸にランプによって放射される光の時間変動の概略を図示せよ

1.6 交流電圧は $\dfrac{1}{100}$ s ごとに 0 になるのに，蛍光灯は一回の点灯だけで発光し続けるのはなぜか

1.7 コンデンサーの役割

製造業者の説明書によると，このタイプの蛍光灯は，安定器に加えて約 4.7 F のコンデンサーを直列に入れて使うことができるという．コンデンサーを入れることでランプの動作にどのような影響があるか．また，このことはどういう目的のために使うことができるか．

1.8 スペクトルの違い

半分は白く塗られ，半分は透明な蛍光灯と分光器が用意されている．分光器を用いて観測し，2 つのスペクトルの違いを説明せよ．分光器はおみやげにもって帰ってよい．

2 解　答

2.1 安定器のインダクタンス L

抵抗に加わる電圧と電流の実効値の間には，各瞬間の値と同様に，オームの法則が成り立っている．したがって蛍光管の抵抗 R_f は

$$R_\text{f} = \frac{V'_\text{効}}{I_\text{効}} = \frac{84.0\,\text{V}}{0.600\,\text{A}} = 140.0\,\Omega \tag{2.1}$$

それゆえ，全抵抗は

$$R = R_\text{d} + R_\text{f} = 166.3\,\Omega$$

抵抗 R，インダクタンス L のコイル，容量 C のコンデンサーがある場合の，交流回路の電圧と電流の関係は，参考 §3.1 のように求めることができる．そこで導入されたインピーダンスと位相のずれを用いると，インピーダンスの大きさは $|Z| = \sqrt{\left(\omega L - \dfrac{1}{\omega C}\right)^2 + R^2}$ で，(3.6) と (3.7) から，位相のずれ ϕ は $\tan\phi = \dfrac{\omega L - \dfrac{1}{\omega C}}{R}$ となるので，回路のインピーダンスと，電圧と電流の間の位相のずれは，図 17.2-1 のようにベクトル図で表すことができる．いまの問題では，容量 C はないので，図 17.2-2 のようになる．

図より $|Z| = \sqrt{R^2 + (\omega L)^2}$ であるが，これは (3.9) により $\dfrac{V_0}{I_0}$ に等しく，実効値 (2 乗平均の平方根) は $I_\text{効} = \dfrac{I_0}{\sqrt{2}}$, $V_\text{効} = \dfrac{V_0}{\sqrt{2}}$ なので

$$|Z| = \frac{V_0}{I_0} = \frac{V_\text{効}}{I_\text{効}} = \frac{228.5\,\text{V}}{0.600\,\text{A}} = 380.8\,\Omega \tag{2.2}$$

したがって，直列に入れた安定器のコイルによるインダクタンスについて

$$\omega \cdot L = \sqrt{|Z|^2 - R^2} = \sqrt{(380.8\,\Omega)^2 - (166.3\,\Omega)^2} = 342.6\,\Omega$$

が成り立ち

$$L = \frac{343\,\Omega}{2\pi \cdot 50\,\text{Hz}} = \frac{343\,\Omega}{100\pi\,\text{s}^{-1}} = 1.092\,\text{H}$$

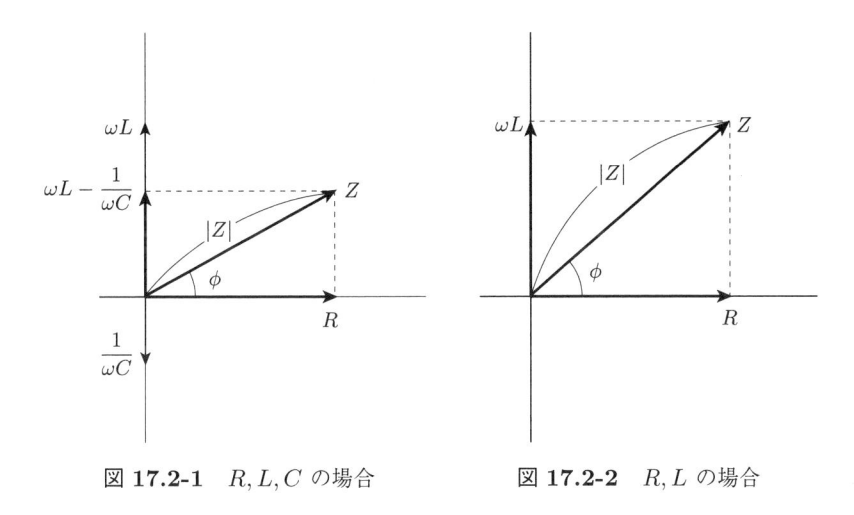

17　蛍　光　灯

図 **17.2-1**　R, L, C の場合　　図 **17.2-2**　R, L の場合

となる．

2.2　電圧と電流間の位相のずれ ϕ

図 17.2-2 から

$$\tan\phi = \frac{\omega \cdot L}{R} = \frac{342.6\,\Omega}{166.3\,\Omega} = 2.060$$

したがって $\phi = 64.1°$

2.3　消　費　電　力

参考 §3.2 で示すように，コイルやコンデンサーの平均消費電力は 0 W で，回路の抵抗部分のみが電力を消費する．§3.2 で証明されたように平均消費電力は実効値を用いて書くことができて

$$P_{\text{w}} = R \cdot I_{\text{効}}^2 = 166.3\,\Omega \times (0.600\,\text{A})^2 = 59.9\,\text{W}$$

となる．

2.4 安定器の役割

蛍光灯と並列に接続されたスターター (グローランプ) の中には 2 つの金属電極が少し離れて向かい合っている．電源スイッチを入れると，この電極の間の気体分子の電離が生じ，電極間でグロー放電が起こる．そうなると回路に電流が流れるので，蛍光灯内の両端のフィラメントは赤熱し，熱電子が電極の外に出てくる．

スターター内部の電極にはバイメタルが用いられているので，放電によって温度が上昇すると電極は変形し電極同士が接触する．それによって放電がなくなると，温度が下がり，電極は再び離れる．

電極の接触が切れると，いままで回路を流れていた電流が急に 0 になるので，安定器 (鉄心入りのコイル) の両端には自己誘導によって高電圧 (千数百ボルト) が発生する．すなわち蛍光灯の両端に高電圧がかかった状態が生じる．

この高電圧により熱電子は加速され，水銀蒸気と激しく衝突し，水銀原子を次々にイオン化する．すなわち「絶縁破壊」が起こり，蛍光灯内部がほぼ電離した状態になり，放電が起こる．一度放電が起これば蛍光灯内部には多くの水銀イオンと電子があるので，蛍光灯の両端にかかる交流 (家庭では 100 V) で十分放電を持続することができる．

光を出すしくみは，この放電のしくみとは別である．蛍光灯の中で水銀の原子が光るのは，加速されて蛍光灯内を動く電子が水銀の原子に衝突して，原子をエネルギーの高い状態 (励起状態) にたたき上げるからである．すなわち水銀内の電子はよりエネルギーが高い軌道に移る．こうして励起された状態から，逆に電子がより低いエネルギーの軌道に落ち込むことが生じ，そのとき 2 つの軌道のエネルギーの差が光子のエネルギー $h\nu$ に等しい光を放出する．電子がその間を移るエネルギーの高い軌道と低い軌道の組にはいろいろな場合があり，水銀はそのそれぞれの振動数 (波長) に対応する光を出している (スペクトル)．

普通われわれが蛍光灯の光として見ている白色光は，この水銀の光自身ではなく，水銀のスペクトルのうち強く出ている紫外線が管の内面に塗ってある塗料にぶつかり，その塗料から出る 2 次的な可視光が主である．しかし分光器で蛍光灯を見れば水銀の出しているスペクトルの線も見ることができる．

このとき中心的役割を果たす紫外線のうちの 1 つは波長が 2.537×10^{-7} m の

光なので，その光子のエネルギーは

$$h\frac{c}{\lambda} = \frac{(6.626 \times 10^{-34}\,\mathrm{Js}) \times (3.00 \times 10^8\,\mathrm{m/s})}{2.537 \times 10^{-7}\,\mathrm{m}} = 7.84 \times 10^{-19}\,\mathrm{J} = 4.90\,\mathrm{eV} \quad (2.3)$$

である．この光を水銀原子が出すためには，これだけ高いエネルギーに励起する必要がある．それが電子の衝突で起こるためには，電子は $4.90\,\mathrm{eV}$ より高いエネルギーをもっていなければならない．水素原子は電子より重いので，衝突によってほとんどエネルギーをもらわないと考えてよい．

電子は，蛍光灯にかけた $100\,\mathrm{V}$ の電位差で加速されるのである．家の蛍光灯の長さを測ると，約 $50\,\mathrm{cm} = 500\,\mathrm{mm}$ だったので全体で $100\,\mathrm{V}$ かかっているとすれば，電子が $1.0\,\mathrm{mm}$ すすむと $0.20\,\mathrm{eV}$ のエネルギーを得るということになる．エネルギー 0 から出発して $4.90\,\mathrm{eV}$ まで加速されるためには，$24.5\,\mathrm{mm}$ くらい進めばよい．これだけ進んで水銀原子に衝突すればよいわけである．

でも，電子は，そんなにうまく衝突してくれるだろうか？ 電子が，どれだけ走ると水銀原子に衝突するかは水銀原子の大きさによる．電子にとって原子が面積 σ の的に見えるとき，原子の衝突断面積は σ であるという．いま，電子と水銀原子の衝突断面積がいくらであるか，正確なところはわからないが，半径が Bohr 半径 a_B のオーダー (a_B の何倍か) の円板の面積くらいであることは間違いないだろう．$a_\mathrm{B} = 0.53 \times 10^{-10}\,\mathrm{m}$ だから，衝突断面積 σ は $\pi a_\mathrm{B}^2 = 9 \times 10^{-21}\,\mathrm{m}^2$ のオーダーである．

蛍光灯管内にはどのくらいの密度で水銀原子があるのか．内部の圧力は $2 \times 10^2\,\mathrm{Pa}$ 程度であるという．中には水銀原子だけでなくアルゴン原子も含まれているので，水銀原子による圧力を $1.0 \times 10^2\,\mathrm{Pa}$ として見積もりを行おう．温度は $0°\mathrm{C}$，1 気圧を $1.0 \times 10^5\,\mathrm{Pa}$ とすれば，管内の水銀原子の密度は

$$\frac{6.02 \times 10^{23}\,\text{個}}{22.4 \times 10^{-3}\,\mathrm{m}^3} \frac{1.0 \times 10^2\,\mathrm{Pa}}{1.0 \times 10^5\,\mathrm{Pa}} = 2.7 \times 10^{22}/\mathrm{m}^3 \quad (2.4)$$

である．したがって電子が水銀原子と 1 回衝突するまでに進む平均の距離，平均自由行程を d とすれば

$$2.7 \times 10^{22}/\mathrm{m}^3 \times 9 \times 10^{-21}\,\mathrm{m}^2 d = 1 \quad (2.5)$$

より $d = 4 \times 10^{-3}\,\mathrm{m}$ のオーダーである．

したがって励起に必要な 4.9 eV を得るには約 $\frac{24.5\,\text{mm}}{4\,\text{mm}} = 6.1$ つまり数回のオーダーの弾性衝突をして進めばいいことになる．これなら電子の衝突断面積がいま考えた πa_B^2 の何倍または何分の一かであっても，蛍光灯のなかで電子は水銀原子に衝突して，これを光らせることができる．

水銀原子をイオン化するには，理科年表によれば 10.4 eV が必要になる．点灯時の高電圧では電子は容易にこれより高いエネルギーを得る．蛍光灯が普通についている間はかかる電圧は交流 100 V だが，このときでも 10 回程度のオーダーの弾性衝突の間にこのエネルギーに達することができる．

2.5 光の強度の時間変化

蛍光灯にかかる電圧は $R_\text{f}I$ である．これを V_f とおく．電圧 V_f を 2 倍にすると，管内の電場も 2 倍になり，電子がそれに比例して加速されるので，単位時間内に水銀原子にぶつかる機会も 2 倍になり，また水銀原子を励起するだけのエネルギーを得るために電子が走る距離は半分になるから，合わせて単位時間に励起される水銀原子の数は 4 倍になる．したがって，紫外線，またそれに刺激されて管壁の蛍光物質からでる単位時間あたりの光子の数も 4 倍になる．蛍光灯にかける電圧 V_f を 2 倍する代わりに α 倍しても同様である．よって，蛍光灯の明るさは電圧 V_f の 2 乗，したがって I の 2 乗に比例するので，時間の関数としてグラフにすれば図 17.3 のようになる．ただし，$t=0$ の位置は電流の初期位相 ϕ によって変わる．図 17.3 は仮に $\phi=0$ として描いてある．

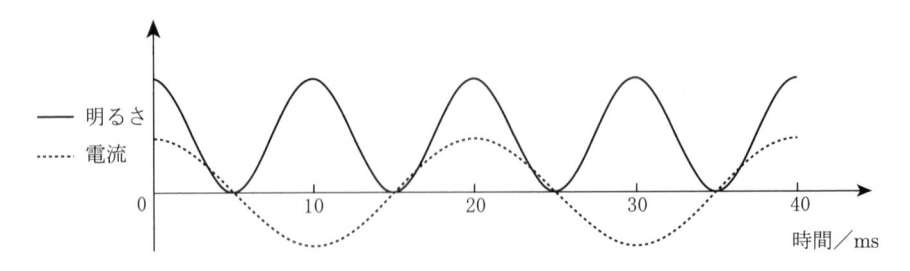

図 17.3

2.6 一回の点灯だけで発光し続けるのはなぜか

問題で与えられた交流の振動数は 50Hz である．したがって $\frac{1}{100}$s ごとに電流は 0 になる．それにもかかわらず放電が持続するのは，蛍光灯内部は真空に近い低い圧力になっていて，電離した水銀イオンと電子とが再び衝突して水銀原子に戻るまでの平均再結合時間は長く，イオンが残っているので，放電が持続するからである．

2.7 コンデンサーの役割

50 Hz の交流に対する，4.7μF のコンデンサーのリアクタンスは

$$\frac{1}{\omega C} = \frac{1}{2\pi \times 50\text{Hz} \times 4.7 \times 10^{-6}\text{F}} = 677.3\,\Omega$$

ベクトル図 17.2-1 によって，まず安定器とコンデンサーの合成リアクタンスを求めると

$$\omega L - \frac{1}{\omega C} = (342 - 6667.3)\Omega = -334.7\,\Omega$$

ただし負号は位相を表している．このときの回路の全インピーダンス Z' は，

$$Z' = \sqrt{R^2 + \left(\omega L - \frac{1}{\omega C}\right)^2} = \sqrt{(166.3)^2 + (334.7)^2} = 373.7\,\Omega$$

この結果は，§2.1 で求めたコンデンサーを入れない状態での全インピーダンスの値 $380.8\,\Omega$ に非常に近い．しかし，電圧に対する電流の位相のずれ ϕ' は，コイルだけによる位相と逆向きで，

$$\tan\phi' = \frac{\omega L - (\omega C)^{-1}}{R} = -\frac{334.7\,\Omega}{166.3\,\Omega} = -2.01$$

よって $\phi' = -63.6°$ となる．

これから次のことがわかる．コンデンサーを直列に挿入してもほぼ同じ大きさのインピーダンスをもっており，蛍光灯の取り扱い方，動作はほぼ変わらないであろう．ただ電圧と電流の位相のずれだけがほぼ同じ大きさで符号が反対である．したがって，何の役に立つかというと，電流の位相のずれを相殺するために使わ

れるだろう．(3.14) から仕事率は $\cos\phi$ を因数にもつので，位相のずれを相殺して小さくできれば有効な仕事率を上げることができる．

2.8 スペクトルの違い

蛍光灯のガラスに何も塗っていない半分からは水銀の輝線スペクトルが観測される．もう半分の白く蛍光塗料が塗られた部分からは，連続したバックグラウンドスペクトルの中に同じ水銀の輝線スペクトルが観測される．連続スペクトルは水銀の放出する紫外線部分が蛍光物質に吸収され，元の光子よりエネルギーの低い，つまりより低い周波数またはより長い波長の光になって再放射されることによって生じている．

3 参　　考

3.1 交流回路のインピーダンス

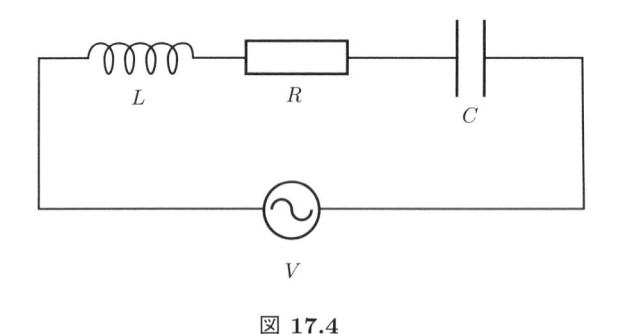

図 17.4

図 17.4 のような回路に交流電圧 $V = V_0 \cos\omega t$ をかけたときに流れる電流 I の変化を求める．抵抗値を R，コイルのインダクタンスを L，コンデンサーのキャパシタンスを C，コンデンサーに蓄えられる電荷を Q とすると，キルヒホッフの法則から次の式が成り立つ．

$$L\frac{dI}{dt} + RI + \frac{Q}{C} = V_0 \cos\omega t \tag{3.1}$$

$dQ/dt = I$ であるから, (3.1) をもう一度 t で微分して

$$L\frac{d^2I}{dt^2} + R\frac{dI}{dt} + \frac{1}{C}I = -\omega V_0 \sin\omega t \tag{3.2}$$

この方程式の解を試しに $I = I_1\cos\omega t + I_2\sin\omega t$ とおいてみよう. これを代入して

$$-\omega^2 L(I_1\cos\omega t + I_2\sin\omega t) + \omega R(-I_1\sin\omega t + I_2\cos\omega t)$$
$$+ \frac{1}{C}(I_1\cos\omega t + I_2\sin\omega t) = -\omega V_0\sin\omega t$$

$\cos\omega t$ と $\sin\omega t$ の項に分けて両辺の係数を等しいとすれば

$$\begin{aligned}\cos\omega t: &\quad \left(-\omega^2 L + \frac{1}{C}\right)I_1 + \omega R I_2 &= 0 \\ \sin\omega t: &\quad -\omega R I_1 + \left(-\omega^2 L + \frac{1}{C}\right)I_2 &= -\omega V_0\end{aligned} \tag{3.3}$$

これを解いて

$$I_1 = \frac{\omega^2 R V_0}{\left(-\omega^2 L + \dfrac{1}{C}\right)^2 + (\omega R)^2} = \frac{R}{\left(\omega L - \dfrac{1}{\omega C}\right)^2 + R^2}V_0$$

$$I_2 = \frac{-\left(-\omega^2 L + \dfrac{1}{C}\right)\omega V_0}{\left(-\omega^2 L + \dfrac{1}{C}\right)^2 + (\omega R)^2} = \frac{\left(\omega L - \dfrac{1}{\omega C}\right)}{\left(\omega L - \dfrac{1}{\omega C}\right)^2 + R^2}V_0 \tag{3.4}$$

よって電流は

$$I = \frac{V_0}{\left(\omega L - \dfrac{1}{\omega C}\right)^2 + R^2}\left\{R\cos\omega t + \left(\omega L - \frac{1}{\omega C}\right)\sin\omega t\right\} \tag{3.5}$$

となる (参考 §3.5, pp.117 119 を見よ). ここで

$$\frac{R}{\sqrt{\left(\omega L - \dfrac{1}{\omega C}\right)^2 + R^2}} = \cos\phi \tag{3.6}$$

$$\frac{\left(\omega L - \dfrac{1}{\omega C}\right)}{\sqrt{\left(\omega L - \dfrac{1}{\omega C}\right)^2 + R^2}} = \sin\phi \tag{3.7}$$

とおけば,

$$I = \frac{V_0}{\sqrt{\left(\omega L - \dfrac{1}{\omega C}\right)^2 + R^2}} \cos(\omega t - \phi) \tag{3.8}$$

と書ける．ここで

$$\frac{V_0}{\sqrt{\left(\omega L - \dfrac{1}{\omega C}\right)^2 + R^2}} = I_0 \tag{3.9}$$

とすれば

$$I = I_0 \cos(\omega t - \phi) \tag{3.10}$$

と表すことができる．

$\sqrt{\left(\omega L - \dfrac{1}{\omega C}\right)^2 + R^2}$ を回路のインピーダンスといい，いわば抵抗の大きさにあたることが見てとれる．sin, cos 内の変数 $(\omega t - \phi)$ を位相といい，ϕ は電圧と電流の間に生ずる位相のずれである．これを図示したものが 図 17.2-1 である．またそこでインピーダンスを $|Z|$ と表したのは，§3.3 で述べる複素数を用いた計算をするとき，インピーダンスを複素数で表して Z とするからである．

(3.1) で $\dfrac{Q}{C}$ の項がないときは図 17.2-2 になる．

3.2 交流回路における仕事

(3.1) に I をかけて，一周期にわたって積分する．右辺の積分は 1 周期の間に電流のする仕事である．各項を求めると

$$L \int_0^T I \frac{dI}{dt} dt = \left[\frac{1}{2} L I^2\right]_0^T = 0$$

$$R \int_0^T I^2 dt = R \int_0^T (I_1 \cos\omega t + I_2 \sin\omega t)^2 dt = \frac{1}{2} R(I_1^2 + I_2^2) \cdot T \tag{3.11}$$

$$\frac{1}{C}\int_0^T \frac{dQ}{dt}Q dt = \left[\frac{1}{2C}Q^2\right]_0^T = 0$$

$$\int_0^T V_0\cos\omega t \cdot I dt = \int_0^T V_0\cos\omega t \cdot (I_1\cos\omega t + I_2\sin\omega t)dt = \frac{1}{2}V_0 I_1 \cdot T$$

となる．ここで

$$\int_0^T \sin^2\omega t dt = \int_0^T \cos^2\omega T dt = \int_0^T \frac{1\pm\cos 2\omega t}{2}dt = \frac{T}{2}$$

$$\int_0^T \sin\omega t\cos\omega t dt = 0$$

を用いた．ここで $\pm$ はそれぞれ $\cos^2\omega t, \sin^2\omega t$ の積分に対応する．したがって 1 周期を考えれば，回路のコイルとコンデンサーの部分では電流は仕事をせず，抵抗の部分でのみ仕事をすることになる．

そして

$$\int_0^T RI^2 dt = \int_0^T VI\, dt \tag{3.12}$$

が成り立つ．ここで $V = V_0\cos\omega t$ とおいた．

左辺と右辺が等しいことを確かめてみよう．実際，(3.4) によれば

$$R(I_1^2 + I_2^2) = \frac{RV_0^2}{\left(\omega L - \dfrac{1}{\omega C}\right)^2 + R^2}$$

$$V_0 I_1 = \frac{RV_0^2}{\left(\omega L - \dfrac{1}{\omega C}\right)^2 + R^2}$$

であって，互いに等しい！

この 1 周期の仕事量 W は (3.9) と (3.6) を用いれば，

$$W = \frac{1}{2}RI_0^2 T = \frac{1}{2}I_0 V_0 T\cos\phi \tag{3.13}$$

と書ける．単位時間あたりの平均電力は

$$P_\mathrm{w} = \frac{W}{T} = \frac{1}{2}RI_0^2 = \frac{1}{2}I_0 V_0 \cos\phi \tag{3.14}$$

である．$\cos\phi$ を力率ということがある．

問題で与えられた電流の実測値 0.600A は実効値 $I_\text{効} = \dfrac{1}{\sqrt{2}} I_0$ である．実効値を用いれば (3.14) は，$P = RI_\text{効}^2$ と書けることも確かめられる．

3.3 複素数を用いる方法

ここで (3.1) を解くのに複素数を用いる方法を示す．微分方程式は電流に関して線形であるから解の重ね合わせがまた解になるので，電圧も電流も複素数として方程式を解き，その実数部分をとって実際の解とすることができる．

電源電圧を V とすると

$$L\frac{dI}{dt} + RI + \frac{Q}{C} = V \tag{3.15}$$

が成り立つので，その両辺を t で微分すると，$dQ/dt = I$ であるから

$$L\frac{d^2I}{dt^2} + R\frac{dI}{dt} + \frac{1}{C}I = \frac{dV}{dt} \tag{3.16}$$

となる．両辺の複素共役をとれば

$$L\frac{d^2I^*}{dt^2} + R\frac{dI^*}{dt} + \frac{1}{C}I^* = \frac{dV^*}{dt} \tag{3.17}$$

となる．(3.16) と (3.17) の和と差から，$\mathrm{Re}\, I$ も $\mathrm{Im}\, I$ も解になることがわかる．

そこで $V = V_0 e^{i\omega t}$ とおく（その実数部分 $V_0 \cos\omega t$ は §3.2 で用いた電圧に等しい）．

$$L\frac{dI}{dt} + RI + \frac{Q}{C} = V_0 e^{i\omega t} \tag{3.18}$$

の両辺を t で微分して

$$L\frac{d^2I}{dt^2} + R\frac{dI}{dt} + \frac{1}{C}I = i\omega V_0 e^{i\omega t} \tag{3.19}$$

$I = I_z e^{i\omega t}$ とおけば

$$\left(-\omega^2 L + i\omega R + \frac{1}{C} \right) I_z e^{i\omega t} = i\omega V_0 e^{i\omega t}$$

よって

17 蛍光灯

$$I_z = \frac{V_0}{R + i\left(\omega L - \dfrac{1}{\omega C}\right)} \tag{3.20}$$

複素インピーダンスを $Z = R + i\left(\omega L - \dfrac{1}{\omega C}\right) = |Z|e^{i\phi}$ とすると

$$|Z| = \sqrt{R^2 + \left(\omega L - \dfrac{1}{\omega C}\right)^2} \tag{3.21}$$

$$\phi = \tan^{-1}\frac{\omega L - \dfrac{1}{\omega C}}{R} \tag{3.22}$$

であり，この Z を用いると

$$I = \frac{V}{Z} = \frac{V_0}{|Z|}e^{i(\omega t - \phi)} \tag{3.23}$$

と書ける．すなわち電流の最大値を $I_0 = \dfrac{V_0}{|Z|}$ とすると，

$$I = I_0 e^{i(\omega t - \phi)} \tag{3.24}$$

で，電圧との位相のずれは ϕ である．

実際の電流 $\mathcal{I}$ は $\mathcal{I} = \mathrm{Re}\, I$ なので

$$I_z = \frac{V_0}{R + i\left(\omega L - \dfrac{1}{\omega C}\right)} \tag{3.25}$$

$$= V_0 \frac{R - i\left(\omega L - \dfrac{1}{\omega C}\right)}{R^2 + \left(\omega L - \dfrac{1}{\omega C}\right)^2}$$

$$= \frac{V_0}{|Z|^2}\left\{R - i\left(\omega L - \dfrac{1}{\omega C}\right)\right\} \tag{3.26}$$

と書き直して代入すれば，

$$\mathcal{I} = \mathrm{Re}\, I = \frac{V_0}{|Z|^2}\mathrm{Re}\left\{Re^{i\omega t} - i\left(\omega L - \dfrac{1}{\omega C}\right)e^{i\omega t}\right\}$$

$$= \frac{V_0}{|Z|^2}\left\{R\cos\omega t + \left(\omega L - \dfrac{1}{\omega C}\right)\sin\omega t\right\} \tag{3.27}$$

となり，(3.5) と一致する．

3.4 複素数を用いた仕事の計算

複素数の電圧 $V = V_0 e^{i\omega t}$ と電流 $I = I_0 e^{i(\omega t - \phi)}$ から電圧のする仕事を計算することを考えよう. ここに, $I_0 = \dfrac{V_0}{|Z|}$ である.

実際の電圧 $\mathcal{V}$ と電流 $\mathcal{I}$ は

$$\mathcal{V} = \operatorname{Re} V = V_0 \cos \omega t, \qquad \mathcal{I} = \operatorname{Re} I = I_0 \cos(\omega t - \phi)$$

であるから, 電圧 $\mathcal{V}$ のする仕事は, 1 周期 T にわたる時間平均では

$$\begin{aligned}
\frac{W}{T} &= \frac{\int_0^T \operatorname{Re} I \operatorname{Re} V \, dt}{T} \\
&= \frac{I_0 V_0 \int_0^T \cos(\omega t - \phi) \cos \omega t \, dt}{T} = \frac{I_0 V_0 \cos \phi \int_0^T \cos^2 \omega t \, dt}{T} \\
&= \frac{1}{2} I_0 V_0 \cos \phi
\end{aligned}$$

となる. これは (3.13) で計算したものである. 電力 P_w は, $P_\mathrm{w} = \dfrac{W}{T} = \dfrac{1}{2} I_0 V_0 \cos \phi$ となる. ところが

$$\operatorname{Im} V = V_0 \sin \omega t, \qquad \operatorname{Im} I = V_0 \sin(\omega t - \phi)$$

に対して

$$\begin{aligned}
\int_0^T \operatorname{Im} I \operatorname{Im} V \, dt &= I_0 V_0 \int_0^T \sin(\omega t - \phi) \sin \omega t \, dt \\
&= I_0 V_0 \cos \phi \int_0^T \sin^2 \omega t \, dt \\
&= \frac{1}{2} I_0 V_0 T \cos \phi
\end{aligned}$$

となり, また

$$\begin{aligned}
\int_0^T \operatorname{Re} I \operatorname{Im} V \, dt &= I_0 V_0 \int_0^T \cos(\omega t - \phi) \sin \omega t \, dt \\
&= I_0 V_0 \sin \phi \int_0^T \cos^2 \omega t \, dt \\
&= \frac{1}{2} I_0 V_0 T \sin \phi,
\end{aligned}$$

$$\int_0^T \mathrm{Im} I \, \mathrm{Re} V \, dt = \frac{1}{2} I_0 V_0 T \sin\phi$$

となるから，I の複素共役 I^* と V の積を考えると，その積分

$$\int_0^T I^* V \, dt = \int_0^T \{\mathrm{Re} I \, \mathrm{Re} V + \mathrm{Im} I \, \mathrm{Im} V + i(\mathrm{Re} I \, \mathrm{Im} V - \mathrm{Im} I \, \mathrm{Re} V)\} dt$$

は実数で，$2W$ に等しい．すなわち

$$W = \frac{1}{2} \int_0^T I^* V \, dt \tag{3.28}$$

が成り立つ．これは有用な公式である．

この式の右辺は実数になることが分かっているので

$$W = \frac{1}{2} \mathrm{Re} \int_0^T I^* V \, dt$$

と書いてもよい．ところが

$$I = \frac{V_0}{|Z|} e^{-i\phi} e^{i\omega t}, \qquad V = V_0 e^{-\omega t}$$

であるから，$I^* V = \dfrac{V_0^2}{|Z|} e^{i\phi}$ となり

$$W = \frac{1}{2} \frac{V_0^2}{|Z|} \mathrm{Re} \int_0^T e^{i\phi} dt = \frac{1}{2} \frac{V_0^2}{|Z|} \cos\phi \cdot T \tag{3.29}$$

という結果が直ちに得られる．

3.5 微分方程式の一般解と特殊解

微分方程式 (3.2) の解 (3.10) には任意定数が含まれていない．これでは初期条件に合わせることができない．この困難は ─ (3.2) のような線型 (linear) の方程式の場合 ─ 次のようにして回避することができる．

微分方程式 (3.2) の右辺を 0 とおいた "斉次方程式"(homogeneous equation)

$$L \frac{d^2 I'}{dt^2} + R \frac{dI'}{dt} + \frac{1}{C} I' = 0 \tag{3.30}$$

の解を I' とすると，(3.2) と (3.30) を辺々加え合わせてみれば分かるように $I +$

I' もまた (3.2) を満たす.

ところが,
$$I' = Ce^{i\Omega t} \tag{3.31}$$

を (3.30) に代入してみると
$$-L\Omega^2 + iR\Omega + \frac{1}{C} = 0 \tag{3.32}$$

となり，これを満たす Ω に対して (3.31) は (3.30) を満たす．その複素共役 I'^* も (3.30) を満たすから，$C = C_1 + iC_2$ (C_1, C_2 は実数) とおけば
$$I' = \mathrm{Re}\,(Ce^{i\Omega t}) = C_1 \mathrm{Re}\, e^{i\Omega t} - C_2 \mathrm{Im}\, e^{i\Omega t} \tag{3.33a}$$

も (3.30) の解である．$i\Omega$ が実数でない場合には $\mathrm{RE}\, e^{i\Omega t}$ と $\mathrm{Im}\, e^{i\Omega t}$ は別の関数である．$i\Omega$ が実数の場合には，(3.32) の 2 つの解を Ω_1, Ω_2 として
$$I' = C_1 e^{i\Omega_1 t} + C_2 e^{i\Omega_2 t} \tag{3.33c}$$

をとる．(3.32) が等根の場合には
$$I' = C_1 e^{i\Omega t} + C_2 t e^{i\Omega t} \tag{3.33c}$$

をとる．いずれにしても，この解は 2 つの任意定数 C_1, C_2 を含んでいる！

上に示した通り (3.10) + (3.33) は (3.2) を満たすから，たとえば I' として (3.33a) をとる場合なら
$$I = C_1 \mathrm{Re}\, e^{i\Omega t} - C_2 \mathrm{Im}\, e^{i\Omega t} + \frac{V_0}{\sqrt{\left(\omega L - \frac{1}{\omega C}\right)^2 + R^2}} \cos(\omega t - \pi) \tag{3.34a}$$

は (3.2) の解である．そして 2 つの任意定数を含むから任意の初期条件

$t = 0$ において I と $\dfrac{dI}{dt}$ が与えられた値をとる

に合わせることができる．他の I' をとる場合も同様である．微分方程式のこのような解を一般解 (general solution) という．これに対して (3.10) のような任意定数を含まない解を特殊解 (special solution) という．

上の計算を見れば，線型の微分方程式に対して

$$(\text{微分方程式の一般解}) = (\text{斉次方程式の一般解}) + (\text{非斉次方程式の特殊解}) \tag{3.35}$$

の成り立つことが分かる．これは線型の微分方程式を解くうえで重要な事実である．

(3.32) を解くと，$\mathrm{Im}\,\Omega > 0$ であることが分かるので

$$t \to \infty \quad \text{で} \quad e^{i\Omega t} \to 0$$

となる．時間がたつと (3.2) の解 (3.34) のうち斉次方程式の一般解は消えてしまい，非斉次方程式の特殊解 (3.10) だけが残る．消えてしまう部分を過渡成分 (transient component) といい，時間がたっても残る部分を定常成分 (stationary component) という．

18

無限に続く LC 格子を伝わる波の速さ

イエナ, ドイツ

1987

1 問 題

図 18.1 のような無限に続くコイルとコンデンサーの格子 (LC 格子) 中を正弦波が伝播しているとし，そのとき 1 つの格子と次の格子の間で，波の位相は Φ ずれているとする．

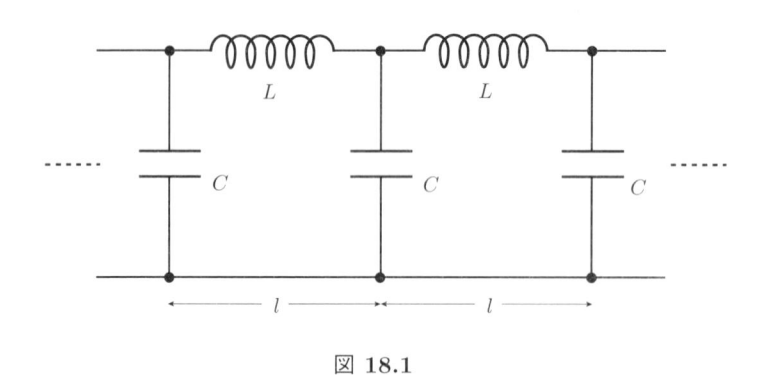

図 18.1

1.1 Φ は正弦波の角振動数 ω とコイルのインダクタンス L，コンデンサーの容量 C にどのように依存するか

1.2 単位格子の長さを l として波の伝わる速さを求めよ

1.3 波の伝わる速さがほとんど ω によらなくなる条件を述べよ．そのとき速さはいくらになるか

1.4 この回路と対応する簡単な力学モデルを提出し，その正当性を式で示せ

必要なら次の公式を用いよ．

$$\cos\alpha - \cos\beta = -2\sin\left(\frac{\alpha+\beta}{2}\right)\sin\left(\frac{\alpha-\beta}{2}\right)$$

$$\sin\alpha - \sin\beta = 2\cos\left(\frac{\alpha+\beta}{2}\right)\sin\left(\frac{\alpha-\beta}{2}\right)$$

2 解　答

2.1 Φ の ω, L, C への依存性

n 番目と $n-1$ 番目の回路を流れる電流および各素子にかかる電圧を図 18.2 のように表す．

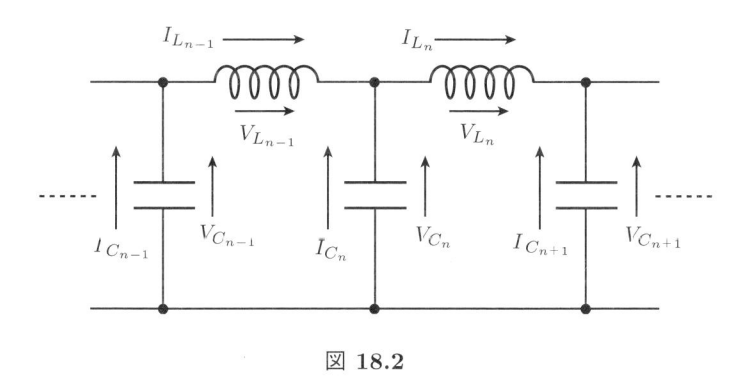

図 **18.2**

回路内の各素子を流れる電流と電圧について次の式が成り立つ (いわゆるキルヒホッフの法則).

$$I_{L_{n-1}} + I_{C_n} - I_{L_n} = 0 \tag{2.1}$$

$$V_{C_{n-1}} + V_{L_{n-1}} - V_{C_n} = 0 \tag{2.2}$$

問題より

$$V_{C_n} = V_0 \sin(\omega t + n\Phi) \tag{2.3}$$

と表すことができる．コンデンサーにかかる電圧が V_C のとき，これに蓄えられる電荷 Q は $Q = CV_C$ で与えられる．これが時間変化するとき + 極に流れ込む電流は

$$I = \frac{dQ}{dt} = C\frac{dV_C}{dt}$$

となる．この V_C に (2.3) を代入すると

$$I_{C_n} = C\frac{d}{dt}V_0 \sin(\omega t + n\Phi) = \omega C V_0 \cos(\omega t + n\Phi). \tag{2.4}$$

次に (2.3) を (2.2) に代入してコイルにかかる電圧を求めると

$$\begin{aligned} V_{L_{n-1}} &= V_{Cn} - V_{C_{n-1}} \\ &= V_0 \sin(\omega t + n\Phi) - V_0 \sin\{\omega t + (n-1)\Phi\} \\ &= 2V_0 \cos\left\{\omega t + \left(n - \frac{1}{2}\right)\Phi\right\}\sin\frac{\Phi}{2} \end{aligned} \tag{2.5}$$

である．

コイルに時間変化する電流が流れると，自己誘導起電力 $V_L = -L\dfrac{dI_L}{dt}$ が生ずる．したがって電圧 V_L がかかったときコイルに流れる電流は $I_L = \dfrac{1}{L}\displaystyle\int V_L\, dt$ になる．

(2.5) の $V_{L_{n-1}}$ を代入すると

$$\begin{aligned} I_{L_{n-1}} &= -\frac{1}{L}\int 2V_0 \cos\left\{\omega t + \left(n - \frac{1}{2}\right)\Phi\right\}\sin\frac{\Phi}{2}\, dt \\ &= \frac{2V_0}{\omega L}\sin\frac{\Phi}{2}\sin\left\{\omega t + \left(n - \frac{1}{2}\right)\Phi\right\} \end{aligned} \tag{2.6}$$

となる (時間によらない積分定数は 0 とする)．

得られたこれらの値を (2.1) に代入する．

$$\frac{2V_0}{\omega L} \sin \frac{\Phi}{2} \sin \left\{\omega t + \left(n - \frac{1}{2}\right)\Phi\right\} + \omega C V_0 \cos(\omega t + n\Phi)$$
$$- \frac{2V_0}{\omega L} \sin \frac{\Phi}{2} \sin \left\{\omega t + \left(n + \frac{1}{2}\right)\Phi\right\} \tag{2.7}$$

与えられた公式も用いてまとめると

$$\left[\omega C V_0 - \frac{4V_0}{\omega L} \sin^2 \frac{\Phi}{2}\right] \cos(\omega t + n\Phi) = 0 \tag{2.8}$$

となる．この関係は任意の t に対して成り立つはずなので，$\cos(\omega t + n\Phi)$ の前の係数は 0 になり，

$$\sin^2 \frac{\Phi}{2} = \frac{\omega^2 LC}{4}$$

ゆえに

$$\sin \frac{\Phi}{2} = \pm \frac{\omega \sqrt{LC}}{2} \tag{2.9}$$

ここで符号の意味を考えてみよう．

$$\Phi = \pm 2 \sin^{-1} \frac{\omega \sqrt{LC}}{2} = \pm \Phi$$

とすると，(2.3) から

$$V_{C_n} = V_0 \sin(\omega t \pm n\Phi)$$

となる．ここで n 番目の格子の位置を $x = nl$ で表せば

$$V_{C_n} = V_0 \sin\left(\omega t + \frac{\Phi}{l} x\right)$$

と書ける．したがって + の符号は同じ速さの波が左へ行くか右へ行くかを表す．格子は対称的なので，以下ではどちらかを考えれば十分である．ここでは + の方をとると

$$\Phi = 2 \sin^{-1} \frac{\omega \sqrt{LC}}{2}. \tag{2.10}$$

ここで明らかに

$$0 < \frac{1}{4}\omega^2 LC < 1$$

つまり

$$0 < \omega < \frac{2}{\sqrt{LC}}$$

でなければならない．このとき (2.10) から Φ が定まる．

2.2 波の伝わる速さ

伝播の速さを見るには電圧の位相部分を見ればよい．(2.3) により時刻 t_1 から t_2 の間に 1 格子分すなわち l 進んだとすれば，位相の変化がちょうど Φ になっているはずである．よって

$$\omega t_1 + n\Phi + \Phi = \omega t_2 + n\Phi$$

つまり，$t_2 - t_1 = \dfrac{\Phi}{\omega}$ となる．この時間で距離 l 進むのだから，速さは

$$v = \frac{l}{t_2 - t_1} = \frac{\omega l}{\Phi}. \tag{2.11}$$

2.3 速さがほとんど ω によらなくなる条件およびそのときの速さ

速さ v が ω によらなくなるには，分母にある Φ が ω に比例するようになればよい．(2.10) より，もし Φ が小さければ

$$\sin \frac{\Phi}{2} \approx \frac{\Phi}{2}$$

となり，そのとき $\Phi = \omega\sqrt{LC}$ と書けるので，v は ω によらず，

$$v_0 = \frac{l}{\sqrt{LC}} \tag{2.12}$$

となる．もちろん条件は $\dfrac{\omega\sqrt{LC}}{2} \ll 1$ である．

2.4 この回路と対応する力学モデル

この回路のエネルギーの式をつくってみよう．コンデンサーに蓄えられる電荷を Q_{C_n} とすると，そのときのエネルギーは $\frac{1}{2C}Q_{C_n}^2$，コイルのエネルギーは $\frac{1}{2}LI_{L_n}^2$ と表されるので，格子すべてについて和をつくれば全エネルギーは

$$E = \sum_{n=1}^{\infty} \frac{1}{2C}Q_{C_n}^2 + \sum_{n=1}^{\infty} \frac{1}{2}LI_{L_n}^2$$

である．2つの項の量の間に関係をつけるには，電荷の保存から

$$\frac{d}{dt}Q_{C_n} = I_{C_n} = I_{L_n} - I_{L_{n-1}}$$

が成り立つので両辺を積分する．$t=0$ では電荷，電流とも 0 だったとし，

$$\int_0^t I_{L_n} dt = x_n$$

という量を新たに導入すれば，

$$Q_{C_n} = x_n - x_{n-1} \quad , \quad I_{L_n} = \dot{x}$$

と書くことができて，全エネルギーの式は

$$E = \sum_{n=1}^{\infty} \frac{1}{2}\frac{1}{C}(x_n - x_{n-1})^2 + \sum_{n=1}^{\infty} \frac{1}{2}L\dot{x}^2 \tag{2.13}$$

となる．これは L を質量 m，$\frac{1}{C}$ をばね定数と見なせば，図 18.3 のような質量とばねが結ばれた 1 次元の格子と同じ形である．

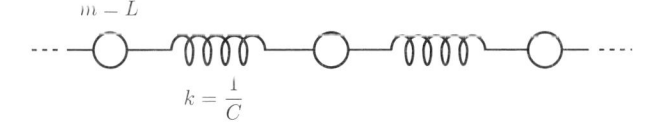

図 18.3

19

大気中の電場

ウィリアムスバーグ, アメリカ

1993

1 問題

静電気的な視点から見ると、地球表面は良導体と考えることができる。そこは総電荷 Q_0, 平均表面電荷密度 σ_0 に保たれている.

1.1 晴天のとき、地表面上にはおよそ $150\,\text{V/m}$ に相当する下向きの電場 E_0 がある. 地表面の電荷密度と総電荷をそれぞれ求めよ

1.2 下向きの電場の大きさは地表面から高くなるほど減少し、高度 $100\,\text{m}$ ではおよそ $100\,\text{V/m}$ となる. 地表面から高度 $100\,\text{m}$ の間の大気中における $1\,\text{m}^3$ あたりの正味の平均電荷を求めよ

1.3 大気中のイオンによる地表の電荷の中和にかかる時間

§1.2 で求めた値は実際には正と負のイオンの差によるもので、単位体積中の正イオンと負イオンの数 (n_+, n_-) はほとんど等しい. よい天気の条件下では、地表付近でおよそ $n_+ \approx n_- \approx 6.0 \times 10^8\,\text{m}^{-3}$ である. これらのイオンは下向きの電場の作用によって動いており、その速さ v は電場の強さに比例し

$$v \approx 1.50 \times 10^{-4} \cdot E \quad (v \text{ の単位：m/s}, E \text{ の単位：V/m}) \tag{1.1}$$

と表すことができる．大気中のイオンの運動によって地球表面上の電荷の半分が中和されるのにかかる時間を求めよ．ただし，雷などの地表の電荷を保つための別の作用は起こらないとする．

1.4 大気中の電場の測定器

大気中の電場，そしてそれにより地表面の電荷密度 σ_0 を測定する 1 つの方法として，図 19.1 に示すような測定器がある．その測定器の対になった 4 分円 (図 19.1 のア) は，金属でできており，大地とは絶縁されているがお互いは接続されている．その 4 分円の対は，一様に回転している接地された円板イのすぐ下に固定されている．円板には 4 分円の穴が 2 つ開けられている (図 19.1．図では円板と 4 分円対の間隔が説明のために大きく描かれている)．上の回転円板が 1 回転する間に，絶縁された 4 分円対は 2 回ずつ完全に電場にさらされるときと電場から保護 (シールド) されるときがあり，それらは 4 分の 1 周期交代で起こる．回転周期を T とし，絶縁された 4 分円対の内側と外側の半径をそれぞれ r_1, r_2 とする (図 19.2)．

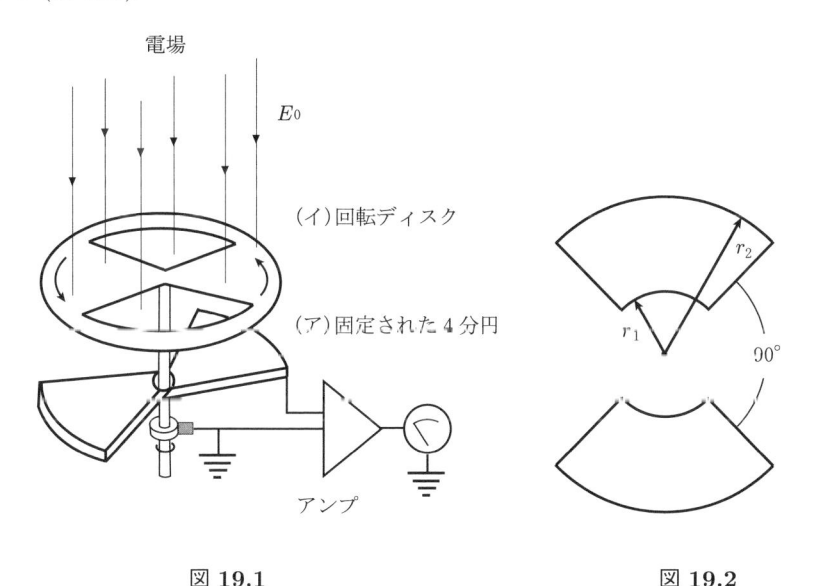

図 19.1　　　　　図 19.2

時刻 $t=0$ の瞬間，絶縁された 4 分円対は完全に電場からシールドされているとする．4 分円対の上面に誘導される総電荷 $q(t)$ を $t=0$ から $t=\dfrac{T}{2}$ の区間について t の関数として表せ．またその変化の様子を示したグラフも書け．この場合，大気中のイオンによって生じる電流の影響は無視できる．

1.5 測定器に接続したアンプ

図 19.1 の測定器は増幅器 (アンプ) に接続されている．そのアンプの入力回路はコンデンサー C と抵抗 R が並列に接続されたものと等しい (測定器の容量はこの C に比べて無視できるものとする)．図 19.3 の MN 間の電圧が時間 t によって変化する様子をグラフで示せ．ただし，時間 t は，円板が回転をはじめてからすぐの 1 回転分とし，回転周期 T は以下の条件を満たす場合とする．

(a)　$T = T_a \ll CR$
(b)　$T = T_b \gg CR$

(C と R は一定値とし，周期 T のみを条件 (a) と (b) のように変えるものとする)

また，条件 (a) と (b) における電圧 $V(t)$ の最大値をそれぞれ V_a, V_b とした場合，比 $\dfrac{V_a}{V_b}$ のおおよその値を求めよ．

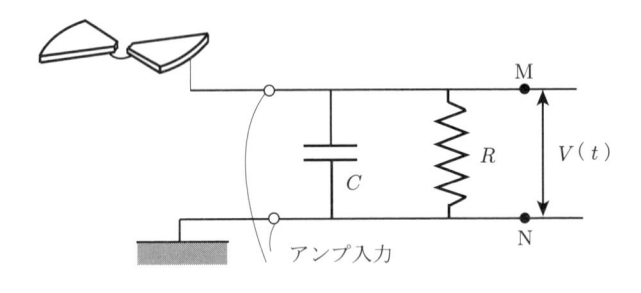

図 19.3

1.6 $E_0 = 150\,\text{V/m}$, $r_1 = 1.0\,\text{cm}$, $r_2 = 7.0\,\text{cm}$, $C = 0.010\,\mu\text{F}$, $R = 20\,\text{M}\Omega$ とし，円板は 1 秒間に 50 回転するとして，円板の 1 回転中の電圧の最大値を近似的に求めよ

2　解　答

2.1　地表面の電荷密度と総電荷

ここでは電気力線の本数を用いる方法でやってみよう．電気力線は正の電荷から出て負の電荷に入り，電荷 Q から出ている電気力線の本数を $\dfrac{Q}{\varepsilon}$ (ε はまわりの空間の誘電率) と決めてやると，電場 E は単位面積を通過する力線の数で表される．

地球全体に入り込む電気力線の総本数を N_0，真空の誘電率を ε_0 とおくと，ガウスの法則より $N_0 = \dfrac{Q_0}{\varepsilon_0}$ となる．地表面上の電場の強さを E_0，地球の表面積を S とおくと，電気力線は一様に出ているので

$$E_0 = \frac{N_0}{S} = \frac{Q_0}{\varepsilon_0 S} = \frac{\sigma_0}{\varepsilon_0} \tag{2.1}$$

となる．したがって

$$\sigma_0 = \varepsilon_0 E_0 = -8.85 \times 10^{-12}\,\text{C}^2/\text{Nm}^2 \times 150\,\text{N/C} \approx -1.32 \times 10^{-9}\,\text{C/m}^2 \tag{2.2}$$

地球の半径を $6.4 \times 10^6\,\text{m}$ とすると

$$Q_0 = \sigma_0 S = -1.32 \times 10^{-9}\,\text{C/m}^2 \times 4\pi \times (6.4 \times 10^6)^2\,\text{m}^2 \approx -6.8 \times 10^5\,\text{C} \tag{2.3}$$

2.2　大気中の平均電荷

断面積 A，地表面に垂直に地表から高さ 100 m までの円柱を考える．地表面および高さ 100 m での電場の強さをそれぞれ $E(0), E(100)$ とおくと，この円柱からわき出している電気力線の本数 N は

$$N = E(0)A - E(100)A$$

となる．この円柱内部での平均電荷密度を ρ_{AVE} とおくと，円柱内部の総電荷 Q は

$$Q = \rho_{\text{AVE}} \times A \times 100\text{m}$$

となる．したがって，ガウスの法則より

$$N = E(0)A - E(100)A = \frac{Q}{\varepsilon_0} = \frac{\rho_{\text{AVE}} A \times 100\,\text{m}}{\varepsilon_0}$$

したがって

$$\rho_{\text{AVE}} = \frac{\varepsilon_0[E(0) - E(100)]}{100\text{m}} = \frac{8.85 \times 10^{-12}\text{C}^2/\text{Nm}^2 \times (150 - 100)\text{N/C}}{100\text{m}}$$
$$\approx 4.42 \times 10^{-12}\text{C/m}^3 \tag{2.4}$$

このとき正負イオンの数密度の差は

$$n_+ - n_- = \frac{4.42 \times 10^{-12}\text{C/m}^3}{1.60 \times 10^{-19}\text{C}} = 2.76 \times 10^7 \text{個/m}^3$$

となり，これは $n_+ \sim n_- \sim 6 \times 10^8 \text{個/m}^3$ よりずっと小さいから，$n_+ \sim n_-$ と $n_+ - n_- \neq 0$ はまあ矛盾しないといえるだろう．

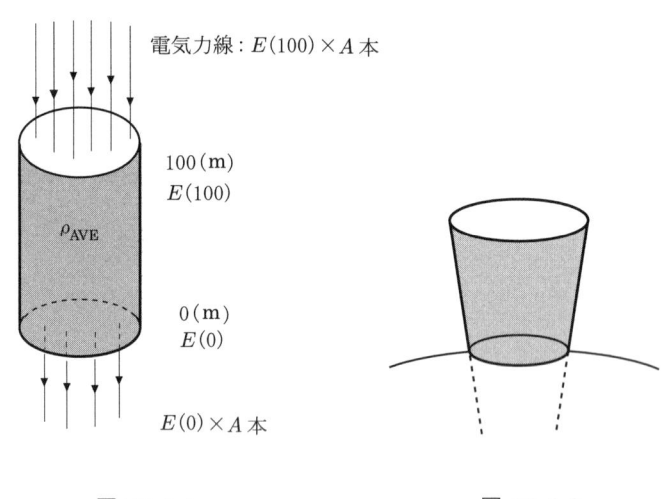

図 19.4-1

図 19.4-2

ここで図 19.4-1 のように円柱を考えたが，本当はもちろん図 19.4-2 のような円錐を切った形で考えるべきであることに注意しよう．高さ 100m は地球半径に比べてはるかに小さいので，ほぼ円柱として考えてよいのである．

2.3　大気中のイオンによる地表の電荷の中和時間

電場は下向き (地表面に向かう向き) であるので，正のイオンは下向きに，負のイオンは上向きにそれぞれ運動する．したがって地表面の電荷を中和するのは正のイオンであるので，これからは正のイオンの運動のみを考える．

地表面付近における正のイオンによる電流密度 (単位面積を単位時間に通過する電気量) を j とおき，下向きを正とする．電気素量を e，地表面付近のイオンの速さを v とすれば

$$\begin{aligned} j &= n^+ ev \\ &= (6.0 \times 10^8 \mathrm{m}^{-3}) \times (1.60 \times 10^{-19} \mathrm{C}) \times (1.50 \times 10^{-4} \mathrm{m/s \cdot C/N}) \times E \\ &= 1.44 \times 10^{-14} \mathrm{C^2/(m^2 sN)} \times E \end{aligned} \quad (2.5)$$

となる．また地表面の電荷密度がいまは $\sigma(t)$ と時間変化するとすれば，$E = -\dfrac{\sigma(t)}{\varepsilon_0}$ (下向きを正の向き) と表せるので

$$\begin{aligned} j &= -1.44 \times 10^{-14} \mathrm{C^2/(m^2 sN)} \times \frac{\sigma(t)}{\varepsilon_0} = -\frac{1.44 \times 10^{-14} \mathrm{C^2/(m^2 sN)}}{8.85 \times 10^{-12} \mathrm{C^2/Nm^2}} \sigma(t) \\ &= -1.63 \times 10^{-3} \mathrm{s}^{-1} \times \sigma(t) \end{aligned} \quad (2.6)$$

となる．

また，時刻 t から $t + \Delta t$ の間の Δt の微小時間に単位面積あたりの地表面に流れ込む正の電荷は $j\Delta t$ であり，時刻 t および $t + \Delta t$ での地表面の電荷密度をそれぞれ $\sigma(t)$, $\sigma(t + \Delta t)$ とおくと

$$j\Delta t = \sigma(t + \Delta t) - \sigma(t)$$

であり

$$j = \frac{\sigma(t + \Delta t) - \sigma(t)}{\Delta t}$$

となる．$\Delta t \to 0$ の極限を考えると

$$j = \frac{d\sigma(t)}{dt}.$$

これから

という微分方程式が得られ，その解 $\sigma(t)$ は，$t=0$ のとき $\sigma(0)$ だったとして

$$\sigma(t) = \sigma_0 \times \exp\left(-\frac{t}{\tau}\right) \tag{2.8}$$

$$\tau = \frac{1}{1.63 \times 10^{-3}\mathrm{s}^{-1}} \approx 610\mathrm{s}$$

$$\frac{d\sigma(t)}{dt} = -1.63 \times 10^{-3}\mathrm{s}^{-1} \times \sigma(t) \tag{2.7}$$

となる．地表面の電荷密度が半分になるまでの時間を求めるので，$\sigma(t) = \dfrac{\sigma_0}{2}$ とおくと，

$$\frac{\sigma_0}{2} = \sigma_0 \times \exp\left(-\frac{t}{\tau}\right)$$

なので

$$\ln\left(\frac{1}{2}\right) = -\frac{t}{\tau}$$

$$t = \tau \times \ln 2 = \frac{1}{1.63 \times 10^{-3}\mathrm{s}^{-1}} \times 0.6931 \approx 425\mathrm{s} \approx 7.09\,\text{分}$$

2.4 大気中の電場の測定器

絶縁されている金属 4 分円対に静電誘導で電荷が生じる部分は，その上の回転円板に開けられた孔によって露出されている部分である．また電場が下向きであ

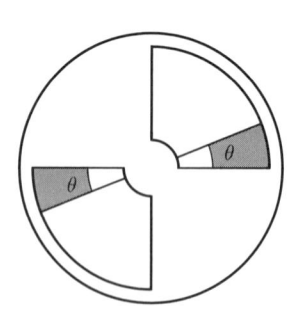

図 19.5

19 大気中の電場

るので，絶縁された金属の上面には負の電荷が生じる．

回転円板には空中の電場によって電苛が生じているのだから，4 分円対の露出していない部分でも静電誘導で電荷が生じないだろうか．回転円板はアースされているので，その下面には電荷はなく，そのようなことは起こらない．

半径が r，中心角が θ の扇形の面積は $S = \dfrac{r^2}{2}\theta$ であり，回転円板の角速度は $\omega = \dfrac{2\pi}{T}$ である．

よって $0 \leq t \leq \dfrac{T}{4}$ の場合には，回転円板の孔から出ている金属の面積 $S(t)$ は

$$S(t) = 2 \times \frac{1}{2}\left[r_2{}^2 - r_1{}^2\right] \times \frac{2\pi}{T}t$$

金属の電荷密度 σ は地表の電場 E_0 によって誘導されるので，$\sigma = \sigma_0 = -\varepsilon_0 E_0$ になる．したがって，時刻 t で金属に生じる誘導電荷 $q(t)$ は

$$q(t) = \sigma \times S(t) = -2\pi\left[r_2{}^2 - r_1{}^2\right]\varepsilon_0 E_0 \frac{t}{T} \tag{2.9}$$

同様に $\dfrac{T}{4} < t \leq \dfrac{T}{2}$ の場合の面積 $S(t)$ は

$$\begin{aligned}S(t) &= 2 \times \left[\frac{\pi}{4}\left\{r_2{}^2 - r_1{}^2\right\} - \frac{1}{2}\left\{r_2{}^2 - r_1{}^2\right\} \times \frac{2\pi}{T}\left(t - \frac{T}{4}\right)\right]\\ &= \pi\left[r_2{}^2 - r_1{}^2\right]\left(1 - \frac{2t}{T}\right)\end{aligned}$$

となるので，

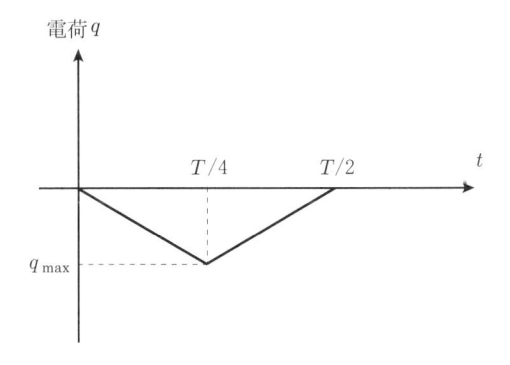

図 **19.6**

$$q(t) = -\pi \left[r_2{}^2 - r_1{}^2 \right] \varepsilon_0 E_0 \left(1 - \frac{2t}{T} \right) \qquad (2.10)$$

よって $q(t)$ の時間変化のグラフは図 19.6 のようになり最大値は $q_{\max} = -\frac{\pi}{2} \left[r_2{}^2 - r_1{}^2 \right] \varepsilon_0 E_0$ である．

2.5 測定器に接続したアンプ

静電誘導によって，絶縁された4分円対に誘導された電荷は，回路に流れてきて，コンデンサーにたまるものと抵抗を通って流れるものに別れる．このとき，回転円板の4分の1周期 $\left(\frac{T}{4}\right)$ の間で，コンデンサーに溜まる電荷と抵抗を通る電荷の割合を，与えられた極端な条件のもとで考える．

回転を始めてから $\frac{T}{4}$ の間での MN 間の電圧を V とし，この間にコンデンサーに溜まる電荷を CV，抵抗を移動する電荷をおよそ $\frac{V}{R} \times \frac{T}{4}$ と見積もる．

(a) $CV \gg \frac{V}{R} \times \frac{T}{4}$，すなわち $T = T_a \ll CR$ の場合

このとき，抵抗を通って移動する電荷は非常に少ないので，絶縁された金属上面に生じた負電荷とほぼ等量の正の電荷が，コンデンサーの M 側に蓄えられると考えてよい．前問により，絶縁された金属に生じる電荷は時刻 t に比例するので，グラフは図 19.7 のようになる．また電圧の最大値は $V_a \approx \frac{|q_{\max}|}{C}$ となる．

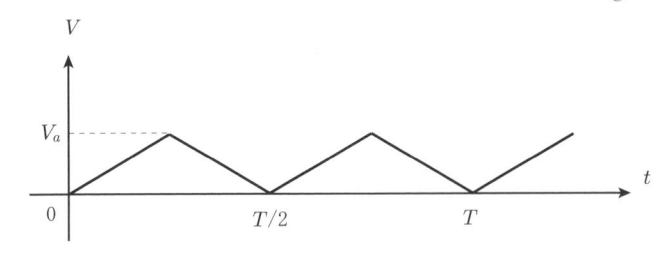

図 19.7

(b) $CV \ll \frac{V}{R} \times \frac{T}{4}$，すなわち $T = T_b \gg CR$ の場合

ほとんどは，抵抗を通って移動する．絶縁された金属板から単位時間に一定の割合で電荷が移動するので，抵抗を通って移動する単位時間の電荷 (電流) も一

19 大気中の電場

定になり，その値はおよそ $\frac{|q_{\max}|}{T_b/4}$ になる．$0 \sim \frac{T}{4}$ までは，M→N へ正の電荷が移動し，$\frac{T}{4} \sim \frac{T}{2}$ までは，N→M へ正の電荷が移動する．したがって，グラフは図 19.8 のようになる．

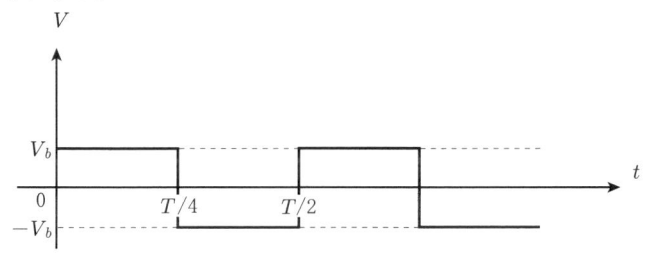

図 19.8

また，電圧の最大値は $V_b \approx \frac{4q_{\max} R}{T_b}$ となる．したがって，$\frac{V_a}{V_b} \approx \frac{T_b}{4CR}$ となる．

2.6 電圧の最大値

$CR = 1.0 \times 10^{-8}\,\text{F} \times 2.0 \times 10^{7}\,\Omega = 0.20\,\text{s}, T = \frac{1}{50}\,\text{s} = 0.020\,\text{s}$ より $CR \gg T$ となる．したがって，§2.5 の条件 (a) の場合で考える．(2.1) で求めた $|\sigma| = |\varepsilon_0 E_0| = 1.3 \times 10^{-9}\,\text{C/m}^2$ より

$$|q_{\max}| = \frac{\pi}{2}(r_2^2 - r_1^2)|\varepsilon_0 E_0|$$
$$= \frac{3.1}{2}\{(0.070\text{m})^2 - (0.010\text{m})^2\} \times 1.32 \times 10^{-9}\,\text{C/m}^2$$
$$= 9.8 \times 10^{-12}\,\text{C}$$

また §2.5 の (a) より

$$V_a = \frac{|q_{\max}|}{C} = \frac{9.8 \times 10^{-12}\,\text{C}}{1 \times 10^{-8}\,\text{C/V}} = 9.8 \times 10^{-4}\,\text{V}. \tag{2.11}$$

3 考　察

問題と解答から地球表面の総電荷は $Q_0 \approx -6.8 \times 10^5\,\text{C}$ だが，これは空中の電荷によって中和され約 600s で $1/e$ になる．つまり 10 分もあればほとんどな

なってしまうことになる．それではなぜ地表の電荷はいつも Q_0 を保っているのかという疑問がわく．

(2.5) に地表面付近の電場 $E = 150\mathrm{V/m}$ を代入してみると

$$j_{表面} = 1.44 \times 10^{-14} \mathrm{C^2/(m^2 sN)} \times 150\mathrm{V/m} = 2.2 \times 10^{-12} \mathrm{C/sm^2} \tag{3.1}$$

であり，これに地球の表面積をかければ，地球に流れ込む全電流として

$$J_{全地球} = 2.2 \times 10^{-12} \mathrm{C/sm^2} \times 4\pi \times (6.4 \times 10^6 \mathrm{m})^2 = 1130\mathrm{A} \tag{3.2}$$

が得られる．

この計算のもとになった密度 $n_+ = n_- = 6 \times 10^8 \, \mathrm{m^{-3}}$ のイオンはどのようにして大気中につくられるのであろうか？　少し古い本だが，畠山久尚『空中電気学』(岩波講座・物理学, 1939)（以下，畠山として引用）p.32 によれば，地表で単位時間に単位体積の空気中に創られる正負のイオン対の数は表 19.1 のとおりである．こうしてできるイオン密度は $n_+ = n_- = 6 \times 10^8 \, \mathrm{m^{-3}}$ だ（畠山, p.35）というから，われわれの値と合っている．

表 19.1　地表で単位時間に単位体積の空気中につくられる正負イオン対の数, q

成　因	$q/(\mathrm{m^{-3}\,s^{-1}})$
地中の放射性物質	4.0
空気中の放射性物質	5.0
宇　宙　線	1.0
合　計	10.0

地球に正の電荷が (2.5) のように流れ込むと，地表の負電荷は半減期 (2.9) で減少してしまう．これは何が補いをつけるのだろう？

畠山, p.63 によればイギリスの Wormell が地面に垂直に 1 年間に流れ込む電気量 Q を測定して表 19.2 の結果を得た．

この表の晴天の日の伝導電流の寄与は，電流に直してみると

$$j_{表面} = \frac{Q}{365 \times 24 \times 60 \times 60 \, \mathrm{s/year}} = 1.9 \times 10^{-12} \mathrm{C/s\,m^2} \tag{3.3}$$

となり，(3.1) にほぼ一致する．尖端放電というのは，立ち木や屋根の角のように尖ったところから起こる放電である．

表 **19.2** 地面に垂直に 1 年間に流れ込む電気量 Q

電流	$Q/(\mathrm{C\,m^{-2}\,year^{-1}})$
晴天の日の伝導電流	$+6 \times 10^{-5}$
雨による電流	$+2 \times 10^{-5}$
尖端放電	-1×10^{-4}
雷による放電	-2×10^{-5}
合　計	-4×10^{-5}

この表によると，地表に流れ込む電気は合計が負で，これでは地表の負の電荷が年々増えてしまう．畠山は，この表の数値はかなりの不確かさをもっているので，むしろ地表からの電気の流入と流出はつりあって合計 $= 0$ になっていると見るべきだとしている．

なお，雷雲におけるイオンの生成は放射線や宇宙線によるのではない．その説明は R.P. ファインマン『電磁気学』(宮島龍興訳, 岩波書店 1969) に詳しい．

20

同軸円筒コンデンサー中の電子の運動

オスロ，ノルウェー

1996

1 問　　題

　図 20.1 のように，同軸の円筒型をした 2 つの導体の間の空間を考える．内の円筒の半径は a であり，外の円筒の内側の半径は b である．外側の円筒を陽極とし，内側の円筒を陰極としてその間にポテンシャル V が与えられ，また円筒の軸に平行で静的一様な磁場 $\boldsymbol{B}$ が，紙面手前向きに与えられている．導体の誘導電荷は無視する．

　静止質量 m，電荷 $-e$ の電子の運動について考える．電子は内側の円筒表面から放出されるとする．

1.1　$V \neq 0, B = 0$ の場合

　はじめにポテンシャル V のみが存在し，$\boldsymbol{B} = 0$ とする．電子が内側の円筒表面に，速度は無視できるような状態でそっと置かれたとし，電子が陽極に達するときの速度 v を求めよ．非相対論的な取扱いで十分な場合と，相対論的取扱いを要する場合との両方について答えを示せ．

　以下の問題では一様な磁場 $\boldsymbol{B} \neq 0$ が存在する場合を扱うが，そこでは非相対論的取扱いで十分である．

20 同軸円筒コンデンサー中の電子の運動

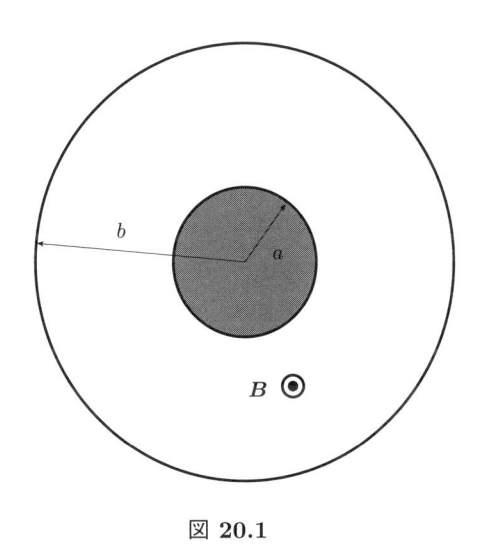

図 20.1

1.2　$V = 0$, $B \neq 0$ の場合

次に，$V = 0$ で，一様磁場 $\boldsymbol{B}$ のみが存在する場合を考える．電子が半径方向に初速度 $\boldsymbol{v}_0$ で飛び出すとき，磁場がある値 B_V よりも大きいと，電子は陽極にたどり着かない．B_V を求めよ．そして B が B_V よりも少し大きいときの電子の軌道を描け．以後は，ポテンシャル V と一様磁場 $\boldsymbol{B}$ はともに存在するものとする．

1.3　角運動量の変化

磁場は，円筒軸に関して電子に角運動量 L を与える．角運動量の変化率 dL/dt を表す式を書け．また，k をある定数としたとき，その方程式から

$$L - keBr^2$$

が運動の定数となることを示せ．そして k の値を決めよ．ここで r は円筒の軸からの距離である．

1.4 最大到達距離における電子の速度

無視できる速度で内側の円筒から放出され，陽極には到達できないが円筒軸からの最大距離 r_m に到達した電子を考える．距離が最大になったときの速度 v を r_m を使って表せ．

1.5 電流を阻止する磁場

われわれの興味は，磁場を用いて陽極への電子の流れを制御することにある．ある臨界磁場 B_c よりも大きな B に対して，無視できる速度で放出された電子は，陽極へは到達しないであろう．B_c を求めよ．

1.6 初速がある場合の臨界磁場

もし内側の円筒を加熱して電子を放出させているのならば，一般的には電子は内側の円筒表面でゼロでない初速度をもつ．いま，初速度の $\boldsymbol{B}$ に平行な成分を v_B，$\boldsymbol{B}$ に直交する成分を v_r (半径方向) と v_ϕ (半径方向に直交した方位角方向) とする．このとき，陽極に到達できる臨界磁場の値 B_c を決めよ．

2 解　答

2.1 $V \neq 0, B = 0$ の場合

電位差のみ存在する場合の陰極と陽極におけるエネルギー保存の式は，それぞれ

$$\text{非相対論的} \quad 0 = \frac{1}{2}mv^2 + (-e)V \tag{2.1}$$

$$\text{相対論的} \quad mc^2 = \gamma mc^2 + (-e)V \tag{2.2}$$

となる．ただし，$\gamma = \dfrac{1}{\sqrt{1-(v/c)^2}}$．よって

$$v = \begin{cases} \sqrt{\dfrac{2eV}{m}} & \text{(非相対論的)} \\ c\sqrt{1 - \left(\dfrac{mc^2}{mc^2+eV}\right)^2} & \text{(相対論的)} \end{cases}$$

2.2　$V=0, B \neq 0$ の場合

電場がなく，一様磁場のみ存在する場合は，電子の進行方向に対して垂直にローレンツ力がはたらくので電子は円運動をする．

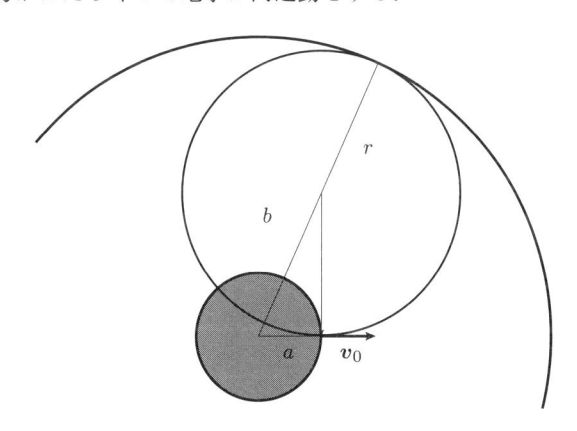

図 20.2

電子の軌道の半径 r は，初速 v_0 の場合の向心力とローレンツ力との関係から求められる．

$$ev_0 B = \frac{mv_0^2}{r}$$

$$B = \frac{mv_0}{er}$$

ちょうど陽極に達する場合，三平方の定理から，

$$a^2 + r^2 = (b-r)^2$$

$$r = \frac{b^2 - a^2}{2b}$$

であるので，

$$B_V = \frac{2mv_0 b}{e(b^2 - a^2)} \tag{2.3}$$

となる．

2.3 角運動量の変化

円柱座標 (r, ϕ, z) で考える．回転の運動方程式は角運動量の時間変化がトルクに等しいという式であり

$$\frac{d\boldsymbol{L}}{dt} = \boldsymbol{N} \tag{2.4}$$

$$= \boldsymbol{r} \times (\boldsymbol{F}_E - e\boldsymbol{v} \times \boldsymbol{B}) \tag{2.5}$$

となる．ここで，電場による力 $\boldsymbol{F}_E$ は r 方向なので $\boldsymbol{r}$ との外積はゼロとなる．第2項の $\boldsymbol{v} \times \boldsymbol{B}$ は $\boldsymbol{r}$ と同じ平面上にあり，このうち外積が 0 にならない $\boldsymbol{r}$ と垂直な成分は r 方向の速度 $v_r = \dfrac{dr}{dt}$ から生じる．よって方程式は

$$\frac{dL}{dt} - eBr\frac{dr}{dt} = 0$$

$$\frac{d}{dt}\left(L - \frac{eBr^2}{2}\right) = 0$$

$$L - \frac{eBr^2}{2} = \text{const.}$$

となり，$L - \dfrac{eBr^2}{2}$ が保存する．また $k = \dfrac{1}{2}$ が求まる．

2.4 最大到達距離における電子の速度

§2.3 の保存量を用いよう．内側の円筒から初速 0 で出発するときと，r 方向の速度が 0 となる，すなわち r が最大 r_m となるときの値を等しいとすると

$$0 - \frac{eBa^2}{2} = mr_m v - \frac{eBr_m^2}{2} \tag{2.6}$$

$$v = \frac{eB(r_m^2 - a^2)}{2mr_m} \tag{2.7}$$

となる．

2.5 電流を阻止する磁場

初速度が 0 で，$r_m = b$ となるときを考えている．エネルギー保存則から

$$0 = \frac{1}{2}mv^2 + (-e)V \tag{2.8}$$

であり，よって
$$v = \sqrt{\frac{2eV}{m}}$$

これを (2.7) に代入し $r_m = b$, $B = B_c$ とおいて
$$B_c = \frac{2mb}{e(b^2 - a^2)}\sqrt{\frac{2eV}{m}}$$
$$= \frac{2b}{b^2 - a^2}\sqrt{\frac{2mV}{e}}$$

が得られる．

2.6 初速がある場合の臨界磁場

上記の結果を使って，初速がある場合を考えてみる．まず，磁場の方向にはローレンツ力の成分はないので，z 方向の速度成分は $v_B = \mathrm{const.}$ であることがわかる．外側の円筒にやっと到達できた電子はそこでは半径方向の速度成分は 0 だから，v を外側の円筒に到達したときの ϕ 方向の速度とすると，エネルギー保存則から，

$$\frac{1}{2}m\left(v_B^2 + v_\phi^2 + v_r^2\right) = \frac{1}{2}m\left(v_B^2 + v^2\right) - eV \tag{2.9}$$

したがって

$$v = \sqrt{v_r^2 + v_\phi^2 + \frac{2eV}{m}} \tag{2.10}$$

となる．また，§2.3 の保存量より

$$mv_\phi a - \frac{1}{2}eB_c a^2 = mvb - \frac{1}{2}eB_c b^2 \tag{2.11}$$

$$B_c = \frac{2m(vb - v_\phi a)}{e(b^2 - a^2)} \tag{2.12}$$

が得られるので，

$$B_c = \frac{2mb}{e(b^2 - a^2)}\left\{\sqrt{v_r^2 + v_\phi^2 + \frac{2eV}{m}} - v_\phi \frac{a}{b}\right\} \tag{2.13}$$

と求まる．

21

V字型ワイヤーを流れる電流による磁場

パドヴァ, イタリア

1999

1 問　　題

　アンペールによる磁気現象の解釈の成功例の1つが, 電流が流れている針金によって生じる磁場 B の計算である. ここではこれを, ビオとサヴァールによって早くから提出されていた仮説と比較しよう.

　ここでアンペールの法則とは, 電流 I のまわりに存在する磁場 B について, I のまわりの任意の閉曲線 C 上での B の線積分が, 閉曲線 C の張る面 S を通過する総電流 I に比例するということである.

$$\oint_C \boldsymbol{B} \cdot d\boldsymbol{l} = \mu I \tag{1.1}$$

ここで μ は磁場のある空間の透磁率である.

　特に無限に長い1本の直線電流のまわりの磁場 B は, 図21.1のように右回りでその大きさは $B = \mu \dfrac{I}{2\pi r}$ となる.

　以下では磁場を考える場所は空気中であるので, $\mu \approx \mu_0$ とする.

　特に興味深いものは, 定常電流 I が流れている非常に長く細いワイヤーが, 間の角度が 2α のV字型に曲げられている場合である (ここで α はラジアンで表される定数である). アンペールによる計算では, Vの軸上でその頂点から距離 d だけ外側にある点Pにおける磁場の大きさ B は, $\tan\left(\dfrac{\alpha}{2}\right)$ に比例する (図21.2). アンペールの結果は後にマクスウェルの電磁気理論に盛り込まれ, 広く受け入れ

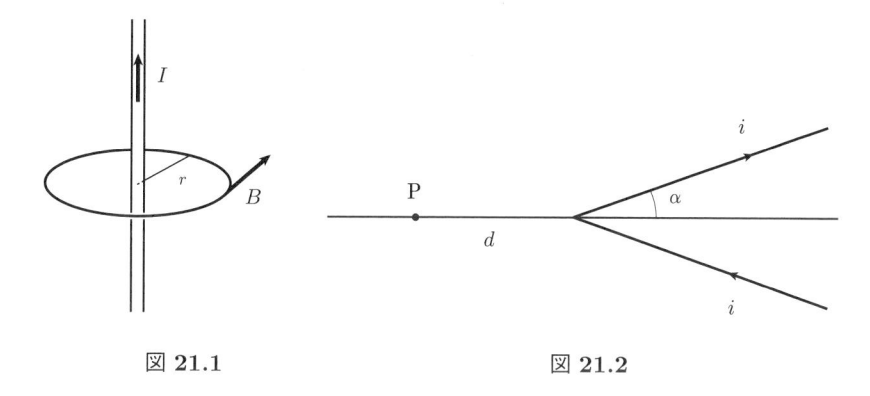

21　V字型ワイヤーを流れる電流による磁場

図 21.1

図 21.2

られている．

電磁気学の現在の知識を用いて

1.1 P における磁場 B の方向を求めよ

1.2 磁場が $\tan\left(\dfrac{\alpha}{2}\right)$ に比例するとして，$\left|B(\mathrm{P})\right| = k \tan\left(\dfrac{\alpha}{2}\right)$ の比例係数 k を求めよ

1.3 頂点に関して P と対称，つまり軸に沿って等距離かつ V 字の内側にあるような点 P^* における磁場 B を計算せよ

1.4 磁場 B を測定するために小さな磁針を用いる．磁針は重心である中心を通る回転軸をもち，回転軸に垂直な平面内で中心まわりに自由に回転できるとする．磁針の磁気双極子モーメントを μ_m とし，中心まわりの慣性モーメントを M とする．V 字電流に対し，磁針が P 点の位置にあり，B を含む平面内で回転できるよう，電流と磁針を配置しよう．このとき磁針はその中心のまわりに振動する．磁針の微小振動の周期を B の関数として計算せよ

同じ状況について，ビオとサヴァールはそれとは異なり，P における磁場は (現代的な記法を使えば) $B = \dfrac{\mu_0 I \alpha}{\pi^2 d}$ であるだろうとした．ここで μ_0 は真空中の透

磁率とする．実際に彼らは V 字の間の角度 α の関数として磁針の振動周期を測定することで，実験的に 2 つの仮説 (アンペールによるものとビオ–サヴァールによるもの) の検証を試みた．しかし，その角 α の大きさによっては，その違いがあまりにも小さすぎて容易に判定できない[1]．

実験的に P における磁針の振動周期 T の 2 つの予測を区別するためには，少なくとも 10% 程度の違いがあることが必要十分であるとしよう．すなわち $T_1 > 1.10 T_2$ (T_1 はアンペールによる周期で，T_2 はビオ–サヴァールによる周期) という条件を満たさなければならない．

1.5　2 つの予測を区別するために必要な角度 α の範囲を定めよ

ヒント：どのような解の道筋をたどるとしても，以下の三角関数の公式が役に立つだろう．

$$\tan\left(\frac{\alpha}{2}\right) = \frac{\sin\alpha}{1+\cos\alpha} \tag{1.2}$$

2　解　　答

2.1　P における磁場 B の方向

無限に長いと見なしてよい直線電流のまわりの磁場は，アンペールの法則を用いてすぐに求まる．磁場は電流を軸とした円の接線方向で，その向きは，磁場の向きに右ねじを回すとき，ねじの進む方向が電流の方向になるような関係になっている．

しかし，この問題では，電流は直線ではなく，2 つの半直線になっている．物理オリンピック HP で公表されている，この問題の解答では，P にも，半直線電流を延長して直線電流になったときにできるのと同じ向きの磁場ができるとして

---

[1] しかし，広重 徹は『物理学史』，培風館 (1968), II, p.15 の中で 原論文を引用して Biot と Savart が $\tan\left(\frac{\alpha}{2}\right)$ 法則を発見したと書いている．彼らは，この実験から，電流要素が，それと θ の角をなし距離 r だけ離れた点には $\sin\theta/r^2$ に比例する強さの磁場をつくることを導いた．現代風にいえば，電流要素 $d\boldsymbol{l}$ が $\boldsymbol{r}$ 離れた点につくる磁場 $d\boldsymbol{B}$ は $d\boldsymbol{l} \times \boldsymbol{r}/r^3$ に比例するということである．

いる．したがって，どちらの半直線電流も，P に，紙面の裏から表へ向かう磁場をつくるので，両方を合成した磁場も紙面の裏から表へ向いていることになる．

しかし，半直線の場合に，P における磁場が直線電流の場合と同じ向きになるというのは自明ではなく，アンペールの法則からそれを決定するのも難しい．ビオ–サヴァールの法則を用いて，各電流要素による微小磁場を書き，V 字型の電流について積分すれば解答は得られるだろうが，いまの問題の意図にはそぐわないだろう．

ではどのような論証が可能か．編者たちはこの問題について，対称性をもとにした全く新しい論証を考えたので，それを §3 に (参考) として示すことにする．対称性は物理学にとって重要な概念なので，これをもとにした．読者のさかんな議論を期待したい．

2.2 磁場が $\tan\left(\dfrac{\alpha}{2}\right)$ に比例するとして，$\left|B(\mathrm{P})\right| = B = k\tan\left(\dfrac{\alpha}{2}\right)$ の比例係数 k

α が $\dfrac{\pi}{2}$ であるとして考えると，そのときは電流 I の 1 本の直線電流による点 P の磁場であるので，$B = \dfrac{\mu_0 I}{2\pi d}$ となるはずである．一方，仮定から $B = k\tan\left(\dfrac{\alpha}{2}\right)$ と表せ，$\alpha = \dfrac{\pi}{2}$ のときに $\tan\dfrac{\pi}{4} = 1$ となるので，

$$k = \frac{\mu_0 I}{2\pi d}$$

が導かれる．

2.3 頂点に関して P と対称，つまり軸に沿って等距離かつ V 字形の内側にあるような点 P^* における磁場 B

(解 1)　もし §2.2 で与えられた関係式が $\alpha = \dfrac{\pi}{2}$ を越えて適用できるとすれば，α を $\pi - \alpha$ で置き換えたものが P^* の磁場 B となる．よって

$$\begin{aligned}B &= k\tan\left(\frac{\pi - \alpha}{2}\right) \\ &= k\tan\left(\frac{\pi}{2} - \frac{\alpha}{2}\right)\end{aligned}$$

$$= k \frac{1}{\tan \frac{\alpha}{2}}$$

となる．

(解 2) 与えられた状況を，図 21.3 のように無限に長いワイヤーが 2 本交差していて，さらに P 点のまわりに V 字型ワイヤーがあり，その余分な効果を打ち消す方向に電流が流れていると解釈する．

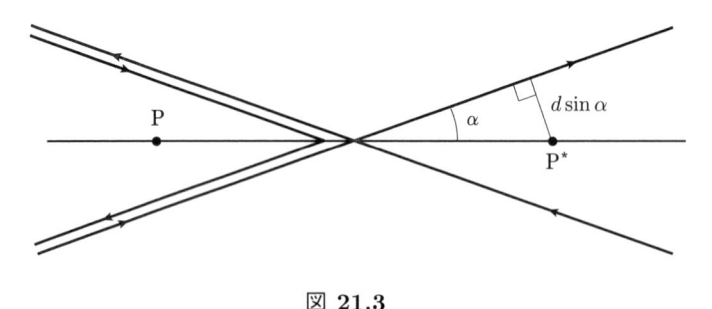

図 21.3

2 本の無限に長いワイヤーによる P^* の磁場は同じ方向 (紙面表から裏方向) で，1 つに対して，$\frac{\mu_0 I}{2\pi d \sin \alpha}$ であり，V 字型ワイヤーによる P^* の磁場は §2.2 で求めた通り，

$$\frac{\mu_0 I}{2\pi d} \tan \frac{\alpha}{2} = \frac{\mu_0 I}{2\pi d} \frac{1 - \cos \alpha}{\sin \alpha}$$

なので

$$B(P^*) = 2 \times \frac{\mu_0 I}{2\pi d \sin \alpha} - \frac{\mu_0 I}{2\pi d} \frac{1 - \cos \alpha}{\sin \alpha} \tag{2.1}$$

$$= \frac{\mu_0 I}{2\pi d} \frac{1}{\tan \frac{\alpha}{2}} \tag{2.2}$$

となる．

2.4 磁針の微小振動の周期

磁場の向きから測った磁針の角を x とする．

磁針にはたらく力のモーメントを N とすると

$$N = -\mu_m B \sin x$$

である．負号が付いているのはこのモーメントが磁針を B の方向に戻そうとするからである．

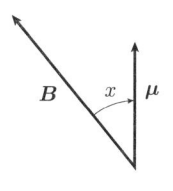

図 21.4

さらに微小振動という仮定から $\sin x \approx x$ として，回転の運動方程式

$$M\ddot{x} = N \tag{2.3}$$

に代入すれば

$$\begin{aligned} M\ddot{x} &= -\mu_m B x \\ \ddot{x} &= -\frac{\mu_m B}{M} x \end{aligned} \tag{2.4}$$

を得る．これは単振動の式であり，解は一般に $x = A\sin(\omega t + \theta)$ のような形となることがわかっている．

ここで角振動数 $\omega = \sqrt{\dfrac{\mu_m B}{M}}$ である．したがって微小振動の周期は

$$T = \frac{2\pi}{\omega} = 2\pi\sqrt{\frac{M}{\mu_m B}} \tag{2.5}$$

となる．

2.5　2つの予測を区別するための角度 α の範囲

$$\text{アンペールによる磁場：} B_1 = \frac{\mu_0 I}{2\pi d}\tan\left(\frac{\alpha}{2}\right) \tag{2.6}$$

$$\text{ビオ-サヴァールによる磁場：} B_2 = \frac{\mu_0 I \alpha}{\pi^2 d} \tag{2.7}$$

とすれば，それぞれの周期は §2.4 から以下のようになる．

$$T_1 = 2\pi\sqrt{\frac{2\pi Md}{\mu_0\mu_m I \tan\left(\frac{\alpha}{2}\right)}}, \qquad T_2 = 2\pi\sqrt{\frac{\pi^2 Md}{\mu_0\mu_m I \alpha}} \tag{2.8}$$

これらの比をとれば

$$f(\alpha) = \frac{T_1}{T_2} = \sqrt{\frac{2\alpha}{\pi \tan\left(\frac{\alpha}{2}\right)}} \tag{2.9}$$

この関数は $\alpha = \frac{\pi}{2}$ のときに $f(\alpha) = 1$ となる．また θ が小さいときには $\theta \approx \tan\theta$ が成り立つので，$\alpha \to 0$ のとき $\dfrac{\tan\left(\frac{\alpha}{2}\right)}{\left(\frac{\alpha}{2}\right)} \to 1$ で，$f(\alpha) \to \dfrac{2}{\sqrt{\pi}} = 1.128$ である．関数 $\dfrac{\tan x}{x}$ はこの範囲において単調増加であるので，$f(\alpha)$ は α の関数として単調減少である．

問題の条件は $\dfrac{T_1}{T_2} > 1.10$ であるので，

$$1.10 = \sqrt{\frac{2\alpha_{\max}}{\pi \tan\left(\frac{\alpha_{\max}}{2}\right)}} \tag{2.10}$$

を満たす角度 $\alpha_{\max}$ よりも α が小さければ条件を満たすことがわかる．両辺を 2 乗して変形すると $\dfrac{1.21\pi}{4} = \dfrac{\frac{\alpha_{\max}}{2}}{\tan\frac{\alpha_{\max}}{2}}$ となり

$$\frac{\frac{\alpha_{\max}}{2}}{\tan\frac{\alpha_{\max}}{2}} = 0.950 \tag{2.11}$$

左辺は単調関数であり，三角関数表で見ると

$$\theta = 21° \text{ で } \quad \frac{\theta}{\tan\theta} \approx 0.956$$

$$\theta = 22° \text{ で } \quad \frac{\theta}{\tan\theta} \approx 0.951$$

$$\theta = 23° \text{ で } \quad \frac{\theta}{\tan\theta} \approx 0.945$$

なので，$\alpha < 44°$ であることが必要十分になることがわかる．

3 参考：対称性を用いて，磁場を求める方法

問題 1.1 で P 点における磁場が V 字型電流が載っている平面に垂直な成分だけをもつことを，証明しよう．

そのために，電流と磁場の事象を鏡に映したときどのような対称性が成り立つかを考察する．磁場 B は見えないから鏡に映らないではないかと考える人があるかもしれないが，磁場の場所に小さな磁極を置けば，それが力を受けて動く様子なら鏡に映る．また電流の向きも，電流を荷電粒子の運動と考えれば鏡の中に実像ができるので，どちらも鏡に映った像について論じることができる．

3.1 円電流とその磁場の場合

まず円電流とその中心軸上の磁場の場合について考えよう．図 21.5 のように座標をとり，I と B で円電流とその中心の磁場を表す．いま，yz 面，xy 面，zx 面に鏡があるとして，それぞれに映った鏡像の電流と磁場を I' と B' と表す．

まず yz 面に鏡があるとして，これに映った像について考えると，電流は反対向きになっている (これを $I' = -I$ と表すことにする)．このとき磁場の鏡映像 B' は，電流 I' と正しい関係にない．もし磁場をひっくり返して $-B'$ とすれば正しく電磁気の法則を満たす．

そこで単に鏡に映すだけでなく

$$\bar{I} = (鏡像\ I'), \qquad \bar{B} = -(鏡像\ B') \tag{3.1}$$

と変換することに約束すれば，$\bar{I}$ と $\bar{B}$ は電流と磁場の正しい関係になることがわかる．

xy 面，zx 面を鏡として鏡像をつくっても，全く同じことがいえることが確かめられる．

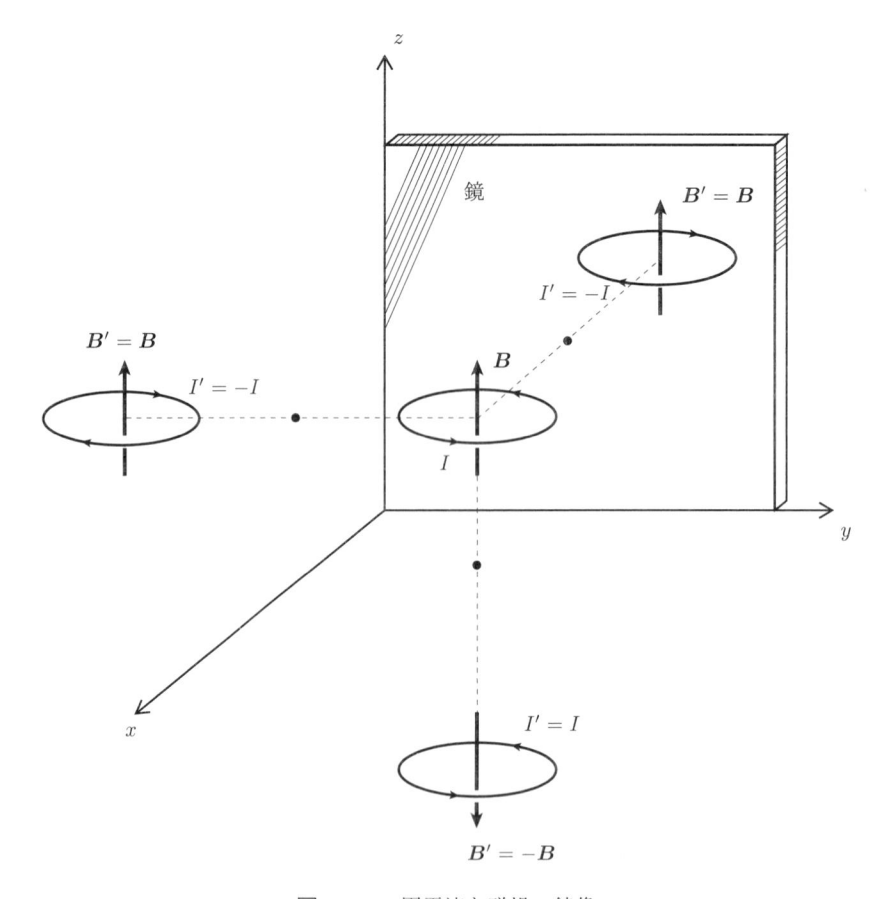

図 21.5　円電流と磁場の鏡像

3.2　直線電流とそのまわりの磁場の場合

もう1つの例を考えよう．直線電流 I_l とそのまわりの磁場 B_l の場合はどうか．電流と磁場の関係は図 21.1 のようである．

この直線電流と磁場を，直線電流を y 軸と平行に置き，前項の円電流の場合と同じように yz 面，xy 面，zx 面に鏡があるとして映してみると，やはり各鏡像について

$$\bar{I}_l = (鏡像\ I'_l), \qquad \bar{B}_l = -(鏡像\ B'_l) \tag{3.2}$$

と変換することに約束すれば，$\bar{I}_l$ と $\bar{B}_l$ は電流と磁場の正しい関係になることがわかる．

このことは容易に証明できるので，読者にお任せしよう．

3.3 鏡映の対称性によって V 字型電流の P での磁場の方向を求める

そこでこの対称性を前提にして V 字型電流の場合を考えてみよう．図 21.6 のように座標をとる．xy 面に平行な面上で，y 軸に平行な直線を対称軸にもつように，V 字型の電流が流れているとし，対称軸上の点 P に磁場 $\boldsymbol{B} = (B_x, B_y, B_z)$ ができたと仮定する．

これを xy 面の鏡に映した場合を考えよう．電流の鏡像は $I' = I$ であり，P′ における磁場の鏡像は $\boldsymbol{B}' = (B_x, B_y, -B_z)$ となる．これを (3.2) の約束に従って変換すると

$$\bar{I} = I' = I \qquad \bar{\boldsymbol{B}} = -\boldsymbol{B}' = (-B_x, -B_y, B_z) \tag{3.3}$$

である．この $\bar{I}$ と $\bar{B}$ は正しく電磁気の法則を満たすはずである．そうだとすると，電流は同じなので磁場も同じになるはずだから

$$B_x = B_y = 0 \tag{3.4}$$

でなければならない．よって磁場 $\boldsymbol{B}$ は z 成分のみをもつといえる．

yz 面，zx 面の鏡像に関しても同様になることは読者自ら確かめられたい．

対称性の考えだけから P 点の磁場の向きまで決めることはできない．磁場の向きは磁石の北極にはたらく力の向きから決めたものだが，磁石の北極は地球上で北を指す方だとして人が勝手に決めたもの，つまり人の約束事だからである．

そこで，P 点の磁場の向きを定めるには，角 α を連続的に $\pi/2$ まで変えて，そのあいだ磁場の向きも連続的に変わるはずだが，対称性の上の議論から実は変わらないことになるという事実を使う．$\alpha = \pi/2$ のときの P 点の磁場の向きは右ねじの規則で決める約束になっている．

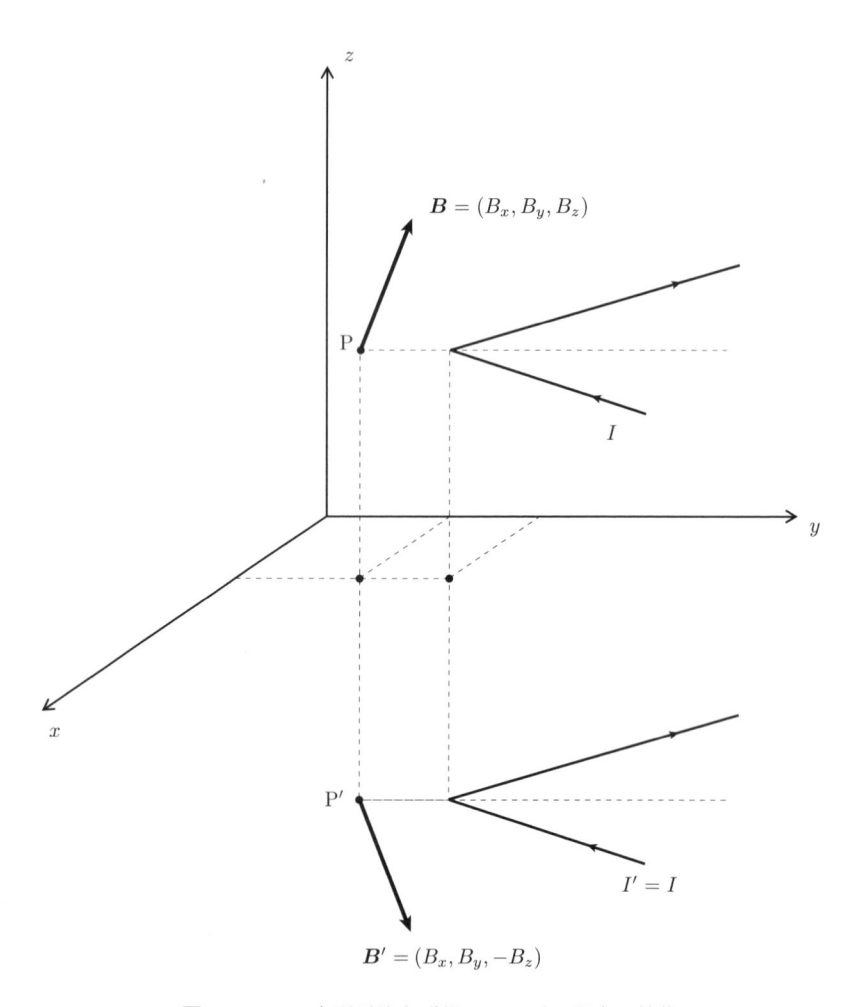

図 **21.6** V 字型電流と磁場の xy 面に関する鏡像

22

電子の比電荷

レスター，イギリス

2000

1 問　　題

1.1 電子の比電荷を求める方法

電子銃と蛍光板をもつ陰極線管 (図 22.1-1) を，電子線の軸に平行な一様な静磁場 B の中に置く．電子銃の陽極から出た電子の進行方向は，図 22.1-2 のように 5° 程度の広がりをもつ．

電子線は，蛍光板に一般にはぼけた像をつくるが，ある大きさの磁場でははっきりと焦点を結ぶ．

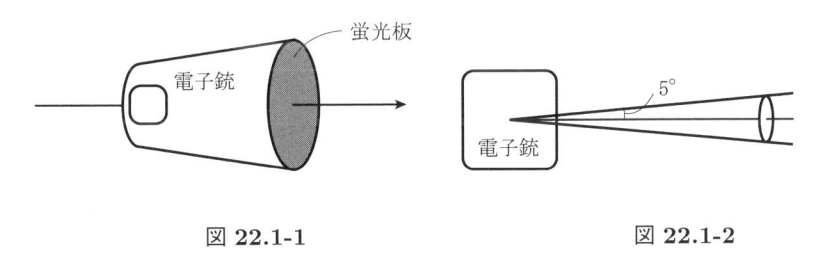

図 22.1-1

図 22.1-2

電子の運動を調べ，電子の比電荷を次の量で表せ：

1. 電子が焦点を結ぶ最小の磁場の強さ，B
2. 電子銃の加速電圧 V ($V < 2\,\mathrm{kV}$ とする)

3. 電子銃の陽極と蛍光板の間の距離, D

1.2 電子の比電荷を定める別の方法

図 22.2 に装置の側面図, 上面図を示す. 半径 ρ の 2 枚の真鍮の円板を非常に狭い間隔 t で置き, それと同軸に半径 $\rho+s$ の円筒状に写真フィルムをセットして, 図の矢印の向きに一様な静磁場 $\boldsymbol{B}$ をかける. 2 枚の円板の間には電位差 V をかけている. 装置は真空中に置く. $t = 0.80\,\mathrm{mm}$, $s = 41.0\,\mathrm{mm}$ である.

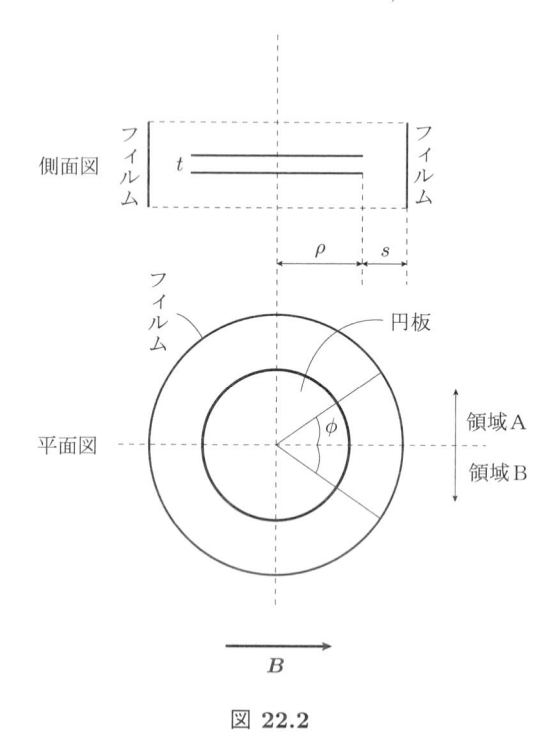

図 **22.2**

点状の β 線源を 2 枚の円板の中心に置く. これから, ある範囲の速度をもつ β 線があらゆる方向に一様に出る. こうしておいて, 同一のフィルムを次の 3 つの異なる条件で露出する.

1. $B = 0, V = 0$

2. $B = B_0, V = V_0$　　　$B_0 = 6.91\,\mathrm{mT},\ V_0 = 580\,\mathrm{V}$

3. $B = -B_0, V = -V_0$

$V > 0$ のとき上の円板が正に帯電し，$V < 0$ では負に帯電している．$B > 0$ のとき磁場は図 22.2 に示した向きにある．フィルムには，図 22.2 に示す A，B の領域がある．

さて，露出して現像したフィルムの一方の領域をスケッチして図 22.3 に示した．A，B どちらの領域をスケッチしたものか？ 電子が受ける力の向きを示し，その根拠を述べよ．

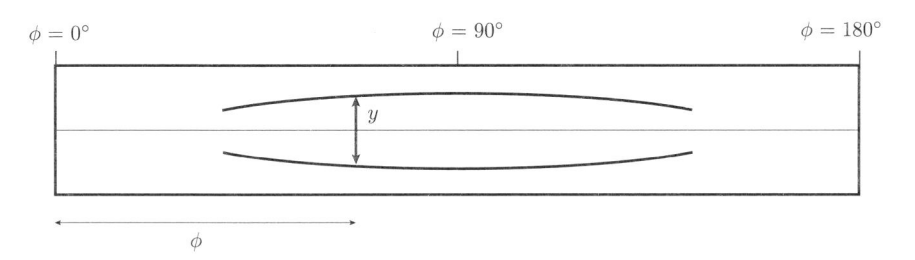

図 22.3

1.3　運動エネルギーの最大値

図 22.3 にスケッチを示したフィルムを顕微鏡で見て帯状に広がった像の幅 y を測定し，角度 ϕ の関数として表 22.1 に示してある．ϕ は，フィルム上に電子が到達した点と β 線源を結ぶ直線が磁場の方向となす角である (図 22.2)．

表 22.1

磁場に対する角度 [°]	ϕ	90	60	50	40	30	23
軌跡の間隔 [mm]	y	17.4	12.7	9.7	6.4	3.3	軌跡の終り

観測された粒子の運動エネルギーの最大値はいくらか．eV 単位の数値も答えよ．真空中での光の速さは 3.00×10^8 m/s, 電子の静止質量は 9.11×10^{-31} kg である．

1.4 グラフを描いて比電荷を求める

§1.3 の結果から適切なグラフを描くことによって電子の比電荷を求めよ．解析的な計算を試み，グラフと比較せよ．

ただし，得られる値は，観測に伴う系統誤差のため，普通に知られている値とは一致しないかもしれない．

2 解　答

2.1 電子の比電荷を求める方法

電子の加速電圧が V のとき，電子の速さ v は

$$\frac{m}{2}v^2 = eV \quad \text{から} \quad v = \sqrt{\frac{2eV}{m}} \tag{2.1}$$

である．$V < 2\,\mathrm{kV}$ だから，

$$v < \sqrt{\frac{2e}{m} \cdot 2 \times 10^3\,\mathrm{V}} = 2.7 \times 10^7\,\mathrm{m/s}$$

で，光速の 1/10 以下だから，電子の運動は非相対論的に考えてよい．

電子線の軸を z 軸とし，電子銃の位置を座標原点とする．この z 軸の方向は磁場の方向でもある．電子が磁場から受ける力は磁場に垂直だから，磁場の方向の，したがって z 軸方向の電子の速度成分は一定である．

磁場に垂直な平面に射影した電子の運動は座標原点 $x = y = 0$ をとおる円である．円の半径を r, 円運動の速さを $v_\perp$ とすれば

$$m\frac{v_\perp^2}{r} = ev_\perp B$$

が成り立ち，電子が円を一周する時間は

22 電子線の比電荷　159

$$T = \frac{2\pi r}{v_\perp} = \frac{2\pi m}{eB} \tag{2.2}$$

で電子の円運動の速さ $v_\perp$ によらない．つまり座標原点にある電子銃を出た電子は，この時間 T 後には z 軸上に戻ってくる (図 22.4)．これは，電子の初速度の磁場に垂直な成分がどちらを向いていようと同じことである．

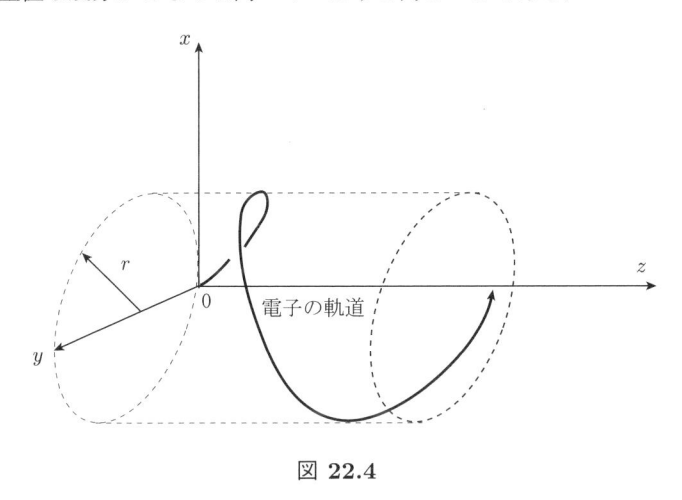

図 22.4

電子の初速度が z 軸に対し θ の角度をもっていたとすると，z 成分は $v\cos\theta$ だが

$$\theta < 5° = \frac{5\pi}{180}\,\text{rad} = 8.7 \times 10^{-2}\,\text{rad}$$

だから

$$1 - \cos\theta \approx \frac{\theta^2}{2} \leq \frac{(8.7 \times 10^{-2})^2}{2}$$

となり，$\cos\theta \approx 1$ としてよい．したがって

$$v_z \approx v \quad (\theta \text{によらない}).$$

ということは，時間 T の間に電子が z 方向に進む距離 $L = v_z T \sim vT$ は θ によらず，すべての電子に共通だということである．

したがって，

$$vT = D \tag{2.3}$$

にとれば，すべての電子は円運動の 1 周期後に蛍光板に到達するが，これは電子たちが z 軸に戻ってくるときでもある．(2.3) が成り立てば電子たちは蛍光板上に焦点を結ぶ．もちろん，電子が T の整数 n 倍後に蛍光板に到達するのでも焦点を結ぶが，必要な磁場が最小なのは $n=1$ のときである．

条件 (2.3) を (2.1), (2.2) を用いて書き直せば

$$\sqrt{\frac{2eV}{m}} \cdot \frac{2\pi m}{eB} = D$$

となる．電子の比電荷について解けば

$$\frac{e}{m} = \frac{8\pi^2 V}{B^2 D} \tag{2.4}$$

となる．

2.2 電子の比電荷を定める別の方法

$B=0, V=0$ の場合には電子は力を受けない．たまたま 2 枚の真鍮版をすり抜ける方向に線源を出た電子だけがフィルムに到達するので，フィルム上には領域 A, B ともに細い線状の像をつくる．

$B \neq 0, V \neq 0$ の場合，電子は真鍮板の間では電場と磁場から力を受ける．領域 A では，$B>0, V>0$ の場合も $B<0, V<0$ の場合も電場と磁場からの力が真鍮板に垂直で同じ向きになるので，電子は真鍮板に衝突して外に出られない．領域 B では 2 つの力が反対向きになるから，それぞれの大きさ eV/t と $evB\sin\phi$ が等しいなら，すなわち速さが

$$v = \frac{V/t}{B\sin\phi} \tag{2.5}$$

の電子は真鍮板をすり抜けて外に出る．出ると，電子は磁場からの力を受け，$B>0$ なら上向きに，$B<0$ なら下向きに加速され，真鍮板に平行な平面内での速度は変わらず ϕ の方向にある．したがってフィルム面上に上下方向に広がった像をつくる．よって，図 22.3 のスケッチは領域 B のものである．

2.3 運動エネルギーの最大値

真鍮板をすり抜けて観測にかかる電子の速さは (2.5) で決まる．$V = \pm V_0$, $B = \pm B_0$ は与えられており，$V_0 = 580\,\text{V}$, $B_0 = 6.91\,\text{mT}$ だから，$|v|$ が最大になるのは ϕ が最小のときで，表 22.1 から $\phi = 23°$ である．よって

$$|v_{\max}| = \frac{(580\,\text{V})/(0.80 \times 10^{-3}\,\text{m})}{(6.91 \times 10^{-3}\,\text{T})\sin 23°} = 2.69 \times 10^8\,\text{m/s}$$

となる．これは光速に近いから，相対論を考慮する必要があるが，電子が電場，磁場から受ける力は相対論的にいっても変わらないから，上の計算も正しい．この v の値を用いると

$$\frac{1}{\sqrt{1 - (v/c)^2}} = 2.26 \tag{2.6}$$

になる．電子は真鍮板を出た後，磁場によって加速される．その加速度 a は，相対論的な運動方程式

$$ma = evB\sin\phi, \qquad m = \frac{m_0}{\sqrt{1 - (v/c)^2}} \tag{2.7}$$

から

$$a = \frac{evB}{m}\sin\phi \tag{2.8}$$

となり，電子がフィルムにつくまでの時間 $\tau = s/v$ に z 方向の速度成分が

$$v_z = a\tau = \frac{evB}{m}\sin\phi \cdot \frac{s}{v} = \frac{eBs}{m}\sin\phi$$

に達する．しかし，$\sin 23° = 0.391$ であるから，(2.6) はそのまま用いるとしても，この値は

$$v_z = \frac{eBs}{m}\sin\psi \leq \frac{(1.60 \times 10^{-19}\,\text{C})(6.91 \times 10^{-3}\,\text{T})(41.0 \times 10^{-3}\,\text{m})}{(9.11 \times 10^{-31}\,\text{kg}) \cdot 2.26} \cdot 0.391$$

$$= 8.6 \times 10^6\,\text{m/s}$$

にすぎないのでこれを無視して (2.6) を用いれば

$$K = m_0 c^2 \left\{ \frac{1}{\sqrt{1 - (v/c)^2}} - 1 \right\}$$

$$= (9.11 \times 10^{-31} \mathrm{kg})(3.00 \times 10^8 \mathrm{m/s})^2 \cdot (2.26 - 1)$$

$$= 1.02 \times 10^{-13} \mathrm{J}$$

となる．$1 \mathrm{~eV} = 1.60 \times 10^{-19} \mathrm{~J}$ だから

$$K = 6.37 \times 10^5 \mathrm{eV}. \tag{2.9}$$

2.4　グラフを描いて比電荷を求める

電子は，加速度 (2.8) のために真鍮板を出てからフィルムに着くまでの時間 $\tau = s/v$ の間に

$$\frac{y}{2} = \frac{1}{2} a \tau^2 = \frac{1}{2} \frac{evB \sin \phi}{m} \cdot \left(\frac{s}{v}\right)^2$$

だけ上下方向に変位する．$B < 0$ なら $y < 0$ となる．(2.5) と (2.7) の m を代入して

$$y = \frac{eB^2 \sin^2 \phi}{m_0 V} s^2 t \sqrt{1 - \left(\frac{V}{ctB \sin \phi}\right)^2}.$$

これを

$$\frac{m_0}{e} \frac{c}{s^2 B \sin \phi} y = \frac{ctB \sin \phi}{V} \sqrt{1 - \left(\frac{V}{ctB \sin \phi}\right)^2}$$

と書いて，両辺を 2 乗すれば，両辺が無次元の形になる：

$$\left(\frac{m_0}{e}\right)^2 \left(\frac{c}{s^2 B \sin \phi} y\right)^2 = \left(\frac{ctB \sin \phi}{V}\right)^2 - 1$$

与えられたデータから $\left(\dfrac{c}{s^2 B \sin \phi} y\right)^2$ を横軸に $\left(\dfrac{ctB \sin \phi}{V}\right)^2$ を縦軸にプロットする．

グラフの直線の勾配を求めると，図 22.5 から

$$\text{勾配} \quad : \left(\frac{m_0}{e}\right)^2 = 3.6 \times 10^{-23} \mathrm{kg}^2/\mathrm{C}^2 \tag{2.10}$$

を読み取ることができ，これを解いて

22 電子線の比電荷

グラフ: 縦軸 $\left(\dfrac{ctB\sin\phi}{V}\right)^2 \times 10^{22}$, 横軸 $\left(\dfrac{cy}{s^2 B\sin\phi}\right)^2$

傾き $3.6 \times 10^{-23} \dfrac{\text{kg}^2}{\text{C}^2}$

図 22.5

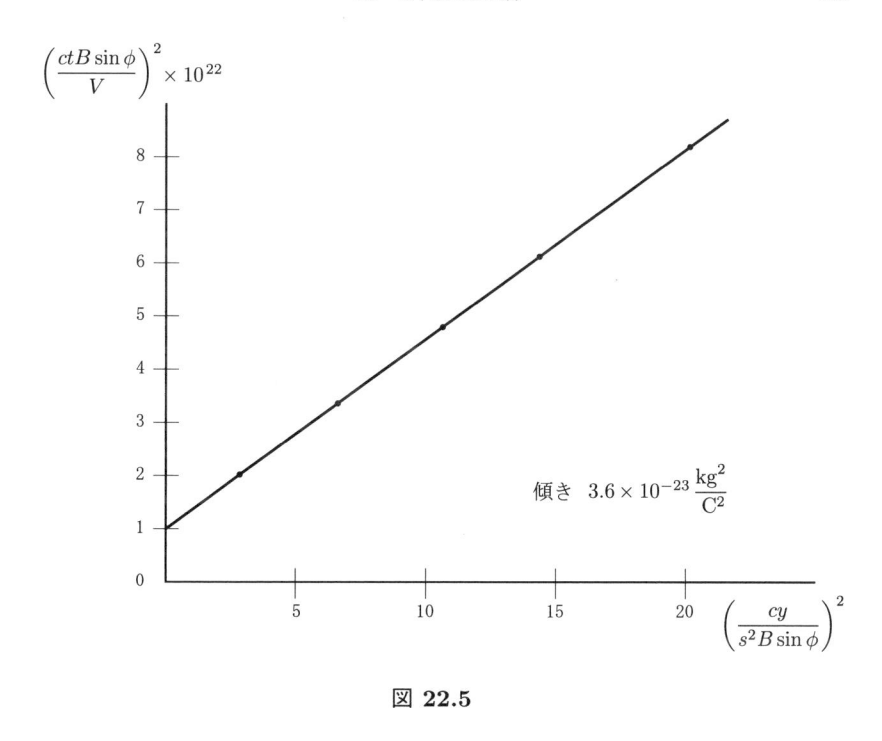

$$\frac{e}{m_0} = 1.67 \times 10^{11} \text{C/kg} \tag{2.11}$$

を得る.

23

地中に埋まったものを見つけ出すレーダー

ヌサドゥア, インドネシア バリ島

2002

1 問　　題

地中浸透レーダー (GPR) は，地中に電磁波を送りそれが物体から反射されることを利用して，あまり深くない地中にある物体を検出し，その位置を特定するために使われる．アンテナと検出器は地面の同じ場所に置かれる．

角振動数 ω の直線的に偏光した，波面が平面の電磁波が z 軸方向に伝わっていくとき，その場は次の式で表される．

$$E = E_0 e^{-\alpha z} \cos(\omega t - \beta z) \tag{1.1}$$

ここで E_0 は定数，α は減衰定数，β は波数で，それぞれ次式のように表される．

$$\alpha = \omega \left\{ \frac{\mu\varepsilon}{2} \left[\left(1 + \frac{\sigma^2}{\varepsilon^2 \omega^2}\right)^{\frac{1}{2}} - 1 \right] \right\}^{\frac{1}{2}}$$

$$\beta = \omega \left\{ \frac{\mu\varepsilon}{2} \left[\left(1 + \frac{\sigma^2}{\varepsilon^2 \omega^2}\right)^{\frac{1}{2}} + 1 \right] \right\}^{\frac{1}{2}}. \tag{1.2}$$

μ, ε, σ は，それぞれ地中の透磁率，誘電率，電気伝導率を表す．

物体に到着する信号の振幅が，最初の $\frac{1}{e}$ ($\approx 37\%$) に落ちると，信号は検出されなくなる．通常，周波数可変 (10 MHz〜1000 MHz) の電磁波が，周波数範囲と検出分解能の調整に使われる．

GPR の性能は分解能によって決まる．分解能は，分離して観測することが可能な，接近した隣り合う 2 つの反射物体の最小距離で与えられる．2 つの物体が分離可能なためには，各物体から反射された電磁波の位相差は少なくとも 180° 必要である．

下記の問において，$\mu_0 = 4\pi \times 10^{-7}$ H/m, $\varepsilon_0 = 8.85 \times 10^{-12}$ F/m を用いてよい．

1.1 電磁波の速度

地中が磁性をもたず ($\mu = \mu_0$), $\left(\dfrac{\sigma}{\varepsilon\omega}\right)^2 \ll 1$ という条件を満たすとする．式 (1.1), (1.2) を用いて，電磁波の伝播速度 v を μ, ε によって表す式を求めよ．

1.2 深さの最大値

地中の伝導度が 1.0×10^{-3} S/m，誘電率が $9\varepsilon_0$ で，$\left(\dfrac{\sigma}{\omega\varepsilon}\right)^2 \ll 1$ という条件を満たすとき，物体を検出できる最大の深さを求めよ (S はジーメンスといい，S = Ω^{-1} という単位である．また，$\mu = \mu_0$ とする)．

1.3 分解能と周波数

地中に水平に埋められた，2 本の平行な導体棒を考えよう．棒は深さ 4 m のところにあり，地中の伝導度が 1.0×10^{-3} S/m で，誘電率が $9\varepsilon_0$ であることがわかっている．GPR 測定を一方の棒のほぼ真上で行うとする．検出器が点状であるとして，横方向の分解能が 50 cm となるために必要な最小周波数を求めよ．

1.4 深さの測定

§1.3 で考えたのと同じ地面に埋められた棒の深さ d を決めるために，棒に垂直な直線に沿って測定する．結果は図 23.1 で表されている．これは検出器の位置が x のとき，電磁波がアンテナから出て反射されて戻るまでの時間 t のグラフで，t の最小値は 100 ns である．t を x の関数として表し，d を決定せよ．

図 23.1

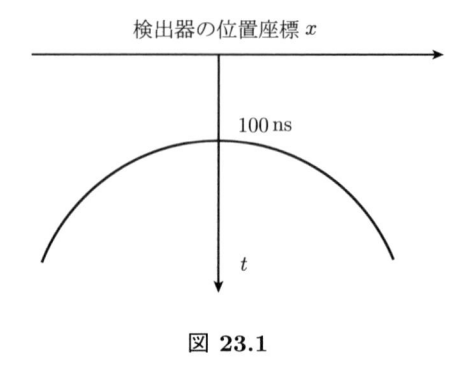

2 解　　答

2.1 電磁波の速度

場を表す式 (1.1) の位相の値が等しい点の移動速度を求めればよい．したがって，
$$\omega t - \beta z = C \quad (定数)$$
より，
$$z = \frac{\omega}{\beta} t - \frac{C}{\beta}$$
したがって速さは，
$$v = \frac{\omega}{\beta} \tag{2.1}$$
ここへ (1.2) の値を代入して，次のように求められる．
$$v = \frac{1}{\left\{\dfrac{\mu\varepsilon}{2}\left[\left(1 + \dfrac{\sigma^2}{\varepsilon^2\omega^2}\right)^{\frac{1}{2}} + 1\right]\right\}^{\frac{1}{2}}} \tag{2.2}$$
$\left(\dfrac{\sigma}{\varepsilon\omega}\right)^2 \ll 1$ であれば，これは
$$v = \frac{1}{\sqrt{\mu\varepsilon}}$$

となる.

2.2 深さの最大値

E の振幅が $\dfrac{1}{e}$ になる深さ(「表皮厚さ」という)を δ とすると,$e^{-\alpha\delta} = e^{-1}$ より,

$$\delta = \frac{1}{\alpha} = \frac{1}{\omega\left\{\dfrac{\mu\varepsilon}{2}\left[\left(1+\dfrac{\sigma^2}{\varepsilon^2\omega^2}\right)^{\frac{1}{2}}-1\right]\right\}^{\frac{1}{2}}} \tag{2.3}$$

ここで,$\left(\dfrac{\sigma}{\varepsilon\omega}\right)^2 \ll 1$ であるから,$x \ll 1$ のとき成り立つ近似式

$$(1+x)^{\frac{1}{2}} \approx 1+\frac{1}{2}x$$

を用いて,

$$\begin{aligned}
\delta &= \frac{1}{\omega\left\{\dfrac{\mu\varepsilon}{2}\left[\left(1+\dfrac{\sigma^2}{2\varepsilon^2\omega^2}\right)-1\right]\right\}^{\frac{1}{2}}} \\
&= \frac{2}{\sigma}\sqrt{\frac{\varepsilon}{\mu}} \\
&= \frac{2}{\sigma}\sqrt{\frac{\varepsilon_r\varepsilon_0}{\mu_0}} \quad (\mu = \mu_0) \\
&= \frac{2}{\sigma}\sqrt{\frac{\varepsilon_r \times 8.85 \times 10^{-12}\mathrm{F/m}}{4\pi \times 10^{-7}\mathrm{H/m}}} \\
&= \frac{5.31\sqrt{\varepsilon_r}}{\sigma} \times 10^{-3}\mathrm{S}
\end{aligned} \tag{2.4}$$

上の式に,地中の電気伝導率 $1.0 \times 10^{-3}\,\mathrm{S/m}$,比誘電率 9 を代入して,

$$\delta = \frac{5.31 \times \sqrt{9} \times 10^{-3}\,\mathrm{S}}{1.0 \times 10^{-3}\,\mathrm{S/m}} = 15.93\,\mathrm{m} \tag{2.5}$$

2.3 分解能と周波数

2 本の棒を分離できるためには,2 本の棒からの反射波の位相差が,180°以上でなければならない.アンテナから 2 本の棒までの距離の差が電磁波の波長 λ の

$\frac{1}{4}$ であれば，往復距離の差は $\frac{\lambda}{2}$ になり，反射波の位相差は 180°となってこの条件は満たされる．図 23.2 のように，2 本の棒の間隔を r，アンテナの真下の棒までの距離を d，アンテナともう 1 本の棒までの距離を $d+\frac{\lambda}{4}$ とする．

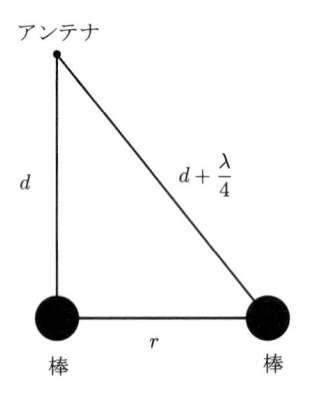

図 23.2

三平方の定理より，

$$r^2 + d^2 = \left(d + \frac{\lambda}{4}\right)^2$$

したがって，

$$r = \sqrt{\frac{\lambda d}{2} + \frac{\lambda^2}{16}} \tag{2.6}$$

$r = 0.50\,\mathrm{m}$, $d = 4.0\,\mathrm{m}$ を代入して整理すると，

$$\lambda^2 + (32\mathrm{m})\lambda - (2\mathrm{m})^2 = 0$$

これを解いて，$\lambda = 0.125\,\mathrm{m}$ が得られる．

媒質中での信号の伝播速度は，$\mu = \mu_0$ で $\left(\frac{\sigma}{\varepsilon\omega}\right)^2 \ll 1$ とすれば

$$v = \frac{1}{\sqrt{\mu\varepsilon}} = \frac{1}{\sqrt{\varepsilon_r \cdot \mu_0 \varepsilon_0}}$$
$$= \frac{1}{\sqrt{9 \times (4\pi \times 10^{-7}\mathrm{H/m})(8.85 \times 10^{-12}\mathrm{F/m})}}$$

$$= 1.00 \times 10^8 \text{m/s}$$

以上により，2 本の棒を分離して検出できるための最小周波数は，

$$f_{\min} = \frac{v}{\lambda}$$
$$= \frac{1.00 \times 10^8 \text{m/s}}{0.125 \text{ m}}$$
$$= 8.00 \times 10^8 \text{Hz} \, (= 800 \, \text{MHz})$$

ここで改めて $\left(\frac{\sigma}{\varepsilon\omega}\right)^2 \ll 1$ を確かめておくことにしよう．

$$\frac{\sigma^2}{\varepsilon^2 \omega^2} = \frac{(1.0 \times 10^{-3} \text{S/m})^2}{(9 \times 8.85 \times 10^{-12} \text{F/m})^2 \times (2\pi \times 8.00 \times 10^8 \text{s}^{-1})^2} = 6.25 \times 10^{-6}$$

であり，確かに 1 よりずっと小さい．

2.4 深さの測定

棒の深さ d，棒の真上の点からアンテナまでの距離を x とする．棒とアンテナとの距離は，$\sqrt{d^2 + x^2}$ であり，電磁波がアンテナから出て，棒に反射されて戻るまでの時間 t は，

$$t = 2 \times \frac{\sqrt{d^2 + x^2}}{v}.$$

$v = 1.0 \times 10^8 \text{m/s}$ を代入して，

$$t = 2\sqrt{d^2 + x^2} \times 10^{-8} \text{s/m}$$

を得る．

図 23.1 の説明から $x = 0 \, \text{m}$ のとき t が最小で $100 \, \text{ns} = 1.0 \times 10^{-7} \, \text{s}$ であるから，これを代入して，深さが

$$d = 5.0 \text{m} \tag{2.7}$$

と得られる．

24

ピンポン抵抗

浦項, 韓国

2004

1 問　　題

　図 24.1 に示すように，間隔 d で平行に並んだ半径 R の 2 枚の円形極板からなるコンデンサーがある．$d \ll R$ とする．上の極板は電圧 V の定電圧電源に接続され，下の極板は接地されている．また図 24.2 に示すように質量 m，半径 $r (\ll R, d)$，厚さ $t (\ll r)$ の小さな円盤が下の極板の中心に置かれている．

　極板間は真空，すなわち誘電率 ε_0 で，小さな円盤と 2 つの極板は完全導体でできているとし，その縁の部分によって生じる影響は無視できるとする．回路全体のインダクタンスと相対論的な効果，および鏡像電荷の影響もまた無視できる．

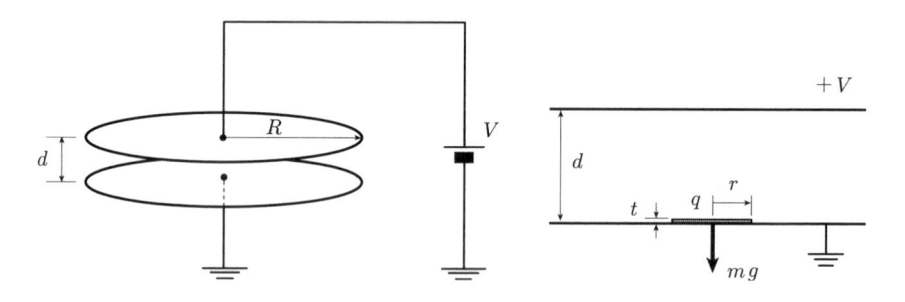

図 24.1

図 24.2

1.1 円盤を入れる前の図 24.1 のような状態で極板の間にはたらく静電気力 F_p を求めよ

1.2 円盤を図 24.2 のように置いたとき円盤に生じる電荷 q は電圧 V を用いて $q = \chi V$ と表せる．χ を r, d, ε_0 を用いて表せ

1.3 円盤を持ち上げはじめるのに必要な電圧

極板は水平に置かれている．極板間の電圧を上げていき，あるしきい値 V_th を超えると，はじめ静止していた円盤が持ち上がって動き始める．V_th を m, g, d, χ を用いて表せ．

1.4 円盤が往復する速さ

$V > V_\mathrm{th}$ のとき円盤は極板間で上下往復運動をする．運動は鉛直方向のみで円盤が揺らいだりすることはないとしよう．円盤と極板は非弾性衝突をし，反発係数は $\eta \left(\equiv \dfrac{v_\mathrm{after}}{v_\mathrm{before}} \right)$ とする．v_before と v_after はそれぞれ衝突前後の速さである．極板は動かないように固定されている．

下の極板に衝突した直後の速さはある "定常状態の速さ" v_s に近づいていく．その速さは V に依存し

$$v_\mathrm{s} = \sqrt{\alpha V^2 + \beta} \tag{1.1}$$

と書ける．

α と β を m, g, χ, d, η を用いて表せ．円盤の表面は同時に一様に極板に接触し，毎回の衝突での電荷の交換は瞬時に完全に起こるものとする．

1.5 定常状態で流れる電流

その定常状態に達したとき，コンデンサーの極板を通して流れる電流 I は，$qV \gg mgd$ のとき $I = \gamma V^2$ と近似できる．γ を m, χ, d, η で表せ．

1.6 電圧―電流特性

非常にゆっくりと電圧 V を下げていくと，それ以下では電流が流れなくなる限界値 V_c が存在する．V_c とそのときの電流 I_c を m, g, χ, d, η を用いて表せ．V_c を V_{th} と比較することにより，V が 0 から $3V_{th}$ まで増減するときのおよその $I-V$ 特性をグラフに描け．

2 解 答

2.1 極板にはたらく力

円盤が挿入される前の平行板コンデンサーの容量 C は
$$C = \frac{\varepsilon_0 \pi R^2}{d} \tag{2.1}$$
であり，極板に蓄えられる電荷 Q は
$$Q = CV = \frac{\varepsilon_0 \pi R^2 V}{d}. \tag{2.2}$$
極板間の電場は $E = \dfrac{V}{d}$ であるが，極板内の電荷 Q は極板の表面から内部にかけて分布するので，それが受ける電場は E から 0 まで変動し，結果として平均電場 $\dfrac{1}{2}E$ の電場から力を受けると考えてよい (§3 参考)．したがって極板にはたらく引力は
$$F_p = \frac{1}{2}QE = \frac{\varepsilon_0 \pi R^2 V^2}{2d^2}. \tag{2.3}$$
この結果はコンデンサーのエネルギーの変化を用いても，鏡像法を用いても得られる．

2.2 円盤に生じる電荷

円盤は負に帯電し，表面内外を囲む面でガウスの法則を考えれば
$$q = -\varepsilon_0 E \pi r^2 = -\frac{\varepsilon_0 \pi r^2 V}{d}$$

なので
$$\chi = \frac{\varepsilon_0 \pi r^2}{d}. \tag{2.4}$$

2.3 円盤を持ち上げはじめるのに必要な電圧

上の結果から円盤にはたらく静電気力は
$$\frac{1}{2}qE = \frac{\chi V^2}{2d} \tag{2.5}$$
なので円盤を持ち上げるためには
$$\frac{\chi V_{\text{th}}^2}{2d} - mg > 0 \tag{2.6}$$
でなければならない．これから
$$V_{\text{th}} = \sqrt{\frac{2mgd}{\chi}}. \tag{2.7}$$
ただし円盤が下の極板を離れて上昇しはじめると，円盤にはたらく静電気力は qE となることに注意しよう．

2.4 円盤が往復するときの速さ

運動エネルギーを $K = \frac{1}{2}mv^2$ とし，1回の衝突によって失われる運動エネルギー ΔK は
$$\begin{aligned}
\Delta K &= \frac{1}{2}mv_{\text{before}}^2 - \frac{1}{2}mv_{\text{after}}^2 \\
&= \frac{1}{2}m(1-\eta^2)v_{\text{before}}^2 \\
&= (1-\eta^2)K_{\text{before}} \tag{2.8} \\
&= \left(\frac{1}{\eta^2} - 1\right)K_{\text{after}} \tag{2.9}
\end{aligned}$$
となる．

円盤の上下運動がしばらくたつと定常状態になるとしよう．そのときは上下運動の1サイクルで円盤が外からされる仕事と衝突で失う運動エネルギーが等しい

と考えることができる．

円盤は下の極板に接触すると $-q$ に荷電して上に運ばれる間に電場から qV の仕事をされ，上の極板では $+q$ に荷電するので今度は下向きの力を受け，往復する間に電場から $2qV$ の仕事をされる．重力は上昇と下降で反対向きの仕事になるので仕事は 0 である．

下の極板に衝突直後の円盤の運動エネルギーを $K_{\rm s} = \frac{1}{2}mv_{\rm s}^2$ としよう．この円盤が上に行ったときの運動エネルギーはエネルギー保存から $K_{\rm s} + qV - mgd$ となるので，上の極板に衝突して失うエネルギーは (2.8) より $(1-\eta^2)(K_{\rm s} + qV - mgd)$ である．また円盤が下の極板に衝突したとき失うエネルギーは (2.9) より $\left(\frac{1}{\eta^2} - 1\right) K_{\rm s}$ と書ける．よってエネルギー収支の釣り合いから

$$2qV = \left(\frac{1}{\eta^2} - 1\right) K_{\rm s} + (1-\eta^2)(K_{\rm s} + qV - mgd) \tag{2.10}$$

$K_{\rm s}$ について解くと

$$K_{\rm s} = \frac{\eta^2}{1-\eta^2} qV + \frac{\eta^2}{1+\eta^2} mgd \tag{2.11}$$

$K_{\rm s} = \frac{1}{2}mv_{\rm s}^2$ および $q = \chi V$ を代入して $v_{\rm s}$ について解けば

$$v_{\rm s} = \sqrt{\frac{2\eta^2 \chi}{m(1-\eta^2)} V^2 + \frac{2\eta^2 gd}{1+\eta^2}} \tag{2.12}$$

を得る．したがって

$$\alpha = \frac{2\eta^2 \chi}{m(1-\eta^2)}, \qquad \beta = \frac{2\eta^2 gd}{1+\eta^2}. \tag{2.13}$$

2.5　定常状態で流れる電流

上下運動では $-q$ を下から上へ，$+q$ を上から下へ運ぶ．この間に円盤にはたらく力は $F = qE \mp mg = \frac{qV}{d}\left(1 \mp \frac{mgd}{qV}\right)$ である．条件 $qV \gg mgd$ を考えて第 2 項を無視する，つまり電場の力が重力に比べて圧倒的である場合を考えると，運動は加速度 $a = \frac{F}{m} = \frac{qV}{md}$ の等加速度運動になる．円盤の速さは下の極板から

出るときには v_s で，上の極板に達するときに v'，上の極板を出るとき $\eta v'$ とする．再び下の極板に達するときは $\frac{1}{\eta}v_\mathrm{s}$ である．等加速度運動の公式から

$$v'^2 - v_\mathrm{s}^2 = 2ad$$

$$\left(\frac{1}{\eta}v_\mathrm{s}\right)^2 - (\eta v')^2 = 2ad$$

が成り立つので，左辺同士を等号で結べば

$$v' = \frac{1}{\eta}v_\mathrm{s}$$

を得る．したがって上の極板との衝突直後の速さは $\eta v' = v_\mathrm{s}$ になり，この近似では結局上昇運動と下降運動は全く同じ運動になる．片道の時間を t とすると

$$\frac{1}{2}\left(v_\mathrm{s} + \frac{1}{\eta}v_\mathrm{s}\right)t = d \tag{2.14}$$

より

$$t = \frac{2\eta}{1+\eta}\frac{d}{v_\mathrm{s}} \tag{2.15}$$

となり，この時間 t で運ぶ電荷 q を割れば，電流

$$I = \frac{q(1+\eta)}{2\eta d}v_\mathrm{s} \tag{2.16}$$

を得る．(2.12) において $qV^2 \gg mgd$ として得られる

$$v_\mathrm{s} \approx \sqrt{\frac{2\eta^2 \chi}{m(1-\eta^2)}}V$$

および $q = \chi V$ を代入すれば

$$I = \frac{\chi V(1+\eta)}{2\eta d}\sqrt{\frac{2\eta^2 \chi}{m(1-\eta^2)}}V$$

$$= \sqrt{\frac{(1+\eta)\chi^3}{(1-\eta)2md^2}}V^2. \tag{2.17}$$

よって

$$\gamma = \sqrt{\frac{(1+\eta)\chi^3}{(1-\eta)2md^2}}. \tag{2.18}$$

2.6 電圧-電流特性

電圧を下げていくと，限界電圧 V_c で，円盤が上の極板に達することができない，すなわち上の極板に接触するときちょうど速度が 0 になり，それ以下では電流は流れない．下の極板と衝突直後の円盤の運動エネルギーを K_s とすれば，このとき

$$K_s + qV_c - mgd = 0 \tag{2.19}$$

が成り立つ．(2.11) を代入すれば

$$\left(\frac{\eta^2}{1-\eta^2}\right)qV_c + \left(\frac{\eta^2}{1+\eta^2}\right)qV_c + qV_c - mgd = 0$$

これを解いて

$$qV_c = \frac{1-\eta^2}{1+\eta^2}mgd$$

を得る．$q = \chi V_c$ を用いれば

$$V_c = \sqrt{\frac{1-\eta^2}{1+\eta^2}}\sqrt{\frac{mgd}{\chi}} \tag{2.20}$$

V_c と $V_{\text{th}} = \sqrt{\frac{2mgd}{\chi}}$ の比を $k = \frac{V_c}{V_{\text{th}}}$ とすれば

$$k = \sqrt{\frac{1-\eta^2}{2(1+\eta^2)}} \tag{2.21}$$

このときの電流を求めるために 1 サイクルの時間を求めよう．この場合は重力も考えなくてはならないので，上昇するときの加速度は $a_{\text{up}} = \frac{qV_c}{md} - g$，下降するときの加速度は $a_{\text{down}} = \frac{qV_c}{md} - g$ で等加速度運動する．(2.20) を用いると

$$a_{\text{up}} = \frac{-2\eta^2}{1+\eta^2}g \tag{2.22}$$

$$a_{\text{down}} = \frac{2}{1+\eta^2}. \tag{2.23}$$

V_c まで電圧を下げたとき，上の極板の衝突前後の速度は 0 なのでそこから下の極板まで落ちる時間は

$$t_{\text{down}} = \sqrt{\frac{2d}{a_{\text{down}}}} = \sqrt{\frac{(1+\eta^2)d}{g}} \tag{2.24}$$

また下の極板に達したときの速さは $a_{\text{down}} t_{\text{down}} = \sqrt{\dfrac{4gd}{1+\eta^2}}$ となるから，下の極板に衝突後跳ね返る速さ v'' は

$$v'' = \eta\sqrt{\frac{4gd}{1+\eta^2}} = \sqrt{\frac{4\eta^2 gd}{1+\eta^2}}$$

いまは定常状態を考えているので，上の極板に達するときは再び速度 0 となるから上昇にかかる時間は

$$t_{\text{up}} = \frac{-v''}{a_{\text{up}}} = \sqrt{\frac{(1+\eta^2)d}{\eta^2 g}} \tag{2.25}$$

であり，流れる電流 I_c は (2.24) と (2.25) および $q = \chi V_c$ を用いて

$$\begin{aligned} I_c &= \frac{2q}{t_{\text{down}} + t_{\text{up}}} \\ &= 2\chi\sqrt{\frac{(1-\eta^2)mgd}{(1+\eta^2)\chi}}\sqrt{\frac{g}{(1+\eta^2)d}}\frac{\eta}{1+\eta} \\ &= 2\frac{\eta\sqrt{1-\eta^2}}{(1+\eta)(1+\eta^2)}g\sqrt{m\chi} \end{aligned} \tag{2.26}$$

グラフは図 24.3 のようになる．

V/V_{th} が k 以下では電流は存在せず，十分大きな所では $I = \gamma V^2$ のように振る舞う．

図 24.3

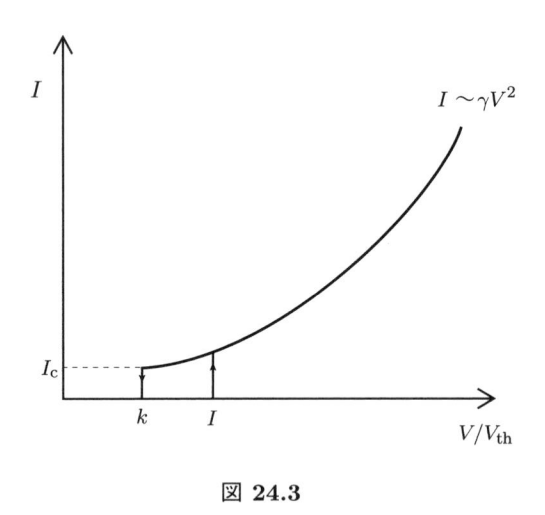

3　参考：表面電荷密度から生ずる力

極板間の電場が E で，極板の電荷が Q であるとき，極板にはたらく力 F は QE になりそうに思えるが，なぜ $F = \frac{1}{2}QE$ になるのだろうか．それは本文に述べたように，電荷 Q が導体内で拡がりをもって分布し，それに応じて導体内の電場も E から 0 まで変化するからである．電荷がどのような分布であっても $F = \frac{1}{2}QE$ が証明できることを示そう．

いま，図 24.4 のように，導体の表面を原点にして，深さの方向に z 軸をとり，電荷が $\sigma(z)$ で表される分布をしているとする．

導体内に単位断面積をもつ円柱を考え，ガウスの定理を適用する．分布は横には対称的に一様に広がっていると見なせるとすれば，深さ z における電場 E は z 成分だけをもつ．また十分深いところでは電場は 0 としていいので，

$$E(z) = \frac{1}{\varepsilon_0}\int_{-\infty}^{z} \sigma(z')\,dz' \tag{3.1}$$

すなわち

$$dE = \frac{1}{\varepsilon_0}\sigma(z)\,dz \tag{3.2}$$

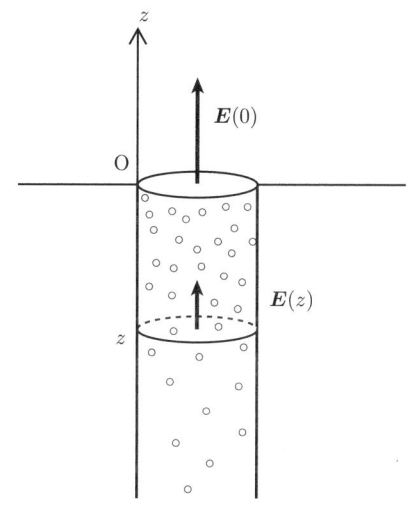

図 24.4

が得られる．

したがって導体内に分布する電荷全体にはたらく力は

$$F = \int_{-\infty}^{0} E(z)\sigma(z)\,dz = \varepsilon_0 \int E\,dE = \frac{\varepsilon_0}{2} E(0)^2 \tag{3.3}$$

であることがいえる．

25

抵抗と電流を測る

サラマンカ，スペイン

2005

19 世紀の科学と技術の進歩によって，電気的な量についての普遍的に受け入れられる標準単位の必要性が生じた．新しい単位系は，フランス革命以後に確立された，長さ・質量・時間の標準単位のみに依存すべきであると考えられた．これらの単位を決定するため，1861 年から 1912 年にかけて集中的に実験研究が行われた．ここでは 3 つの事例を扱う．

1 問　題

1.1 ケルヴィンによるオームの決定

半径 a で N 回巻き，全抵抗 R の円形コイルが，水平な磁場 $\boldsymbol{B_0} = B_0\,\boldsymbol{i}$ の中で，鉛直な直径を軸に一定の角速度 ω で自転している．$\boldsymbol{i}$ は x 軸方向の単位ベクトルである．

1.1.1 コイルで発生する起電力 $\mathcal{E}$ を求め，コイルの自転を維持するために必要な平均電力 $\langle P \rangle$ を求めよ

コイルの自己インダクタンスは無視する．ここで周期 T をもつ系における量 X の平均値とは $\langle X \rangle = \dfrac{1}{T}\displaystyle\int_0^T X(t)\,dt$ である．

以下，必要なら次の積分を用いよ．

25 抵抗と電流を測る

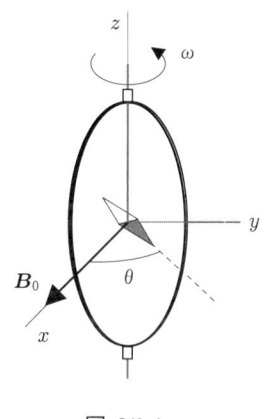

図 25.1

$$\int_0^{2\pi} \sin x\, dx = \int_0^{2\pi} \cos x\, dx = \int_0^{2\pi} \sin x \cos x\, dx = 0$$

$$\int_0^{2\pi} \sin^2 x\, dx = \int_0^{2\pi} \cos^2 x\, dx = \pi$$

$$\int x^n\, dx = \frac{1}{n+1} x^{n+1}$$

小さな方位磁針が図 25.1 のようにコイルの中心に置かれている．それは z 軸のまわりに水平面内で自由にゆっくり回ることはできるが，コイルの速い回転にはついていくことはできない．

1.1.2 定常状態に達したとき，磁針は B_0 と角 θ をなす方向を向いていた．この角度およびこの系のパラメーターを用いてコイルの抵抗 R を表せ

ケルヴィン卿はオームの絶対基準を定めるため，1860 年代にこの方法を用いた．回転コイルを避けるため，ローレンツは別の方法を案出し，レイリー卿とシドウィック女史がこれを用いた．次の項でこれを分析しよう．

1.2 レイリーとシドウィックによるオームの決定

抵抗 R を測定するための実験装置は図 25.2 に示されている．導電性の軸 SS′ に半径 b の 2 枚の同一の金属円盤 D, D′ が取り付けられている．モーターがこの

装置を角速度 ω で回転させ，その ω は抵抗 R の測定のために変えることができるようになっている．半径 a で N 回巻きの同一のコイル C, C′ がそれぞれ円盤のまわりを囲んで置かれ，互いに反対の方向に電流が流れるように接続されている．

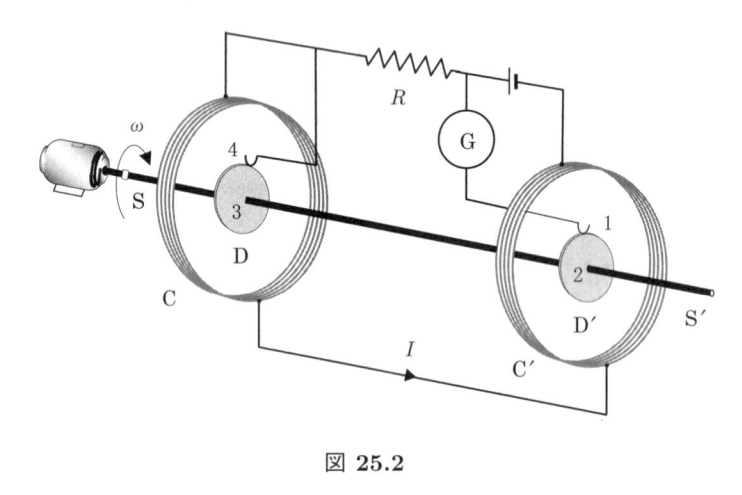

図 25.2

円盤 D, D′ のまわりの磁場は，コイル C, C′ に流れる電流 I がコイルの中心につくる磁場 B と同じ大きさで一様であると仮定しよう．

1.2.1 コイルの間隔はコイルの半径より十分大きく，また $a \gg b$ として縁 1 と 4 の間に生じる起電力を求めよ

2 つの円盤はブラシによって回路に接続され，検流計 G は回路 1-2-3-4 を流れる電流を検出する．

1.2.2 G の電流を 0 にすることによって抵抗 R を測定することができる．この装置の物理的なパラメーターを用いて R を表せ

1.3 アンペアの決定

2 つの導体に電流を流し，それらの間にはたらく力を測定することにより電流の絶対値を測定できる．ケルヴィン卿により 1882 年に設計された「電流天秤」はこの方法を利用している．その装置は，ひとつながりに接続された，半径 a の 6

つの同一の単巻きコイル $C_1, C_2, \cdots, C_6$ から成る．図 25.3 に示されているように，C_1, C_3, C_4, C_6 のコイルは小さな距離 $2h$ だけ離れた 2 つの水平面にそれぞれ固定されている．コイル C_2, C_5 は腕の長さ d の天秤につり下げられており，平衡状態では 2 つの水平面から等距離の所にある．磁場からコイル C_2 にはたらく力が上向き，コイル C_5 にはたらく力が下向きになるような向きに，コイルたちに電流を流すとする．電流が流れて天秤が傾いたとき，上述の平衡状態に戻すために，質量 m のおもりを支点 O から距離 x のところに置くことが必要になる．

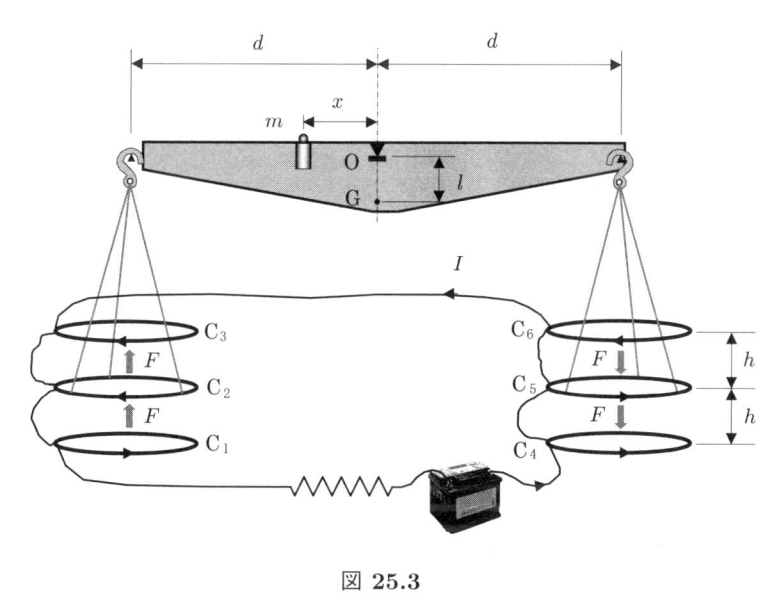

図 **25.3**

1.3.1 C_1 との磁気的相互作用によって C_2 が受ける力を求めよ

簡単のため，単位長さあたりにはたらく力は，2 本のまっすぐな平行な導線に電流が流れているときと同じとする．

1.3.2 天秤を平衡状態にすることで，電流 I を測定できる．I を装置のパラメーターを用いて表せ

ただし装置の大きさは，左と右のコイルたちの相互作用を無視できるようになっているとする．

天秤自体の質量 (m や吊している部分の質量は除いて) を M とし，G をその重心，l を支点と重心の間の距離とする．これによって C_2 に δz, C_5 に $-\delta z$ の小さな変位が生じるような偏りが起こっても平衡状態は安定である．

1.3.3 天秤を放したら元の平衡な位置に戻れるような変位の最大値 $\delta z_{\max}$ を求めよ

コイルたちの中心は一直線上に保たれるものとし，必要なら次の近似を用いよ．

$$\frac{1}{1 \pm \beta} \approx 1 \mp \beta + \beta^2 \quad \text{or} \quad \frac{1}{1 \pm \beta^2} \approx 1 \mp \beta^2 \quad \text{for} \quad \beta \ll 1 \tag{1.1}$$

$$\sin\theta \approx \tan\theta \quad \text{for small} \quad \theta \tag{1.2}$$

2 解 答

2.1 ケルヴィンによるオームの決定

2.1.1 起電力 $\mathcal{E}$ と自転維持に必要な平均電力 $\langle P \rangle$

コイルに生じる誘導起電力の大きさは，それを貫く磁束 (ϕ と表す) の時間変化率に等しい．コイルの面が $t = 0$ で x 軸と垂直な状態から出発したとすれば，時刻 t には ωt 回転しているので x 方向に垂直な射影の面積は $\pi a^2 \cos\theta$ になり，そのときのコイルを貫く磁束は

$$\phi = N\pi a^2 B_0 \cos\omega t \tag{2.1}$$

となるので，生じる誘導起電力は

$$\mathcal{E} = -\frac{d\phi}{dt} = N\pi a^2 B_0 \omega \sin\omega t \tag{2.2}$$

である．時刻 t における電力は $P = \dfrac{\mathcal{E}^2}{R}$ なのでその平均は

$$\langle P \rangle = \frac{(N\pi a^2 B_0 \omega)^2}{R} \frac{1}{T} \int_0^T \sin^2\omega t\, dt = \frac{(N\pi a^2 B_0 \omega)^2}{2R} \tag{2.3}$$

となる．ここで周期 $T = \dfrac{2\pi}{\omega}$ の間の積分 $\dfrac{1}{T}\int_0^T \sin^2\omega t\, dt = \dfrac{1}{T}\int_0^T \dfrac{1-\cos 2\omega t}{2} dt = \dfrac{1}{2}$ を用いた．

2.1.2 定常状態での磁針と B_0 の角 θ および抵抗 R

コイルの回転は磁針の回転よりずっと速いので，磁針はコイルの平均の磁場を感じると考える．コイルに流れる電流 I は，(2.2) を用いれば

$$I = \frac{\mathcal{E}}{R} = \frac{N\pi a^2 B_0 \omega}{R}\sin\omega t \tag{2.4}$$

であるので，これによってコイルの中心にできる磁束密度は

$$B_\mathrm{c} = \frac{\mu_0 NI}{2a} = \frac{\mu_0 N^2 \pi a B_0 \omega}{2R}\sin\omega t \tag{2.5}$$

となり，x 成分，y 成分は

$$B_{\mathrm{c}x} = \frac{\mu_0 N^2 \pi a B_0 \omega}{2R}\sin\omega t\cos\omega t$$

$$B_{\mathrm{c}y} = \frac{\mu_0 N^2 \pi a B_0 \omega}{2R}\sin^2\omega t$$

であるから，その1周期の平均をとれば

$$\langle B_{\mathrm{c}x}\rangle = \frac{\mu_0 N^2 \pi a B_0 \omega}{2R}\langle\sin\omega t\cos\omega t\rangle = 0$$

$$\langle B_{\mathrm{c}y}\rangle = \frac{\mu_0 N^2 \pi a B_0 \omega}{2R}\langle\sin^2\omega t\rangle = \frac{\mu_0 N^2 \pi a B_0 \omega}{4R}.$$

平均の全磁場 $\langle \boldsymbol{B}\rangle$ は元からある $\boldsymbol{B_0}$ とこのコイルの平均磁場の和になるので，y 方向の単位ベクトルを $\boldsymbol{j}$ とすれば

$$\langle \boldsymbol{B}\rangle = B_0\,\boldsymbol{i} + \frac{\mu_0 N^2 \pi a B_0 \omega}{4R}\,\boldsymbol{j} \tag{2.6}$$

であり，方位磁針はこの $\langle \boldsymbol{B}\rangle$ の方向を向くと考えてよいから $\tan\theta = \dfrac{\mu_0 N^2 \pi a \omega}{4R}$ となり

$$R = \frac{\mu_0 N^2 \pi a \omega}{4\tan\theta} \tag{2.7}$$

を得る．

2.2 レイリーとシドウィックによるオームの決定

2.2.1 縁1と4の間に生じる起電力

ディスク D, D' の内部で考えると，磁束密度 $B = \dfrac{\mu_0 NI}{2a}$ はディスクに垂直であるから，中心から r 離れたところに誘導される電場は半径方向で

$$E_r = vB = r\omega B = \frac{\mu_0 NI\omega r}{2a} \tag{2.8}$$

である (ローレンツ力 $\boldsymbol{F} = q(\boldsymbol{E} + \boldsymbol{v} \times \boldsymbol{B})$ で考えれば単位電荷あたり $\boldsymbol{v} \times \boldsymbol{B}$ の力がはたらく). したがって中心軸から縁までの間に生じる起電力は

$$\mathcal{E}_D = \int_0^b E_r\,dr = \frac{\mu_0 NI\omega}{2a}\int_0^b r\,dr = \frac{1}{2}\frac{\mu_0 NI\omega b^2}{2a} \tag{2.9}$$

D と D' では磁場は反対向きなので，1 と 4 の間の起電力はこの 2 倍すなわち

$$\mathcal{E} = \frac{\mu_0 NI\omega b^2}{2a}. \tag{2.10}$$

2.2.2 G の電流を 0 にしたときの抵抗 R

回路の模式図は図 25.4 のようになっている．ここで G を通る電流を 0 にすれば，R を流れる電流は I で，D と D' による起電力 $\mathcal{E}$ との間に $\mathcal{E} = RI$ の関係が成り立つので

$$R = \frac{\mu_0 N\omega b^2}{2a} \tag{2.11}$$

2.3 アンペアの決定

2.3.1 C_1 との磁気的相互作用によって C_2 が受ける力

無限の長さの平行で等しい直線電流間 I が間隔 h 離れておかれているとき，単位長さあたりはたらく力 f は

$$f = \frac{\mu_0 I^2}{2\pi h} \tag{2.12}$$

いまの場合，はたらく力はこれに等しいとしているので，C_2 が C_1 から受ける力 F はコイルの長さ $2\pi a$ をかけて

25 抵抗と電流を測る

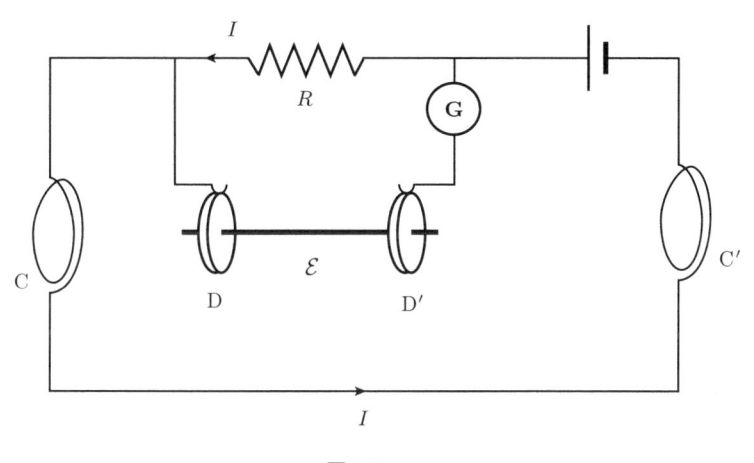

[図: 回路図 — R, G, C, C', D, D', ε, I]

図 **25.4**

$$F = \frac{\mu_0 a I^2}{h}. \tag{2.13}$$

2.3.2 天秤を平衡状態に戻すことで得られる電流 I

4つのコイルからはたらく力のモーメントと，おもりによる力のモーメントの大きさが等しくなればよい．したがって

$$mgx = 4Fd = \frac{4\mu_0 a d I^2}{h} \tag{2.14}$$

であり，これから

$$I = \left(\frac{mghx}{4\mu_0 a d}\right)^{\frac{1}{2}} \tag{2.15}$$

2.3.3 平衡な位置に戻れる $\delta z_{\max}$

C_2 が δz 変位すると C_2 が C_1 および C_3 から受ける力は $\dfrac{\mu_0 a I^2}{h - \delta z}$ と $\dfrac{\mu_0 a I^2}{h + \delta z}$ に変わる．図 25.5 のように $\delta\phi$ をとれば，天秤の腕が元に戻る条件は

$$Mgl\sin\delta\phi + mgx\cos\delta\phi > 2\mu_0 a I^2 \left(\frac{1}{h-\delta z} + \frac{1}{h+\delta z}\right)d\cos\delta\phi \tag{2.16}$$

であり，問題で与えられた近似

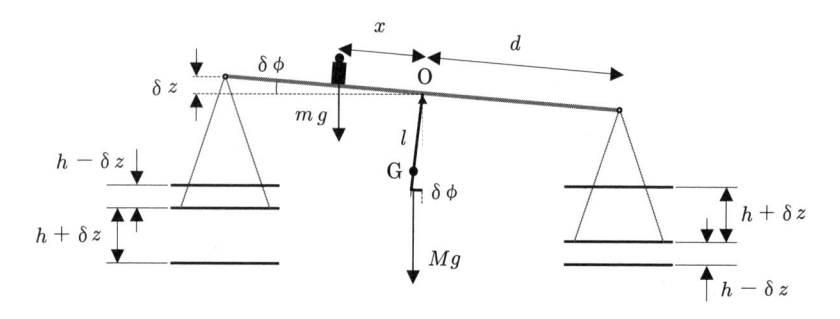

図 25.5

$$\frac{1}{h \pm \delta z} \approx \frac{1}{h}\left\{1 \mp \frac{\delta z}{h} + \left(\frac{\delta z}{h}\right)^2\right\}$$

を用いると

$$Mgl\sin\delta\phi + mgx\cos\delta\phi > 4\mu_0 adI^2\left(1 + \frac{\delta z^2}{h^2}\right)\cos\delta\phi$$

となり，(2.14) を代入すれば

$$Mgl\sin\delta\phi > mgx\frac{\delta z^2}{h^2}\cos\delta\phi.$$

ここに近似 $\tan\delta\phi \approx \sin\delta\phi = \frac{\delta z}{d}$ を用いれば

$$\frac{Mlh^2}{mxd} > \delta z \tag{2.17}$$

を得る．よって

$$\delta z_{\max} = \frac{Mlh^2}{mxd}. \tag{2.18}$$

III 無人島でエンジンをつくる
―熱と分子運動―

26

ピストン同士を管でつないだ2つのシリンダー内の気体

ブカレスト, ルーマニア

1972

1 問　　題

　直径が等しい2つのシリンダー A, B がある．それぞれのシリンダーの内部には，質量の無視できるピストンがあり，それらは剛体の棒でつながっている．ピストンたちは自由に動けるものとし，連結棒はバルブのついた短いパイプになっている．バルブは最初は閉じられている (図 26.1)．

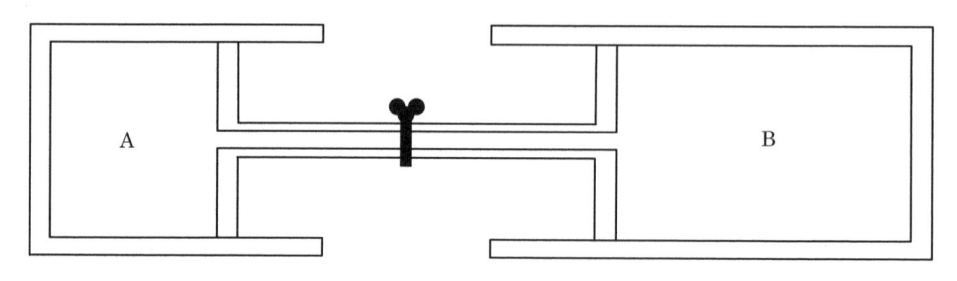

図 26.1

　シリンダー A と A のピストンは外部との熱の出入りがないよう断熱されており，シリンダー B は温度 $\theta = 27°C$ に保たれたサーモスタットに接触している．
　はじめ A のピストンは固定されており，内部には質量 32 kg のアルゴンが大気圧より高い圧力で入っている．またシリンダー B には標準気圧の酸素が入っている．

Aのピストンを自由にすると，ピストンは十分にゆっくりと (準静的に) 動き，気体の体積が 8 倍になったところで平衡状態になった．このときシリンダー B の酸素は密度が 2 倍となった．サーモスタットがこの過程の間に $Q = 747.9 \times 10^4$ J の熱量を受け取ったとして，以下の問いに答えよ．

1.1 A 内の気体の温度と体積の関係

気体分子運動論に基づき，ピストンと分子の弾性衝突を考えることによって，シリンダー A の中で行われる過程の熱方程式が

$$TV^{\frac{2}{3}} = \text{一定} \tag{1.1}$$

であることを証明せよ．

1.2 アルゴンの始めと終わりの状態における圧力 P，体積 V，温度 T をそれぞれ計算せよ

1.3 2 つのシリンダを分けているバルブを開いた後の，混合気体の最終的な圧力を計算せよ

アルゴンの 1 k mol あたりの質量を $\mu = 40$ kg/k mol とする．

2 解 答

2.1 A 内の気体の温度と体積の関係

2 つのピストンを結ぶパイプに沿って x 軸をとり，それに垂直に y, z 軸をとる．この断熱膨張の過程で A 内の温度は下がる．なぜならそこにある気体分子は大きな速度で運動しているが，後退していくピストンにぶつかると跳ね返る速さは衝突前の速さより小さくなり，気体分子のエネルギーが減少していくからである．断面積 S のピストンが x 方向に速度 u で動いているとする．1 個の分子の質量を m とし，衝突前の速度は (v_x, v_y, v_z)，衝突後の速度は (v'_x, v'_y, v'_z) であり，また衝突は完全弾性衝突だとしよう．

図 26.2

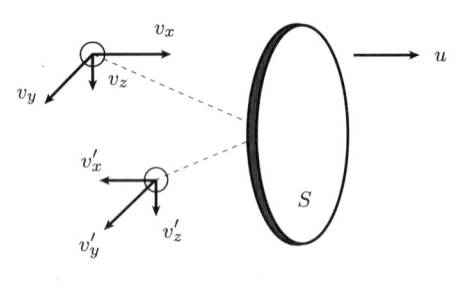

このとき

$$-\frac{v'_x - u}{v_x - u} = e = 1$$

$$v'_y = v_y$$

$$v'_z = v_z$$

が成り立つので，$v'_x = -v_x + 2u$ となり，したがって 1 個の分子の衝突によるエネルギーの変化は，$u \ll v_x$ として

$$\frac{1}{2}m{v'_x}^2 - \frac{1}{2}m{v_x}^2 = 2mu^2 - 2muv_x \approx -2muv_x \tag{2.1}$$

となる．

速度の x 成分が v_x であるような分子が，単位体積中に n_{v_x} 個あるとしよう (本当はこれは v_x のある小さな範囲を考えてその範囲に属する分子の個数というべきである)．時間 dt の間にピストンに衝突する (その範囲に属する) 分子の数は $n_{v_x} S v_x dt$ となるので，この分子たちのエネルギー変化の和は

$$(-2muv_x) n_{v_x} v_x S dt = -2m n_{v_x} {v_x}^2 dV \tag{2.2}$$

と表せる．ここで dV はピストンの移動による気体の体積変化 $dV = Sudt$ である．気体分子は様々な v_x をもっているので和をとると，

$$\text{全分子のエネルギー変化} = \sum_{v_z}\sum_{v_y}\sum_{\text{すべての } v_x > u}(-2m n_{v_x} {v_x}^2) dV$$

u は小さいので

26 ピストン同士を管でつないだ 2 つのシリンダー内の気体

$$= -2m \sum_{v_z}\sum_{v_y}\sum_{\text{すべての } v_x>0} n_{v_x} v_x^2 dV$$

$$= -2m \sum_{\text{すべての分子}} v_x^2 dV \times \frac{1}{2}$$

$$= -mn <v_x^2> dV$$

ただし, n は気体の単位体積あたりの全分子数であり, $<v_x^2>$ は v_x^2 の平均値. 全分子について和をとると $v_x \leq 0$ も含まれるので, $1/2$ をかけた. また速さ (速度の絶対値) を v とすると, $v^2 = v_x^2 + v_y^2 + v_z^2$ であるから, 両辺の平均をとると $<v^2> = <v_x^2> + <v_y^2> + <v_z^2>$ であり, かつ 気体の膨張はゆっくりと行われるので, 熱平衡の状態が保たれ, $<v_x^2> = <v_y^2> = <v_z^2>$ のはずであるから $<v_x^2> = \frac{1}{3}<v^2>$. よって

$$\text{分子運動の全エネルギーの変化} = -\frac{1}{3}mn<v^2> dV \tag{2.3}$$

となる. 気体が理想気体であるとすると, 分子間のポテンシャルエネルギーは無視できる. またアルゴンは単原子気体で分子は回転しない. したがって, 気体の内部エネルギー U は分子の運動エネルギーの和になる. したがって

$$dU = -\frac{2}{3}n\frac{m<v^2>}{2}dV = -\frac{2}{3}\frac{U}{V}dV \tag{2.4}$$

これを積分すると

$$\int \frac{dU}{U} = -\int \frac{2dV}{3V}$$

$$\log U = \log V^{-\frac{2}{3}} + \log C$$

$$U = CV^{-\frac{2}{3}}$$

よって

$$UV^{\frac{2}{3}} = \text{一定} \tag{2.5}$$

になる.

準静的な膨張では気体は常に熱平衡状態にあり, したがって気体の絶対温度と内部エネルギーは比例する. よって

$$TV^{\frac{2}{3}} = 一定 \tag{2.6}$$

となる．

2.2 アルゴンの圧力，体積，温度

アルゴンの始めの状態の圧力，体積，絶対温度をそれぞれ P_1, V_1, T_1 とし，変化後のそれを P_1', V_1', T_1' とする．酸素の方はそれぞれ P_2, V_2, T_2 と P_2', V_2', T_2' とする．

2.2.1 温度

この過程ではアルゴンがピストンを押して酸素に仕事をする．アルゴンは断熱されて外からのエネルギーの出入りはないので，その分の内部エネルギーは低下する．酸素は温度一定に保たれているので，その内部エネルギーは増えることはなく，この仕事は全部サーモスタットに吸収されることになる．過程前後でのアルゴンの内部エネルギーの変化 ΔU は，アルゴンの定積モル比熱を C_v とすると，

$$\Delta U = n_1 C_v \cdot \Delta T = n_1 \cdot \frac{3}{2} R (T_1' - T_1) \tag{2.7}$$

と書ける．ここで n_1 はアルゴンのモル数，またアルゴンは単原子分子で，理想気体と扱ってよいから $C_v = \frac{3}{2}R$ （R：気体定数）を用いた．温度変化を求めるには，前問の結果から $TV^{\frac{2}{3}}=$一定であることと，$V_1' = 8V_1$ を用いれば，

$$T_1' = \left(\frac{V_1}{V_1'}\right)^{\frac{2}{3}} \times T_1 = \left(\frac{1}{8}\right)^{\frac{2}{3}} \times T_1 = \frac{T_1}{4}$$

となる．よって (2.7) は

$$\Delta U = n_1 \cdot \frac{3}{2} R \left(\frac{1}{4} T_1 - T_1\right) = -\frac{9 n_1 R T_1}{8} \tag{2.8}$$

となり，これがサーモスタットが得た熱量に等しいことから

$$-\Delta U = \frac{9nRT_1}{8} = 747.9 \times 10^4 \,\text{J}$$

アルゴンの原子量は 40 であるから，モル数 $n_1 = \frac{32.0}{39.9} \times 10^3 = 802\,\text{mol}$，気体定数 $R = 8.314\,\text{J/mol·K}$ を用いると

$$\frac{9 \times 802 \text{mol} \times 8.314 \text{J/mol} \cdot \text{K} \times T_1}{8} = 750 \times 10^4 \, \text{J}$$

となり，これから

$$T_1 = 1000\,\text{K}, \quad T_1' = \frac{T_1}{4} = 250\,\text{K} \tag{2.9}$$

2.2.2 圧　力

酸素の密度が 2 倍になるということは体積が半分になったということである．等温変化では $PV = $ 一定であるから，圧力は始めの状態の 2 倍になる．平衡状態では，アルゴンと酸素の圧力は等しいので

$$P_1' = P_2' = 2 \times 1.013 \times 10^5 \text{Pa} = 2.026 \times 10^5 \,\text{N/m}^2 \tag{2.10}$$

となる．

2.2.3 体　積

理想気体の状態方程式 $PV = nRT$ から $\dfrac{PV}{T} = nR = $ 一定であり，

$$\frac{P_1 V_1}{T_1} = \frac{P_1' V_1'}{T_1'}$$

$$P_1 = P_1' \cdot \frac{V_1' \cdot T_1}{V_1 \cdot T_1'}$$

$$= 2.026 \times 10^5 \times 8 \times 4$$

$$= 64.83 \times 10^5 \,\text{N/m}^2$$

これから

$$V_1 = n\frac{RT_1}{P_1} = 802 \times \frac{8.314 \times 1000}{64.83 \times 10^5} = 1.029\,\text{m}^3 \tag{2.11}$$

であり，$V_1' = 8V_1 = 8.21\,\text{m}^3$ となる．

2.3 混合気体の圧力

バルブを開くと気体は混ざり合い，新しい平衡状態に達する．その圧力を P，温度を T とする．気体全体のモル数は混合前後で不変であるので，アルゴンのモル数を n_1，酸素は n_2，全体を n とすると，$n_1 + n_2 = n$．これを気体の状態方

程式を用いて書き直すと

$$\frac{P_1' \cdot V_1'}{RT_1'} + \frac{P_2' \cdot V_2'}{RT_2'} = \frac{P(V_1' + V_2')}{RT} \tag{2.12}$$

ピストンが連結されているためシリンダ全体の体積は一定で $V_1 + V_2 = V_1' + V_2'$. ここに $V_2' = \dfrac{V_2}{2}$ を代入して計算すると

$$V_2 = 2(V_1' - V_1) = 2(8.208 - 1.026) = 14.36\,\mathrm{m}^3$$
$$V_2' = 7.21\,\mathrm{m}^3$$

また $T_2' = T = 300\,\mathrm{K}$, $P_1' = P_2' = 2.026 \times 10^5\,\mathrm{N/m}^2$. よって

$$\begin{aligned}
P &= \frac{P_1'}{V_1' + V_2'}\left(\frac{V_1' T}{T_1'} + V_2'\right) \\
&= \frac{2.026 \times 10^5\,\mathrm{N/m}^2}{(8.208 + 7.182)\,\mathrm{m}^3}\left(\frac{8.208\,\mathrm{m}^3 \times 300\,\mathrm{K}}{250\,\mathrm{K}} + 7.182\,\mathrm{m}^3\right) \\
&= 2.24 \times 10^5\,\mathrm{N/m}^2
\end{aligned} \tag{2.13}$$

と求められる.

27

無人島でエンジンをつくる

ワルシャワ，ポーランド

1974

1 問　　題

　とある探検隊が無人島に滞在していた．彼らはいくつかのエネルギー源をもっていたが，しばらくするとすべて使い切ってしまった．そこで彼らは代わりとなる新たなエネルギー源をつくり出すことにした．残念なことにその島はとても穏やかで，風もなく，空は一様に雲に覆われ，大気圧は一定で，気温も海の水温も昼夜問わず一定だった．しかし幸運なことに，彼らはある穴から化学的に中性な気体がとてもゆっくりと出ていることに気がついた．その気体の圧力も温度も大気のそれとまったく等しい．

　探検隊は特殊な膜を装備の中にもっていた．そのうちの1つは穴から出てくる気体は通すが空気は通さず，もう1つの膜はまったく逆で空気は通すがその気体は通さない．また彼らは新たに装置をつくるための，ピストン付きのシリンダーやバルブなどの材料や道具はもっている．そこで探検隊はこの穴から出てくる気体を使ってエンジンをつくることにした．ここで考えたような気体と膜を使ってつくった理想的なエンジンでは，そのパワーは理論上はいくらでも大きくできることを示せ．

2 解　　答

ありあわせの材料を用いて図 27.1 のようなエンジンを組み立てることにしよう．ここで B_1 は穴から出てくる気体は通すが空気は通さない膜，B_2 は空気は通すが気体は通さない膜であり，Z_1, Z_2 は開け閉めのできるバルブである．

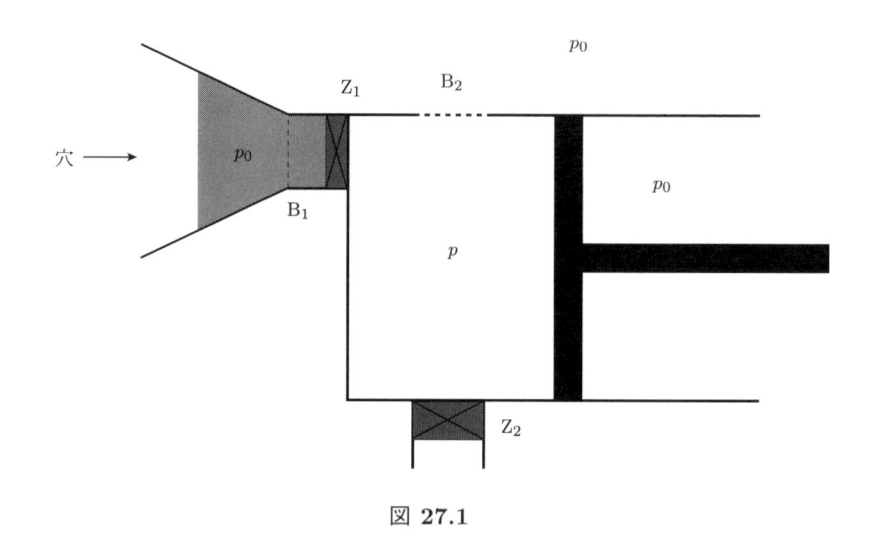

図 27.1

まず，ピストンを固定しそのときのシリンダーの体積を V_0 とする．バルブ Z_1 を開き Z_2 は閉じる．シリンダーには大気と穴からの気体が流れ込み，圧力は等しいのでそれぞれ p_0 とすれば，ダルトンの法則でシリンダー内の全圧力は分圧の和 $2p_0$ になる．

次に Z_1 を閉じてからピストンを自由にすると，外気の圧力は p_0 なのでシリンダー内の気体は膨張し，ピストンを押して仕事をする．B_2 によって空気は自由に出入りできるので，空気の分圧はこの過程の間 p_0 に保たれ，穴からの気体が外気との圧力差をつくり出している．この過程では全体の温度は一定に保たれると考えてよいので，シリンダーの体積を V とすれば，穴からの気体の分圧は $p = p_0 V_0 / V$ と減少する．

V がある値 V_f に達したところで Z_2 を開く．穴からの気体は出ていきシリン

ダーの内も外も同じ圧力 p_0 の空気になるのでシリンダーを元に戻すのに仕事はいらない．ここまでを 1 サイクルとして繰り返せば理想的なエンジンができる．

このエンジンの，パワー (仕事率) = 仕事/時間，を考えてみよう．1 サイクルにエンジンがする仕事は

$$\begin{aligned} W &= \int_{V_0}^{V_f} p\, dV \\ &= \int_{V_0}^{V_f} \frac{p_0 V_0}{V} dV \\ &= p_0 V_0 \log \frac{V_f}{V_0} \end{aligned}$$

である．シリンダーの断面積を n 倍するとしよう．ピストンを前と同じ距離動かすとするとそれにかかる時間は変わらず，また V_f/V_0 も同じである．しかし V_0 は n 倍になるので，仕事も仕事率も n 倍になる．よって実際はともかく理論上は上限はない．

大気と穴からゆっくり出る気体に圧力差がないのになぜ仕事が取り出せるのかというと，気体それぞれに圧力差はなくても 2 つの気体の混合によって外気との圧力差ができたからである．

熱機関によって熱エネルギーから仕事を取り出す場合は，必ず高温熱源と低温熱源 (冷却器) が必要で冷却器で熱を棄てなくてはならない．それは熱は高温物体から低温物体に流れるという不可逆性の現れである．これを分子の乱雑な運動で考えれば，温度が高い方が分子運動のエネルギーが大きいので，高温から低温にエネルギーが移るのは，分子運動が平均化する方向に向かい，自然にその逆に向かうことはないということでもある．

この問題の場合には，高温熱源と低温熱源はないが，異なる気体が拡散して混合するという過程があり，この現象に不可逆性が現れている．

28

気体分子流出の反動で動く容器の速度

ヴァルナ，ブルガリア

1981

1 問　　題

　質量 M の円筒型の容器が真空中に静止している．容器の一端は閉じており，中央に質量 m の薄板のピストンが固定されている．閉じられた部分に単原子理想気体 n モルが入れてあり，温度は T である．
　ピストンを放すと，ピストンは摩擦なしに動いて容器から出てゆき，続いて気体も出てゆく．その反動で容器は最終的にどれだけの速度を得るか．
　気体定数を R とし，気体分子の 1 モルあたりの質量を M_0 とする．ピストンが容器を離れるときの気体の運動量は無視できる．また容器とピストンの間に熱のやりとりはなく，気体が容器をでてゆくときの温度変化は無視できる．地球の重力は計算に入れない．

2 解　　答

　最終的に容器が得る速度は，ピストンが離れるときに得る速度 V_1 と気体が出ることによる速度 V_2 の和である．
　まず，V_1 を求める．ピストンが容器を離れるときの速度を u とすれば，運動量とエネルギーの保存則より

$$(M + nM_0)V_1 - mu = 0$$

28 気体分子流出の反動で動く容器の速度

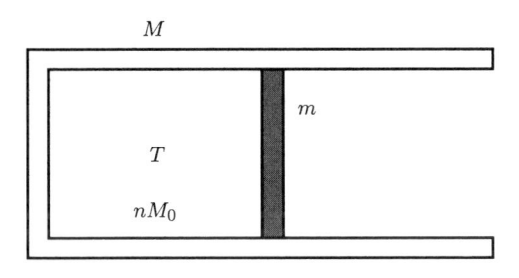

[図: 容器 M, 気体 T, nM_0, ピストン m]

図 **28.1**

$$\frac{1}{2}(M+nM_0)V_1^2 + \frac{1}{2}mu^2 = \Delta U \tag{2.1}$$

が成り立つ．ここで気体の膨張による内部エネルギーの減少を ΔU とした．この第 1 式から u を求め，第 2 式に代入すると

$$\frac{1}{2}(M+nM_0)\left(1 + \frac{M+nM_0}{m}\right)V_1^2 = \Delta U$$

となり

$$V_1 = \sqrt{\frac{2m\Delta U}{(M+nM_0)(M+nM_0+m)}}. \tag{2.2}$$

ΔU は，ピストンが離れるときの気体の温度を T_f とすれば

$$\Delta U = \frac{3}{2}nR(T-T_\mathrm{f}) \tag{2.3}$$

と書ける．T_f を求めるには，断熱膨張の式 $p\mathcal{V}^\gamma = \mathrm{const.}$ を気体の状態方程式 $p\mathcal{V} = nRT$ を用いて書きかえた

$$T\mathcal{V}^{\gamma-1} = \mathrm{const.}, \quad \text{すなわち} \quad T\mathcal{V}^{\gamma-1} = T_\mathrm{f}\mathcal{V}_\mathrm{f}^{\gamma-1}$$

を用いる．$\mathcal{V}$ は気体の体積である．すなわち

$$\frac{T_\mathrm{f}}{T} = \left(\frac{\mathcal{V}}{\mathcal{V}_\mathrm{f}}\right)^{\gamma-1}. \tag{2.4}$$

いま $\mathcal{V}_\mathrm{f}/\mathcal{V} = 2$ であり，単原子分子の気体では

$$\gamma = \frac{c_p}{c_v} = \frac{5R/2}{3R/2} = \frac{5}{3}$$

だから

$$T_{\mathrm{f}} = 2^{-2/3} T. \tag{2.5}$$

これを (2.3) に用いて，(2.2) に代入すれば

$$V_1 = \sqrt{3(1 - 2^{-2/3}) \frac{mnRT}{(M + nM_0)(M + nM_0 + m)}}. \tag{2.6}$$

次に，ピストンが離れた後，気体が流出することの反動で容器が得る速度 V_2 を求めよう．これは気体分子が容器の底に衝突することによる．

容器が x 軸の正の方向に速度 $V > 0$ で動いているとき，容器の底に速度 $v_x > 0$ で分子が衝突して速度 v'_x で跳ね返り，容器の速度が ΔV だけ増えたとしよう．分子の質量を m_{G} とすれば，運動量の保存則 $m_{\mathrm{G}} v_x + MV = m_{\mathrm{G}} v'_x + M(V + \Delta V)$ から

$$M \Delta V = m_{\mathrm{G}} (v_x - v'_x). \tag{2.7}$$

エネルギーの保存則 $\frac{1}{2} m_{\mathrm{G}} v_x^2 + \frac{1}{2} MV^2 = \frac{1}{2} m_{\mathrm{G}} {v'_x}^2 + \frac{1}{2} M(V + \Delta V)^2$ から

$$m_{\mathrm{G}} (v_x + v'_x)(v_x - v'_x) = M(2V + \Delta V) \Delta V$$

を出して (2.7) を用いると

$$v_x + v'_x = 2V + \Delta V$$

が得られる．再び (2.7) を用いて v'_x を消去すれば

$$\Delta V = \frac{2 m_{\mathrm{G}}}{M + m_{\mathrm{G}}} (v_x - V)$$

となる．しかし，容器の速度 V は分子の速度 v_x に比べて小さく，分子の質量 m_{G} は容器の質量 M に比べて小さいから，それぞれ省略して

$$\Delta V = \frac{2 m_{\mathrm{G}}}{M} v_x \tag{2.8}$$

としよう．このとき (2.7) から $v'_x \sim -v_x$ となるが，これは気体分子が容器から

流出しても温度が変わらないことと両立する.

容器内の分子がすべて流出したとき容器の得る速度 V_2 は, (2.8) を容器内の $v_x > 0$ の分子すべてにわたって総和すれば得られる:

$$V_2 = \frac{2m_\mathrm{G}}{M} \sum_{v_x > 0 \text{ のすべての分子}} v_x. \tag{2.9}$$

ここで, $v_x > 0$ であるすべての分子にわたる v_x の平均を $\langle v_x \rangle_+$ とすればアヴォガドロ数を N_A として

$$\sum_{v_x > 0 \text{ のすべての分子}} v_x = \frac{nN_\mathrm{A}}{2} \langle v_x \rangle_+$$

であるが, ここでは $\langle v_x \rangle$ を, すべての分子にわたる v_x^2 の平均 $\langle v_x^2 \rangle$ の平方根で近似的におきかえよう (後の [§3 参考] を見よ):

$$\langle v_x \rangle_+ \sim \sqrt{\langle v_x^2 \rangle}.$$

そうすると

$$\langle v_x^2 \rangle = \langle v_y^2 \rangle = \langle v_z^2 \rangle = \frac{1}{3} \langle v^2 \rangle$$

となり, 気体分子運動論でよく知られた関係

$$\frac{1}{3} m_\mathrm{G} \langle v^2 \rangle = \frac{RT}{N_\mathrm{A}}$$

が使える. こうして

$$\sum_{v_x > 0 \text{ のすべての分子}} v_x \sim \frac{nN_\mathrm{A}}{2} \sqrt{\frac{RT_\mathrm{f}}{N_\mathrm{A} m_\mathrm{G}}}$$

と書ける. これを (2.9) に用いて

$$V_2 = \frac{nN_\mathrm{A} m_\mathrm{G}}{M} \sqrt{\frac{RT_\mathrm{f}}{N_\mathrm{A} m_\mathrm{G}}}$$

を得る. $N_\mathrm{A} m_\mathrm{G} = M_0$ であるから (2.5) も考慮して

$$V_2 = 2^{-1/3} \frac{n\sqrt{M_0 RT}}{M} \tag{2.10}$$

となる.

容器の最終的な速さは，(2.6) を考慮して

$$V_1 + V_2 = \sqrt{3(1-2^{-2/3})\frac{mnRT}{M(M+m)}} + 2^{-1/3}\frac{n\sqrt{M_0RT}}{M}. \qquad (2.11)$$

3 参　　　考

3.1 分子の速さの平均

温度 T の気体の分子は，いろいろの速度のものがあるが，総数 N のうちで速度の x 成分が v_x と $v_x + dv_x$ の間にある数は

$$N\sqrt{\frac{m}{2\pi k_B T}}e^{-mv_x^2/(2k_B T)}dv_x \qquad (3.1)$$

であることが知られている[1]．

したがって，$v_x > 0$ の分子たちについて v_x の平均値は

$$\langle v_x \rangle_{v_x > 0 \text{ の分子すべて}} = \frac{1}{N/2} \cdot N\sqrt{\frac{m}{2\pi k_B T}} \int_0^\infty v_x e^{-mv_x^2/(2k_B T)} dv_x \qquad (3.2)$$

となる．積分をするには

$$\frac{mv_x^2}{2k_B T} = t$$

とおけば

$$\frac{m}{k_B T}v_x dv_x = dt$$

となるから

$$\langle v_x \rangle_{v_x > 0 \text{ の分子すべて}} = 2\sqrt{\frac{k_B T}{2\pi m}} \int_0^\infty e^{-t} dt = 2\sqrt{\frac{k_B T}{2\pi m}} \qquad (3.3)$$

となる．v_x^2 の平均値は

$$\langle v_x^2 \rangle = \frac{1}{N/2} N\sqrt{\frac{m}{2\pi k_B T}} \int_0^\infty v_x^2 e^{-mv_x^2/(2k_B T)} dv_x$$

---

[1] 参照：江沢 洋『現代物理学』，朝倉書店 (1996), pp.157-158.

である．この積分の結果 (参考 §3.2)

$$\langle v_x^2 \rangle = \frac{k_\mathrm{B} T}{m} \tag{3.4}$$

が得られる．

よって

$$\langle v_x \rangle_{v_x > 0 \text{ の分子すべて}} = \frac{2}{\sqrt{2\pi}} \sqrt{\langle v_x^2 \rangle} \tag{3.5}$$

となる．2 つは，$2/\sqrt{2\pi} = 0.798$ 倍だけ違うのである．

3.2　ガウス積分

$$I(\alpha) = \int_{-\infty}^{\infty} e^{-\alpha x^2} \, dx \tag{3.6}$$

をガウス積分という．$I(\alpha)$ を 2 乗すれば

$$I^2(\alpha) = \int_{-\infty}^{\infty} \int_{-\infty}^{\infty} e^{-\alpha(x^2+y^2)} \, dxdy \tag{3.7}$$

となる．これは (x,y) を平面上の直角座標とみて，平面上全体の積分とみることができるので，そこに極座標 (r,θ) を導入して極座標を用いた積分に直すことができる．

$x^2 + y^2 = r^2$ として，図 28.2 のように面積要素 $dxdy$ の代わりに $r\,dr\,d\theta$ を用いて積分すれば

$$I^2(\alpha) = \int_0^{\infty} r\,dr \int_0^{2\pi} d\theta\, e^{-\alpha r^2} = \pi \int_0^{\infty} e^{-\alpha \xi} \, d\xi = \frac{\pi}{\alpha} \tag{3.8}$$

これから

$$I(\alpha) = \int_{-\infty}^{\infty} e^{-\alpha x^2} \, dx = \sqrt{\frac{\pi}{\alpha}} \tag{3.9}$$

を得る．

図 28.2

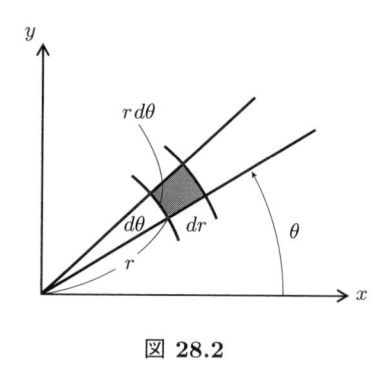

$$x^2 e^{-\alpha x^2} = -\frac{d}{d\alpha} e^{-\alpha x^2}$$

であるから

$$\int_{-\infty}^{\infty} x^2 e^{-\alpha x^2} dx = \int_{-\infty}^{\infty} -\frac{d}{d\alpha} e^{-\alpha x^2} dx$$

となるが，微分と積分の順序を変えれば

$$\int_{-\infty}^{\infty} x^2 e^{-\alpha x^2} dx = -\frac{d}{d\alpha} \int_{-\infty}^{\infty} e^{-\alpha x^2} dx = -\frac{d}{d\alpha} \sqrt{\frac{\pi}{\alpha}} = \frac{\sqrt{\pi}}{2\alpha^{3/2}} \qquad (3.10)$$

となる．これを用いれば (3.4) が得られる．

29

上昇する湿った空気

イエナ，ドイツ

1987

1 問　　題

　図 29.1 の示すように湿った空気が山岳地帯を越えて流れていく．現象は断熱的，すなわちまわりとの熱のやりとりなしに起こるとしよう．M_0 と M_3 にある気象観測所では気圧はどちらも $P_0 = P_3 = 100\,\text{kPa}$ が観測され，M_2 の観測所では $P_2 = 70\,\text{kPa}$ であった．また M_0 における気温は $T_0 = 20°\text{C}$ だった．

　湿った空気が上昇していくと $P_1 = 84.5\,\text{kPa}$ の地点 M_1 で雲が形成される．

　$1\,\text{m}^2$ あたり $2000\,\text{kg}$ の質量の空気が山を登っていくとしよう．湿った空気は

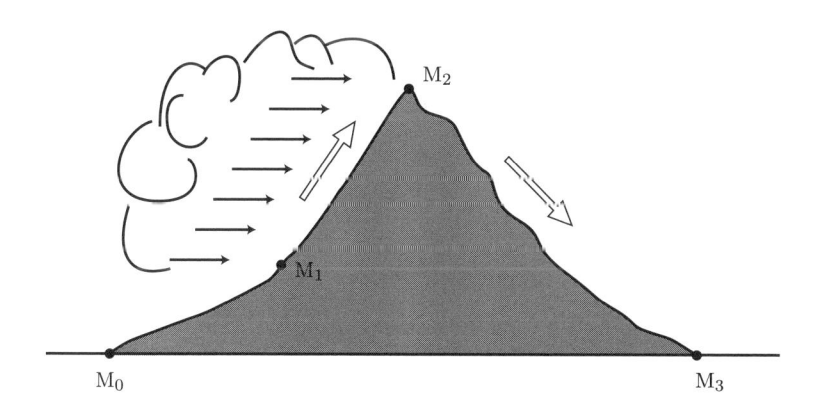

図 29.1

M_2 のある尾根まで 1500 s かかって到達する．この間に空気 1 kg あたり 2.45 g の水が凝結して雨になる．

1.1 雲が形成され始める M_1 の場所の温度 T_1 を求めよ

1.2 大気の密度が高さに比例して減っていくとして M_0 からの M_1 の高さを求めよ

1.3 山の尾根で観測される温度 T_2 を求めよ

1.4 M_1 と M_2 の間で雨は一様に降るとして，3 時間の降水量を求めよ

1.5 M_3 で観測される温度 T_3 はどうなるか．M_0 と M_3 における大気の状態を比較して論じよ

ヒントとデータ

大気は理想気体として扱う．水蒸気が比熱や大気の密度に与える影響は無視する．同様に蒸発熱の温度依存性も無視する．温度は 1 K，雲の高さは 10 m，降水量は 1 mm までの精度で求めること．この問題の温度範囲では大気の比熱は $c_p = 1005$ J/kg K であり，M_0 における大気の密度は $\rho_0 = 1.189$ kg/m³，また雲の中での水の蒸発熱は $L_v = 2500$ kJ/kg，定圧比熱と定積比熱の比は $\frac{c_p}{c_v} = \gamma = 1.4$，重力加速度は $g = 9.81$ m/s² とする．

2 解　答

2.1　M_1 における温度 T_1

理想気体の断熱変化での圧力と温度の関係は，断熱変化の式 $PV^\gamma =$ const. (問題 26 の議論参照) に理想気体の状態方程式 $PV = nRT$ を用いて

$$T_1 = T_0 \left(\frac{P_1}{P_0}\right)^{1-\frac{1}{\gamma}} \qquad (2.1)$$

となる．γ は考える気体の (定圧比熱)/(定積比熱) であり，空気の場合は 2 原子分子だからモルあたり定積比熱 $\frac{5}{2}R$，定圧比熱 $\frac{7}{2}R$ なので $\gamma = \frac{7}{5}$ である．ここに与えられた数値を代入して

$$T_1 = 293 \times \left(\frac{84.5}{100}\right)^{1-\frac{1}{1.4}}$$

から，$T_1 = 279\,\mathrm{K}$ が得られる．

2.2　$\mathrm{M_1}$ の高さ

　大気の密度 ρ が高さ h に比例して減るとすれば，$\mathrm{M_0}$ の高さを 0 として，$\mathrm{M_1}$ の高さを h_1，それぞれの大気の密度を ρ_0, ρ_1 とすれば

$$\rho = \rho_0 - \frac{\rho_0 - \rho_1}{h_1}h \tag{2.2}$$

と表される．重力加速度 g はほとんど変化しないとすれば，P_0 と P_1 の差は単位面積あたりのこの間にある大気の重さだから，

$$P_0 - P_1 = \int_0^{h_1} \rho g\, dh \tag{2.3}$$

であり，積分すると

$$P_0 - P_1 = \rho_0 h_1 - \frac{\rho_0 - \rho_1}{h_1}\frac{1}{2}h_1^2 = \frac{\rho_0 + \rho_1}{2}gh_1 \tag{2.4}$$

となる．ここで理想気体の状態方程式を用いると，

$$\frac{\rho_1}{\rho_0} = \frac{\dfrac{P_1}{T_1}}{\dfrac{P_0}{T_0}}$$

が成り立つ．よって

$$P_0 - P_1 = \frac{\rho_0}{2}\left(\frac{P_0 T_1 + P_1 T_0}{P_0 T_1}\right)gh_1 \tag{2.5}$$

これに問題によって与えられた数値を代入し，$h_1 = 1410\,\mathrm{m}$ を得る．

2.3 尾根での温度 T_2

M_0 から M_2 へ大気が上昇するとき，その温度変化は2つの原因によって生じるだろう．1つは断熱膨張によって生じ，これによって温度は T' まで下がる．(2.1) より

$$T' = T_0 \left(\frac{P_2}{P_0}\right)^{1-\frac{1}{\gamma}}$$

数値を代入すると $T' = 265\,\mathrm{K}$ が得られる．もう1つの変化は水蒸気の凝結による．蒸発熱が放出されることにより温度が ΔT 上がるとする．凝結する水の量は空気 1kg あたり 2.45 g なので，生じた熱エネルギーは

$$2.45 \times 10^{-3}\mathrm{kg}\, L_v = 6.125\,\mathrm{kJ}$$

であり，これによって生じる温度上昇は

$$\Delta T = \frac{6.125\,\mathrm{kJ/kg}}{c_p} = 6.1\,\mathrm{K}. \tag{2.6}$$

両方合わせると尾根での温度は，$T_2 = 271\,\mathrm{K}$ となる．

2.4 降水量

大気は M_1 から M_2 まで 1500 秒で移動し，その間 1 kg あたり 2.45 g の水が凝結して雨になる．したがって，いま $1\,\mathrm{m}^2$ の上に 2000 kg の大気が常にあるとすれば，それが3時間に降らす雨の量は

$$2.45 \times 10^{-3} \times 2000\,\mathrm{kg} \times \frac{3600\,\mathrm{s} \times 3}{1500\,\mathrm{s}} = 35.3\,\mathrm{kg} \tag{2.7}$$

これは体積にすると $3.5 \times 10^{-2}\,\mathrm{m}^3$ にあたる．よって面積 $1\,\mathrm{m}^2$ の上に水の柱を考えると高さは 35 mm になる．つまり3時間の降水量は 35 mm．

2.5 M_3 の温度 T_3

M_2 から M_3 まで下ることにより，断熱圧縮で温度は上昇する．上昇のときと逆の過程をたどれば温度は元に戻るはずだがそうならないのは，登る途中で凝結

した水蒸気が,雨として降ってしまったため蒸発熱を吸収する逆の過程が起こらないためである.そのため T_3 は T_0 より高くなりより乾いた暑い風が吹く.気象でフェーン現象と呼ばれるものがこれである.断熱過程だけ計算すると

$$T_3 = 271 \left(\frac{100}{70}\right)^{1-\frac{1}{1.4}} = 300\,\text{K} \tag{2.8}$$

となる.

30

2 種類の液体

ワルシャワ，ポーランド

1989

1　問　題

互いに溶け合うことがない 2 種類の液体 A と B を考える．それぞれの飽和蒸気圧 $p_i (i = A, B)$ は良い近似で次の式で表される．

$$\ln\left(\frac{p_i}{p_0}\right) = \frac{\alpha_i}{T} + \beta_i; \quad i = \text{A or B}. \tag{1.1}$$

ここで p_0 は通常の状態での大気圧，T は蒸気の絶対温度，α_i と β_i はそれぞれの液体によって異なる定数である．40°C と 90°C における p_i/p_0 の値は表 30.1 に与えられている．

表 **30.1**

t°C	$i = $ A	$i = $ B
40	0.284	0.07278
90	1.476	0.6918

1.1　圧力 p_0 の下での液体 A, B の沸点を求めよ

1.2　次に述べる温度と質量を求めよ

液体 A, B を容器に入れたところ図 30.1 のような層になった．

30 2種類の液体

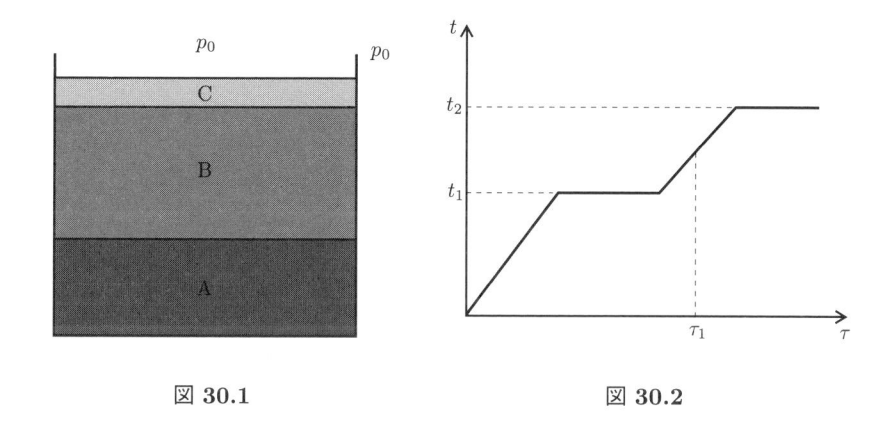

図 30.1

図 30.2

　Bの表面は，AにもBにも溶解することのない不揮発性の液体Cの薄い層で蔽ってある．つまり，Bの上面からの自由な蒸発は妨げられてできないようになっている．AとBの分子量の比を

$$\gamma = \frac{\mu_A}{\mu_B} = 8$$

とする．

　液体AとBの質量は，はじめの状態でどちらも $m = 100\,\text{g}$ で等しく，容器内の各層の厚さや密度は十分小さいので，容器内のどの場所の圧力も外の大気の圧力 p_0 と等しいとしてよい．

　容器内の液体たちはゆっくりと一様に加熱され温度が上がる．時間 τ に対して温度 t がどのように変わったかが図 30.2 に示してある．

　グラフの水平な部分にあたる温度 t_1 と t_2 を決定せよ．また時刻 τ_1 における液体AとBの質量を求めよ．温度は 1°C まで，質量は 0.1 g まで求めること．

注　意

気体の蒸気についてはよい近似で

1. 混合気体の圧力は，各成分気体の圧力の和になるというドルトンの法則に従い，
2. 飽和蒸気圧に対応する圧力まで理想気体として扱ってよい．

2 解 答

2.1 圧力 p_0 の下での液体 A, B の沸点

沸騰は次のようにして起こる．まず何らかの原因によって液体の中に泡ができる．もし，このとき液体である物質の飽和蒸気圧がまわりの液体の圧力より大きければ，泡はつぶされずに大きくなり上昇して出ていく．もし，まわりの圧力より小さければ，泡は潰れてしまう．したがって沸点とは，その温度での飽和蒸気圧が外側の圧力に等しくなるところである．このとき $p_i = p_0$ となるので $\ln \frac{p_i}{p_0} = 0$．よってそれぞれの沸点は

$$t_i = -\frac{\alpha_i}{\beta_i}; \quad i = \text{A or B} \tag{2.1}$$

となる．α_A, β_A などを求めるには (1.1) に表 30.1 の 2 つの値を代入して連立方程式を解けばよい．まず A について数値を代入すると

$$\ln 0.284 = \frac{\alpha_A}{273.15 + 40} + \beta_A \tag{2.2}$$

$$\ln 1.476 = \frac{\alpha_A}{273.15 + 90} + \beta_A \tag{2.3}$$

ここから β を消去すると

$$\alpha_A = \frac{\ln \frac{0.284}{1.476}}{\frac{1}{313.15} - \frac{1}{363.15}} = -3750 \text{K}$$

これを代入して計算すると $\beta_A = 10.711$ が得られ，(2.1) から

$$t_A = 350\text{K} = 77°\text{C}. \tag{2.4}$$

同様にして

$$\alpha_B = -5121\text{K}$$

$$\beta_B = 13.735$$

$$t_B = 373\text{K} = 100°\text{C} \tag{2.5}$$

2.2 温度と質量

液体上面から少しずつ蒸発することは，C 層に妨げられてできないので，温度を上げることにより中から沸騰して泡が出ていくことだけが起こる．内部の温度は一様に上がっていくので，図 30.2 のグラフを見ると，t_1 で A が，t_2 で B が沸騰したように見えるかもしれない．しかしここでドルトンの混合気体の圧力の法則を考えると，もし泡が A と B の境界面でできたとすれば，その内部には両方の液体からの蒸発が起こり，両方の分圧の和である内部の全圧力は大きくなり，それが p_0 より大きくなれば，それぞれの沸点より低い温度で沸騰が起こる．この温度が図 30.2 の t_1 だとすると (1.1) を変形して

$$\frac{p_A}{p_0} = e^{\frac{\alpha_A}{t_1}+\beta_A}$$

$$\frac{p_B}{p_0} = e^{\frac{\alpha_B}{t_1}+\beta_B}$$

となるので

$$e^{\frac{\alpha_A}{t_1}+\beta_A} + e^{\frac{\alpha_B}{t_1}+\beta_B} = 1 \tag{2.6}$$

となれば沸騰が起こることになる．左辺の第 1 項と第 2 項を見ると，どちらも温度に関して単調増加である．表 30.1 から左辺の和は 40°C では 0.35678 であり，90°C では 2.1678 であるので，問題の温度はこの間にある．ここでは 1° の精度で求めればよいので，実際にいくつかの温度で計算すると，表 30.2 のようになる．

表 **30.2**

t °C	60	65	66	67
t K	333.15	338.15	339.15	340.15
$e^{\frac{\alpha_A}{t}+\beta_A}$	0.58217	0.68777	0.71166	0.73408
$e^{\frac{\alpha_B}{t}+\beta_B}$	0.19432	0.24424	0.25505	0.26663
$e^{\frac{\alpha_A}{t}+\beta_A} + e^{\frac{\alpha_B}{t}+\beta_B}$	0.77649	0.93201	0.96671	1.00071

したがって，$t_1 = 67$°C である．

次になぜ第 2 の t_2 が現れたかを考えよう．第 1 の水平部分が終わって再び温

度が上昇するのは，境界面の沸騰が終了したこと，すなわちどちらかの成分がすべて沸騰で蒸発してしまったことを意味する．t_1 での沸騰のとき，1 つの泡の内部を考えれば，その中にある A, B の質量 m_A, m_B の比は

$$\frac{m_A}{m_B} = \frac{\dfrac{\mu_A p_A V}{RT}}{\dfrac{\mu_B p_B V}{RT}} = \frac{p_A}{p_B}\gamma \tag{2.7}$$

となるが，表 30.2 と与えられている値から

$$p_A = 0.734 p_0$$
$$p_B = 0.267 p_0$$
$$\gamma = 8$$

であり，これから

$$\frac{m_A}{m_B} = 22.0 \tag{2.8}$$

であり，境界での沸騰では A の方が 22 倍の量蒸発するので，100 g の A がすべて沸騰で失われても，B の方は $\frac{100}{22} = 4.5$ g しか減っていない．よって t_1 の水平部分が終了すると，B の 95.5 g が残り，再び温度は上昇する．そして温度が 100°C に達すると，B が沸騰を始める．したがって $t_2 = 100°C$ である．

31

日なたの人工衛星

ヘルシンキ，フィンランド

1992

1 問　　題

　この問題では人工衛星の温度を計算する．衛星は直径 1 m の球で，全体が一様な温度になっている．球の表面は同一の素材でコーティングされている．衛星は地球の近くにあるが，地球の影には入っていない．

　太陽表面の温度は $T_S = 6000$ K であり，太陽の半径は 6.96×10^8 m, 太陽と地球の間の距離は 1.5×10^{11} m である．太陽の温度は，太陽が黒体であると仮定して，黒体の温度が 6000 K のとき出す放射と太陽の放射がほとんど同じであることから決めたものである．黒体とは入ってきたすべての放射を吸収する物体である．

　太陽光は衛星を衛星からの放射量と太陽からの放射の吸収量が単位時間当りに等しくなる温度まで温める．黒体の単位面積から放射されるパワーはシュテファン-ボルツマンの法則，$P = \sigma T^4$ によって与えられる．ここで σ は普遍定数で，5.67×10^{-8} W·m^{-2}K^{-4} である．第一近似では，太陽，衛星とも入射するすべての電磁放射を吸収する，つまり黒体と考えることができる．

1.1 太陽も衛星も黒体として熱の吸収と放射の平衡から衛星の温度 T を求めよ

1.2 カットオフ振動数より上の振動数を反射するコーティングを使用した場合の温度

温度 T の物体の黒体放射のスペクトル $u(T,\nu)$ はプランクの放射法則,

$$u(T,\nu)\,d\nu = \frac{8\pi k^4 T^4}{c^3 h^3}\frac{\eta^3 d\eta}{e^\eta - 1} \tag{1.1}$$

に従う．ここで，$\eta = \dfrac{h\nu}{kT}$ で，$u(T,\nu)\,d\nu$ は振動数 ν が区間 $[\nu, \nu + d\nu]$ にある電磁放射のエネルギー密度である．ここで，$h = 6.6 \times 10^{-34}\,\mathrm{J\cdot s}$ はプランク定数，$k = 1.4 \times 10^{-23}\,\mathrm{J\cdot K^{-1}}$ はボルツマン定数，$c = 3.0 \times 10^8\,\mathrm{m\cdot s^{-1}}$ は光速度である．

黒体のスペクトルをすべての振動数 ν と放射のすべての方向について積分すると，単位面積あたりの全放射パワーが，上のシュテファン-ボルツマンの法則のかたち $P = \sigma T^4$ で得られる．ここで，

$$\sigma = \frac{2\pi^5 k^4}{15 c^2 h^3}. \tag{1.2}$$

図 31.1 は規格化されたスペクトル，

$$\frac{c^3 h^3}{8\pi k^4 T^4} u(T,\nu)\frac{d\nu}{d\eta} \tag{1.3}$$

を η の関数として示している．

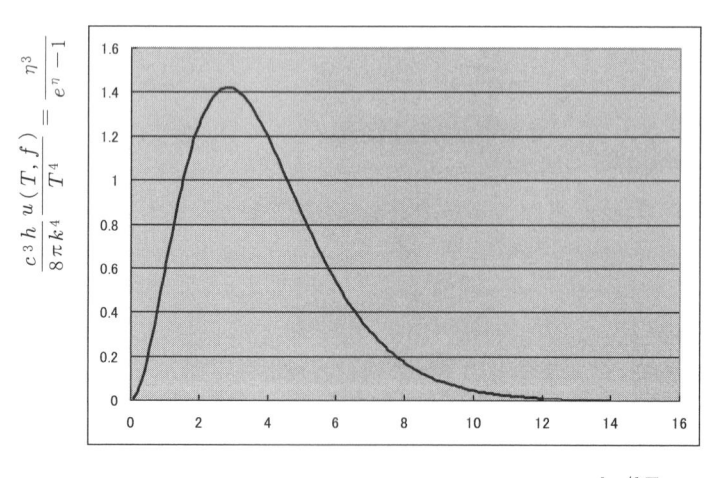

図 **31.1**

多くの応用では衛星をできるだけ冷たく保つことが必要で，技術者はカットオフ振動数より上の光を反射するが，しかしそれより低い振動数の熱放射は透過させるコーティングを用いる．

(編注：この問題ではコーティング自身は吸収・放射せず，電磁波を反射または透過させる役割のみをもつと仮定されていると考えられる．以下ではその仮定の下に考察する．)

この (するどい) カットオフ振動数が，$\frac{h\nu}{k} = 1200\,\mathrm{K}$ に対応するものとする．衛星の新しい平衡温度はいくらか．精密な答えは必要ない．したがって冗長な積分は行わず，必要であれば近似をすること．全範囲にわたる積分は，

$$\int_0^\infty \frac{\eta^3 d\eta}{e^\eta - 1} = \frac{\pi^4}{15}$$

であり，$\frac{\eta^3}{e^\eta - 1}$ は $\eta = 2.82$ で最大となる．η が小さいときは指数関数を $e^\eta = 1 + \eta$ と展開できる．

1.3 内部熱源がある場合の温度

発電のための太陽電池パネルをもつ実際の衛星がある．衛星内部の電子機器から発生する熱は，特別な熱源としてはたらく．内部の熱源が $1\,\mathrm{kW}$ であるとしよう．衛星の平衡温度はいくらになるか．

1.4 低温を保てるペンキ？

ある製造業者が特殊なペンキを次のように広告した．

「このペンキは入射するすべての振動数 (可視光と赤外線の両方) で放射の 90% 以上を反射するが，すべての振動数 (可視光と赤外線) で黒体として放射するので，衛星からたくさんの熱を取り除く．このペンキは衛星を低温に保つのに役立つ．」

このようなペンキはありうるか．なぜありうるか，あるいはなぜありえないか．

1.5 ここで考えた衛星と同様な球体の温度を (1.1) で計算した温度より上げるにはコーティングはどんな性質をもたなければならないか

2 解 答

2.1 衛星の温度 T

太陽の全表面から単位時間に放射されるエネルギーは，太陽の半径を a_S，表面温度を T_S とすれば $4\pi a_S^2 \cdot \sigma T_S^4$ である．これが地球までの距離 R を半径とする球面を通過するので，地球付近での強度は

$$\frac{4\pi a_S^2 \cdot \sigma T_S^4}{4\pi R^2} = \frac{a_S^2}{R^2} \cdot \sigma T_S^4$$

となる．衛星 (半径 a) の断面は円なので，単位時間に吸収するエネルギーは

$$\pi a^2 \frac{a_S^2}{R^2} \cdot \sigma T_S^4$$

となる．一方，衛星から放射されるエネルギーは，衛星の表面温度を T とすれば単位時間あたり

$$4\pi a^2 \cdot \sigma T^4$$

であるから，エネルギーの吸収と放射が釣り合う衛星表面の温度は

$$T = \sqrt{\frac{a_S}{2R}} T_S = 289\,\text{K} = 16°\text{C} \tag{2.1}$$

となる．

2.2 コーティングを使用した場合の温度

衛星は，太陽の黒体放射のうち振動数が $\nu = 0$ から $\nu_{\max} = \dfrac{k}{h} \cdot 1200\,\text{K}$ まで，すなわち $\eta = 0$ から

$$\eta_{\max} = \frac{h\nu_{\max}}{kT_S} = \frac{1200}{6000} = 0.2 \ll 1$$

までの部分のみを吸収する．それは，太陽が放射する全エネルギーのうちの

$$\delta = \int_0^{\eta_{\max}} \frac{\eta^3 d\eta}{e^\eta - 1} \bigg/ \int_0^\infty \frac{\eta^3 d\eta}{e^\eta - 1}$$

倍の部分である．分子の積分では $\eta_{\max} = 0.2 \ll 1$ なので $e^\eta \sim 1 + \eta$ と近似し

$$\int_0^{\eta_{\max}} \frac{\eta^3 d\eta}{e^\eta - 1} \sim \int_0^{\eta_{\max}} \eta^2 d\eta = \frac{1}{3}\eta_{\max}^3$$

としてよい．分母の積分は問題に与えられており $\pi^4/15$ だから

$$\delta = \frac{\eta_{\max}^3/3}{\pi^4/15} = 4.1 \times 10^{-4}$$

となる．

衛星のエネルギーの吸収と放射の釣り合いは (カットオフした分も含めてすべての振動数の光放射をするとすればだが)

$$4\pi a^2 \cdot \sigma T^4 = \delta \cdot \pi a^2 \frac{a_S^2}{R^2} \cdot \sigma T_S^4 \tag{2.2}$$

となり，(2.1) を考慮し

$$T = \delta^{1/4} \cdot 289\,\text{K} = 41\,\text{K}$$

を得る．カットオフは振動数 $h\nu_{\max} = 1200\,\text{K} \cdot k$ でするのだから，$T = 41\,\text{K}$ のとき η でいえば $\eta_{\max} = \dfrac{1200}{41} = 29$ となる．図 31.1 によれば，$\eta > \eta_{\max}$ の熱放射はないから，上の ( ) 内の仮定は許されることになる．

2.3 内部熱源がある場合の温度

太陽の放射から吸収するエネルギーは，(2.2) を見て

$$\delta \cdot \pi a^2 \frac{a_S^2}{R^2} \cdot \sigma T_S^4 = 0.50\,\text{W}$$

であり，衛星内部の発熱 1 kW に比べて小さいから無視し

$$4\pi a^2 \cdot \sigma T^4 = 1\,\text{kW}$$

とすれば

$$T = \left(\frac{1\,\text{kW}}{4\pi a^2 \cdot \sigma}\right)^{1/4} = 274\,\text{K}.$$

しかし，これは正確ではない．カットオフは振動数で $h\nu_{\max} = 1200\,\mathrm{K} \cdot k$ でするのだが 274 K の黒体放射では，η でいって $\eta_{\max} = 1200/274 = 4.4$ のカット・オフ以上の — したがって実際には放射されない (コーティングで反射されて外には放射されない) — 放射エネルギーが，問題に与えられたグラフからおよそ 30 % を占めるからである．$T = 274\,\mathrm{K}$ という上の結果は，すべての振動数にわたって熱放射するとして計算したもので，カットオフがあるときには 1 kW の熱放射をする温度はもっと高くなる．したがって衛星をできるだけ冷たく保つという目的から見ると，カットオフがあることは，太陽に照らされて温度が上がるのを防ぐ効果はあるが，衛星自身の放射を妨げるという逆のはたらきもすることになる．

2.4 低温を保てるペンキ？

あり得ない．もしあったら，永久機関がつくれるからである．たとえば，ファインマンが語っている「歯止めつきの羽根車」の例などがよいだろう[1]．

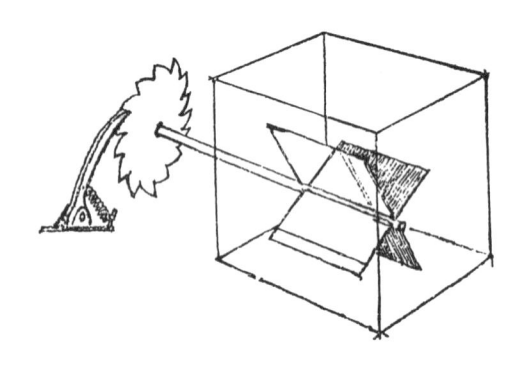

図 31.2 ファインマンの「歯止めつきの羽根車」[2]

図 31.2 のように羽根車に歯車がつないである．羽根車が空気中にあるとまわ

---

[1] P. ファインマン『物理法則はいかにして発見されたか』，江沢 洋訳，岩波現代文庫 (2001), pp.177-181.

[2] この図は脚注 1) の本の p.178 から引用．

りの分子が激しく動いて羽根車はあちらこちらと押される．しかし羽根車には歯止めがついているので，一方向きにしか動けない．それで車は同じ方向に回り続け，空気から限りなくエネルギーが取り出せる永久機関ができそうである．いや，そうはいかない．なぜなら，まわり続けるうちに歯止めは動いては止まるのを繰り返して，熱が発生し熱くなるので，その分子が激しく不規則に動くようになり，羽根車に不規則に空気分子がぶつかるのと同じように不規則に振動して役をしなくなる．両方の温度が等しくなると平均的にはどちら向きにも回転しないことになり，永久機関はできない．

もし問題にいうペンキを歯止めに塗っておいたら，歯止めが熱くなることはなく，空気からとめどなくエネルギーがとりだせることになり，永久機関ができることになってしまう．

2.5 温度をより上げるためのコーティングの性質

コーティングが前の問題と逆に太陽光の主要部分をなす高い振動数に対して透明で，衛星の温度程度の物体からの放射に対応する低い振動数の電磁波は反射して外へ出ないようにすればよい．

3 参 考

3.1 シュテファン-ボルツマンの法則

温度 T の黒体表面の面積 dS から単位時間に放射されるエネルギーが σT^4 と書けるという法則である．

温度 T の黒体輻射のエネルギー密度は，振動数 ν と $\nu + d\nu$ の範囲でいえば，$u_T(\nu)d\nu$ である．ここに，$u_T(\lambda)$ はプランクの輻射公式

$$u_T(\lambda) = \frac{8\pi k^3}{h^2 c^3} T^3 \frac{\eta^3}{e^\eta - 1} \quad \left(\eta = \frac{h\nu}{kT}\right) \tag{3.1}$$

で与えられる．

$u_T(\nu)d\nu$ のうちで図 31.3 の立体角 $d\Omega$ の中へ流れてゆく分の割合は，黒体輻射は等方的だから $d\Omega/(全立体角) = d\Omega/(4\pi)$ であり，時間 dt の間に黒体表面の

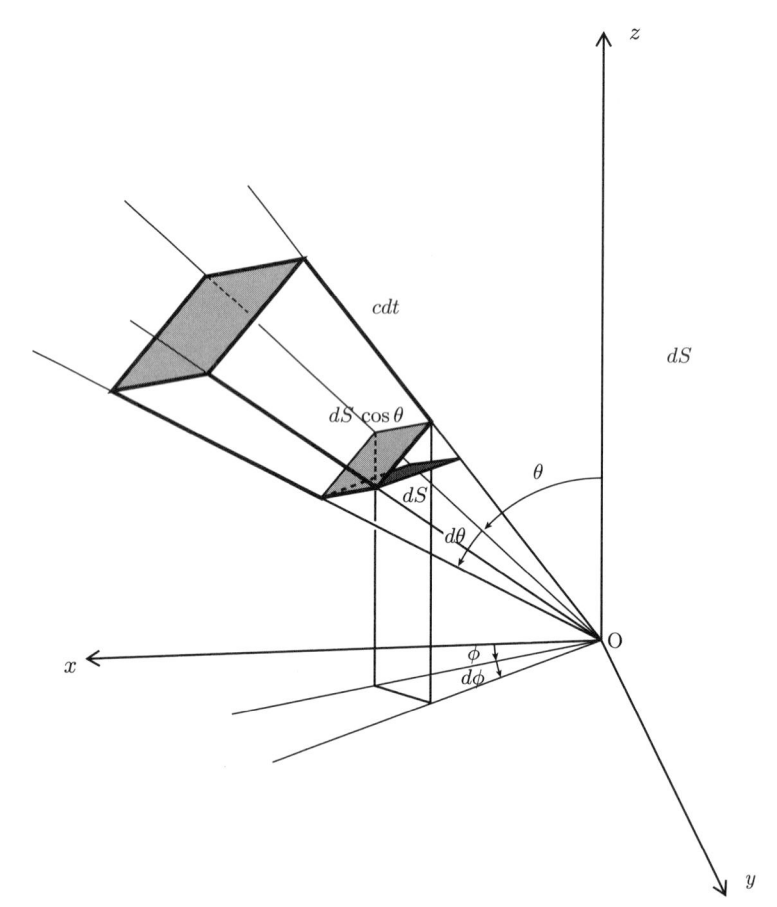

図 31.3 黒体表面の面積 dS から時間 dt の間に立体角 $d\Omega$ 内に放射されるエネルギーは，$dS\cos\theta$ を底とし高さ cdt の筒の中にあるエネルギーである．z 軸は黒体の面 dS に垂直にとってある．

面積 dS から流れ出すエネルギーは，そのうち $dS\cdot\cos\theta$ を底とし高さが cdt の筒の中にあるエネルギーであるから

$$u_T(\nu)d\nu \cdot \frac{d\Omega}{4\pi} \cdot cdtdS \cdot \cos\theta$$

となる．$d\Omega = \sin\theta\, d\theta\, d\phi$ であるから，これは

$$cdt\, dS u_T(\nu) d\nu \frac{\cos\theta \sin\theta\, d\theta\, d\phi}{4\pi}$$

である．dS から輻射が出る半空間で積分すると

$$\frac{1}{4\pi}\int_0^{\pi/2}\cos\theta\sin\theta\, d\theta \int_0^{2\pi} d\phi = \frac{1}{4}$$

であり，振動数で 0 から ∞ まで積分すると $d\nu = (kT/h)d\eta$ だから

$$\frac{kT}{h}\int_0^\infty \frac{\eta^3}{e^\eta - 1} d\eta$$

の計算が必要になるが

$$\frac{1}{e^\eta - 1} = \frac{e^{-\eta}}{1 - e^{-\eta}} = \sum_{n=1}^\infty e^{-n\eta}$$

であり

$$\int_0^\infty \eta^3 e^{-n\eta} d\eta = (-1)^3 \frac{d^3}{dn^3}\int_0^\infty e^{-n\eta} d\eta = -\frac{d^3}{dn^3}\frac{1}{n} = \frac{6}{n^4}$$

$$\sum_{n=1}^\infty \frac{1}{n^4} = \frac{\pi^4}{90}$$

であるから，まとめて，$dt\, dS$ で割り黒体表面からの単位面積・単位時間あたりの放射エネルギーにすれば

$$c\int_0^\infty u_T(\nu) d\nu \cdot \frac{1}{4\pi}\int_0^{\pi/2}\cos\theta \sin\theta d\theta \int_0^{2\pi} d\phi = \frac{2\pi^4}{15}\frac{k^4}{h^3 c^2}T^4. \tag{3.2}$$

これを σT^4 と書いて

$$\sigma = \frac{2\pi^4}{15}\frac{k^4}{h^3 c^2} = 5.670\times 10^{-8}\,\mathrm{J/(s\,m^2 K^4)} \tag{3.3}$$

をシュテファン - ボルツマンの定数と呼ぶのである．

32

表面原子の振動

台北, 台湾

2001, 第 2 回アジアオリンピック

1 問　　題

この問題では，面心立方構造をもった金属結晶の表面の原子の熱振動を考える．

面心立方構造では，図 32.1 のように，立方体の角と立方体の面の中心に 1 つずつの原子がある．図 32.1 に示す x, y, z 軸をとれば立方体の角にある原子の座標は $(a, 0, 0), (0, a, 0), (0, 0, a), \cdots$ のように表される．a を格子定数という．いま，格子定数は 3.92 Å とする．

1.1 電子線回折

結晶は ABCD を含む面が表面になるように切り出し，低エネルギーの電子線回折実験を行う．64.0 eV の運動エネルギーをもつ平行電子線を結晶表面に角度 $\phi_0 = 15.0°$ で入射させる．ϕ_0 は入射電子線と結晶表面の法線がなす角である．AC と面 ABCD の法線を含む面が入射面である．簡単のために，入射する電子は，すべて表面の (一番上の層の) 原子によって散乱されるものとする．

1.1.1 入射電子の物質波の波長 (ド・ブロイ波長) を求めよ

1.1.2 回折角

検出器は入射面内に回折する電子を検出するものとすれば，電子が検出されるのは結晶表面の法線と何度の角をなす方向か？

32 表面原子の振動

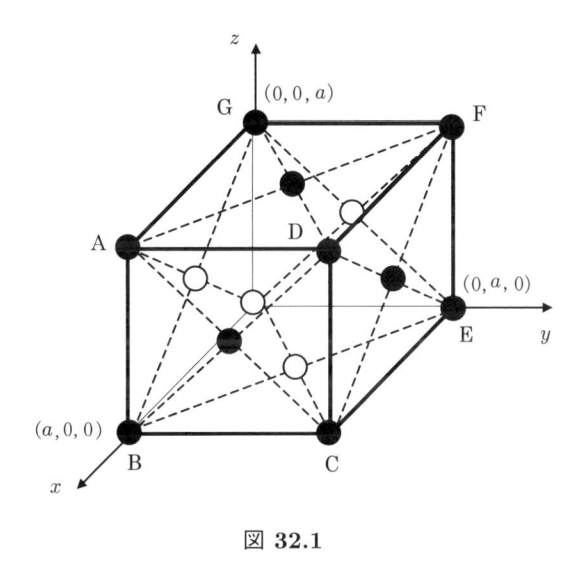

図 32.1

1.2 原子の熱振動

表面原子の熱振動は単純な調和振動とする．その振幅は結晶の温度とともに増す．低エネルギーの電子線回折で原子の熱振動の平均振幅を測定することができる．回折線の強さ I は，単位時間に散乱される電子の数に比例するが，表面原子の変位 $\boldsymbol{u}(t)$ と次の関係にある：

$$I = I_0 \exp\left[-\left\langle \left\{(\boldsymbol{K}' - \boldsymbol{K}) \cdot \boldsymbol{u}\right\}^2 \right\rangle \right] \tag{1.1}$$

ここで I と I_0 は，それぞれ温度 T と絶対 0 度における強度である．$\boldsymbol{K}$ と $\boldsymbol{K}'$ はそれぞれ入射電子と回折電子の波数ベクトルである．$\langle\ \rangle$ は時間平均を示す．波数 K は運動量 p と $K = 2\pi p/h$ の関係にある．h はプランク定数である．

金属結晶の表面原子の熱振動の振幅を測定するために，64.0 eV の運動エネルギーをもつ平行電子線を結晶面に入射角 15° で入射させ，検出器で反射した電子線の強度を測定する．弾性散乱した電子のみが検出される．図 32.2 は温度 T に対して $\ln[I/I_0]$ をプロットしたものである．面に垂直な x 方向の振動のエネルギーは $k_\mathrm{B}T$ で与えられる．k_B はボルツマン定数である．

図 **32.2**

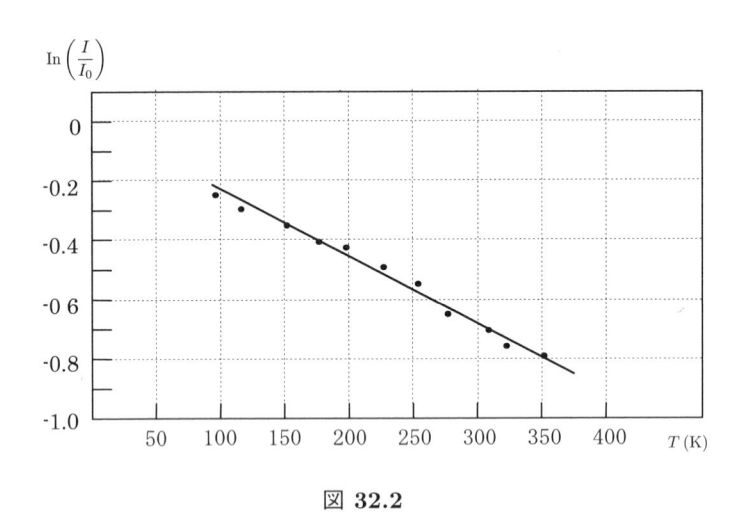

1.2.1 表面原子の，表面の法線方向の振動の振動数を求めよ

1.2.2 300 K における表面原子の法線方向変位の 2 乗平均の平方根 (root-mean-square) $\langle u_x^2 \rangle^{1/2}$ を求めよ

次のデータが与えられている：

金属原子の原子量　$\mathfrak{M} = 195.1$

ボルツマン定数　$k_B = 1.38 \times 10^{-23}$ J/K

電子の質量　$m_e = 9.11 \times 10^{-31}$ kg

電子の電荷　$e = -1.60 \times 10^{-19}$ C

プランク定数　$h = 6.63 \times 10^{-34}$ J·s

2　解　答

2.1　電子線回折

2.1.1　入射電子の物質波の波長

入射電子の波長は

$$\lambda = \frac{h}{p} = \frac{h}{\sqrt{2m_e eV}}$$

$$= \frac{6.63 \times 10^{-34} \text{kg m}^2/\text{s}}{\sqrt{2(9.11 \times 10^{-31}\text{kg})(1.60 \times 10^{-19}\text{C})(64.0\,\text{V})}}$$

$$= 1.535 \times 10^{-10} \text{m}$$

2.1.2 回折角

回折電子が観測されるためには，原子たちから散乱された波が強め合いの干渉をしなければならない．図 32.3 は結晶表面における原子の配列を示す．

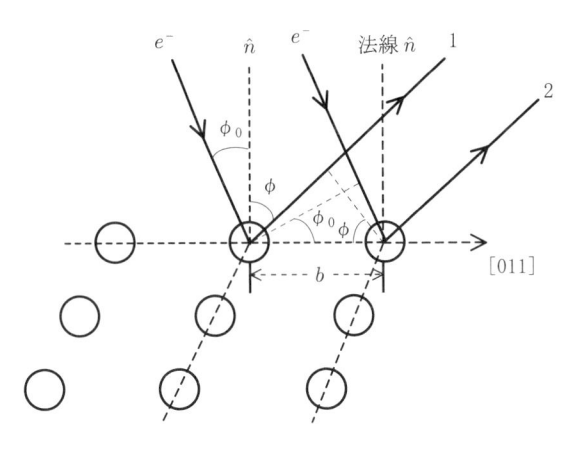

図 32.3

1 と 2 の経路の波が強め合う条件は

$$\Delta l = b(\sin\phi - \sin\phi_0) = n\lambda \quad (n = 0, 1, 2, \cdots)$$

となることである．$\phi_0 = 15.0°$, $\lambda = 1.53 \times 10^{-10}$ m だから

(i) $n = 0$: $\phi = 15.0°$

(ii) $n = 1$: $\Delta l = (2.77 \times 10^{-10} \text{ m})(\sin\phi - \sin 15.0°) = 1.53 \times 10^{-10}$ m から

$$\sin\phi = \frac{1.53 + 2.77\sin 15.0°}{2.77} = 0.812, \quad \text{ゆえに } \phi = 54.3°$$

(iii) $n \geq 2$: $\Delta l = (2.77 \times 10^{-10}(\sin\phi - \sin 15.0°) = n \times 1.53 \times 10^{-10}$ より

$$\sin\phi = \frac{n \times 1.53 + 2.77\sin\phi_0}{2.77} > 1$$

であるから，こうなる ϕ は存在しない．

2.2 原子の熱振動

2.2.1 表面の法線方向の振動の振動数

図 32.3 を利用するため $\langle u_x{}^2 \rangle$ を計算する．

電子の弾性散乱では $\boldsymbol{K}' - \boldsymbol{K}$ は反射面 (図 32.1 の ABCD) の法線方向，すなわち x 軸方向にある．そして

$$K_x - K'_x = 2K\cos\phi_0$$

である．ゆえに，(1.1) の指数関数の肩を $-M$ とおけば

$$M = \left\langle \left\{(\boldsymbol{K}' - \boldsymbol{K})\cdot\boldsymbol{u}\right\}^2 \right\rangle = (2K\cos\phi_0)^2 \langle u_x{}^2 \rangle$$

である．$u_x = A\cos\omega t$ とおいて，振動周期は $\tau = 2\pi/\omega$ だから

$$\langle u_x{}^2 \rangle = \frac{1}{\tau}\int_0^\tau A^2 \cos^2\omega t\, dt = \frac{A^2}{2} \tag{2.1}$$

となる．温度と関係づけるためには，これを振動のエネルギーで表す必要がある．$u_x(t) = A\cos\omega t$ に対しては

$$\text{運動エネルギー：} \quad \frac{1}{2}m\left(\frac{du_x}{dt}\right)^2 = \frac{1}{2}m\omega^2 A^2 \sin^2\omega t$$

であり，位置エネルギーは，ばね定数 k が $\omega = \sqrt{k/m}$ から $k = m\omega^2$ であるから

$$\text{位置のエネルギー：} \quad \frac{1}{2}m\omega^2 u_x^2 = \frac{1}{2}m\omega^2 A^2 \cos^2\omega t$$

となる．よって

$$\text{振動のエネルギー：} \quad \frac{1}{2}m\omega^2 A^2(\sin^2\omega t + \cos^2\omega t) = \frac{1}{2}m\omega^2 A^2$$

である．これが，温度 T では $k_\text{B}T$ に等しいのだから

$$A^2 = \frac{2k_\text{B}T}{m\omega^2} \tag{2.2}$$

である．したがって
$$M = 2K^2 A^2 \cos\phi^2 = \frac{4k_B T K^2 \cos^2\phi_0}{m\omega^2}$$

$K = 2\pi/\lambda$, $\omega = 2\pi\nu$ によって書き直せば
$$M = \frac{4k_B T \cos^2\phi_0}{m\lambda^2 \nu^2} \tag{2.3}$$

一方，問題に与えられた図 32.2 から
$$\ln\frac{I}{I_0} = -M = -2.3 \times 10^{-3} \mathrm{K}^{-1} T$$

したがって，(2.3) から原子の振動数は
$$\nu = \left(\frac{4k_B \cos^2\phi_0}{m\lambda^2 M/T}\right)^{1/2}$$

となる．ここで
$$m = \frac{\mathfrak{M}}{(\text{アボガドロ数})} = \frac{195.1 \times 10^{-3}}{6.02 \times 10^{23}} = 3.24 \times 10^{-25}$$

$$\cos 15.0° = 0.998$$

なので
$$\nu = \left(\frac{4(1.38 \times 10^{-23}\mathrm{J/K})(0.998)^2}{(3.24 \times 10^{-25}\mathrm{kg})(1.53 \times 10^{-10}\mathrm{m})^2(2.3 \times 10^{-3}\mathrm{K}^{-1})}\right)^{1/2}$$
$$= 1.77 \times 10^{12} \mathrm{s}^{-1} \tag{2.4}$$

2.2.2 表面原子の法線方向変位の 2 乗平均の平方根

表面原子の x 方向の 2 乗平均変位は，(2.1), (2.2) より
$$\langle u_x{}^2 \rangle = \frac{A^2}{2} = \frac{k_B T}{m\omega^2} \tag{2.5}$$

となる．$\omega = 2\pi\nu$ である．よって，300 K では
$$\langle u_x{}^2 \rangle = \frac{(1.38 \times 10^{-23}\mathrm{J/K})(300\mathrm{K})}{(3.24 \times 10^{-25}\mathrm{kg})(2 \cdot 3.14 \cdot 1.77 \times 10^{12}\mathrm{s}^{-1})^2}$$
$$= 1.034 \times 10^{-22} \mathrm{m}^2.$$

ゆえに，2乗平均の平方根は

$$\sqrt{\langle u_x^2 \rangle} = 1.016 \times 10^{-11} \mathrm{m} \tag{2.6}$$

IV 光より速い?
―波の物理―

33

電波の干渉

ヴァルナ，ブルガリア

1981

1 問　題

　海岸に設置され，海面から高さ $h = 2.0\,\mathrm{m}$ のところにある電波望遠鏡で，水平線から昇ってくる星の出す波長 $\lambda = 21\,\mathrm{cm}$ の電波を観測すると，電波の強度は星が昇るにつれて強弱を繰り返す．望遠鏡は，海面と平行に振動している電場を観測するものとしよう．海面は平らであると仮定する．

1.1 望遠鏡の観測する電波の強度が極大，極小になるときの星の高度 (水平面と星の方向の間の角度) を求めよ

1.2 星が水平線から現れた直後には，電波の強度は増加するか，減少するか？

1.3 電波の強度が最初に極大になるときと，その次に極小になるときの強度の比を求めよ

　電波が水面で反射するとき，反射波の電場 E_r と入射波の電場 E_i の比は

$$\frac{E_r}{E_i} = \frac{n - \cos\varphi}{n + \cos\varphi} \qquad (1.1)$$

となる．ここに，n は海水の屈折率，φ は入射角である．波長 21 cm における海水の空気に対する屈折率は 9.0 とする ($\S 3$ 参考).

1.4 星が水平線から昇るにつれて，相続く電波強度の極大値と極小値の比は増加するか，減少するか？

2 解 答

星から電波望遠鏡に到達する電波には，直接くるもの (S → A → O) と，海面で反射してくるもの (S → B → O) があり，どちらも海面に平行な偏りをもち，干渉する (図 33.1).

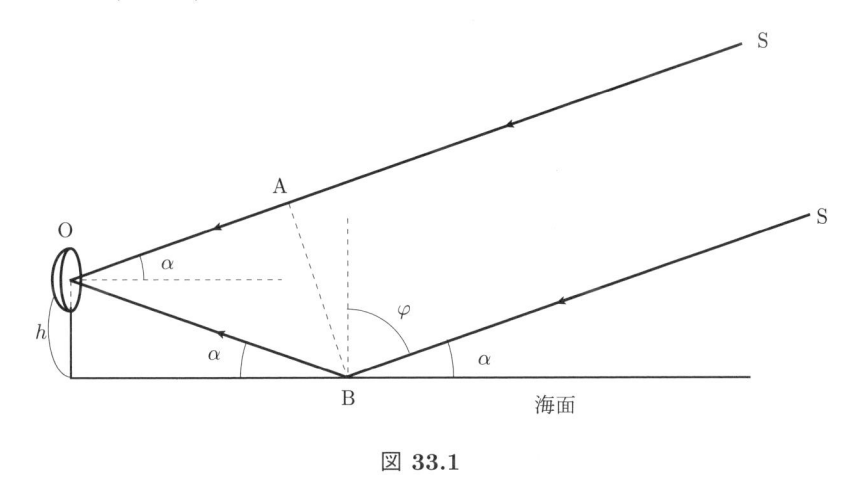

図 **33.1**

星の高度が α のとき，2 つの経路の長さは差

$$\Delta = \overline{\mathrm{BO}} - \overline{\mathrm{AO}}$$
$$= \frac{h}{\sin\alpha}(1 - \cos 2\alpha) = 2h\sin\alpha \tag{2.1}$$

をもつ．水面での反射において，海水の屈折率が 1 より大きいので，電波の位相は π だけ跳ぶ (§3 参考).

2.1 極大，極小となる高度

星の高度が α のとき，強め合いの干渉が起こる条件は k を整数として $\Delta = k\lambda - \lambda/2$ であって

となる．この条件は

$$\sin\alpha = (2k-1)\frac{\lambda}{4h} = 2.6\times 10^{-2}(2k-1) \quad (k=1,2,\cdots,19) \tag{2.2}$$

となる．左辺は $\alpha = \pi/2$ のとき最大値 1 となるので，$k \leq 19$ である．

反対に弱め合いが起こる条件は，$\Delta = k\lambda$ であって

$$\sin\alpha = k\frac{\lambda}{2h} = 5.3\times 10^{-2}k \quad (k=0,1,\cdots 19) \tag{2.3}$$

となる．

2.2 星が現れるときの強度

星が水平線に姿を現すときは $\alpha \sim 0$ で，弱め合いの干渉が起こる．それから強度は徐々に増してゆく．

2.3 最初の極大極小の強度の比

電波の強度が最初に極大になるのは，(2.2) で $k=1$ のときで

$$\sin\alpha_{\max} = \frac{\lambda}{4h}$$

このとき，反射波の入射角は $\varphi = \frac{\pi}{2} - \alpha_{\max}$ だから

$$\cos\varphi_{\max} = \sin\alpha_{\max}$$

であって，干渉した電波の振幅は，問題に与えられた式から

$$E_{\max} = E_i + E_r = E_i + \frac{n-\sin\alpha_{\max}}{n+\sin\alpha_{\max}}E_i = \frac{2n}{n+\sin\alpha_{\max}}E_i$$

となる．

続いて弱め合いの干渉が起こるのは (2.3) で $k=1$ のときで

$$\sin\alpha_{\min} = \frac{\lambda}{2h}$$

このとき，干渉した波の振幅は

33 電波の干渉

$$E_{\min} = E_i - E_r = \frac{2\sin\alpha_{\min}}{n+\sin\alpha_{\min}} E_i$$

となる.

したがって,強度の比は

$$\left(\frac{E_{\max}}{E_{\min}}\right)^2 = \left(\frac{n}{\sin\alpha_{\min}} \cdot \frac{n+\sin\alpha_{\min}}{n+\sin\alpha_{\max}}\right)^2. \tag{2.4}$$

となり,(2.2), (2.3) から代入して

$$\left(\frac{E_{\max}}{E_{\min}}\right)^2 = \left(\frac{2nh}{\lambda} \cdot \frac{2nh+\lambda}{2nh+\lambda/2}\right)^2. \tag{2.5}$$

$n=9, \lambda=0.21\,\mathrm{m}, h=2.0\,\mathrm{m}$ を代入すると

$$\left(\frac{E_{\max}}{E_{\min}}\right)^2 = 3.0\times 10^4. \tag{2.6}$$

2.4 相続いて起こる極大極小の比

引き続く極大と極小は同じ k で起こるから,強度の比は (2.4) に (2.2), (2.3) から代入して

$$\left(\frac{E_{\max}}{E_{\min}}\right)^2_k = \left(\frac{2nh}{k\lambda} \cdot \frac{2nh+k\lambda}{2nh+(k-1/2)\lambda}\right)^2$$

(2.2), (2.3) から α が増すと k が増す. $n=9$ かつ $h \gg \lambda$ なので, k が増すときのこの量の増減の大勢は $(\cdots)$ 内の第 1 因子で決まり,減少.

3 参考:平面電磁波の反射と屈折

3.1 電磁波

電磁気学の基本法則はマクスウェルの方程式で表され,それは 4 つの式からなる.

$$\boldsymbol{\nabla} \times \boldsymbol{E} + \frac{\partial \boldsymbol{B}}{\partial t} = 0 \tag{3.1}$$

$$\boldsymbol{\nabla} \times \boldsymbol{H} - \frac{\partial \boldsymbol{D}}{\partial t} = \boldsymbol{J} \tag{3.2}$$

$$\nabla \cdot \boldsymbol{D} = \rho \tag{3.3}$$

$$\nabla \cdot \boldsymbol{B} = 0 \tag{3.4}$$

ここで $\boldsymbol{E}$ は電場, $\boldsymbol{H}$ は磁場, $\boldsymbol{D}$ は電束密度, $\boldsymbol{B}$ は磁束密度, $\boldsymbol{J}$ は電流密度, ρ は電荷密度をそれぞれ表す. ∇ は成分が $\left(\dfrac{\partial}{\partial x}, \dfrac{\partial}{\partial y}, \dfrac{\partial}{\partial z}\right)$ のベクトルである.

いま, 誘電率 ε と透磁率 μ が一定な一様な媒質を考える. また電荷と電流は存在しないとして, 密度 ρ と $\boldsymbol{J}$ は 0 とする. $\boldsymbol{D} = \varepsilon \boldsymbol{E}, \boldsymbol{H} = \dfrac{1}{\mu} \boldsymbol{B}$ と書けるので, マクスウェル方程式は

$$\nabla \times \boldsymbol{E} + \frac{\partial \boldsymbol{B}}{\partial t} = 0 \tag{3.5}$$

$$\nabla \times \boldsymbol{B} - \mu\varepsilon \frac{\partial \boldsymbol{E}}{\partial t} = 0 \tag{3.6}$$

$$\nabla \cdot \boldsymbol{E} = 0 \tag{3.7}$$

$$\nabla \cdot \boldsymbol{B} = 0 \tag{3.8}$$

となる. (3.5) の両辺のローテーション ($\nabla \times$) をとると

$$\nabla \times (\nabla \times \boldsymbol{E}) + \frac{\partial}{\partial t}(\nabla \times \boldsymbol{B}) = 0$$

であり, (3.6) を代入すれば

$$\nabla(\nabla \cdot \boldsymbol{E}) - \nabla^2 \boldsymbol{E} + \varepsilon\mu \frac{\partial^2}{\partial t^2} \boldsymbol{E} = 0$$

となり, (3.7) を用いて

$$\nabla^2 \boldsymbol{E} - \varepsilon\mu \frac{\partial^2}{\partial t^2} \boldsymbol{E} = 0 \tag{3.9}$$

を得る. $\boldsymbol{B}$ についても同じ方程式が得られる.

これは波動方程式であり, 電場と磁場が空間を波として伝わっていく.

いま, 電磁波は平面波であるとして

$$\boldsymbol{E} = \boldsymbol{E_0}\, e^{i(\boldsymbol{k}\cdot\boldsymbol{x} - \omega t)} \tag{3.10}$$

$$\boldsymbol{B} = \boldsymbol{B_0}\, e^{i(\boldsymbol{k}\cdot\boldsymbol{x} - \omega t)} \tag{3.11}$$

とおく. k は波数ベクトルで，その向きが進行の向き，大きさは $\frac{2\pi}{\lambda}$ である. (3.9) に代入すると

$$(-k^2 + \varepsilon\mu\omega^2)\begin{pmatrix} E \\ B \end{pmatrix} = 0 \tag{3.12}$$

となるので, $|\bm{k}| = k = \sqrt{\varepsilon\mu}\,\omega$ であり，この波の伝わる速さは

$$v = \frac{\omega}{k} = \frac{1}{\sqrt{\varepsilon\mu}} \tag{3.13}$$

である. 真空中では真空の誘電率 ε_0 と透磁率 μ_0 を用い

$$c = \frac{1}{\sqrt{\varepsilon_0\mu_0}} = 3.0 \times 10^8 \mathrm{m/s} \tag{3.14}$$

で光速に等しくなる. 光は波長が 10^{-6} m から 10^{-7} m 程度の電磁波である.

平面波 (3.10)(3.11) を (3.5) に代入すると

$$i\,\bm{k} \times \bm{E} = i\omega\,\bm{B} \tag{3.15}$$

が得られる. これから

$$\bm{B} = \frac{\bm{k}}{\omega} \times \bm{E} = \sqrt{\varepsilon\mu}\,\frac{\bm{k}}{k} \times \bm{E} \tag{3.16}$$

ここで $\frac{\bm{k}}{k}$ は $\bm{k}$ の向きの単位ベクトルである. これによって $\bm{E}$ と $\bm{B}$ の関係が決まる. $\bm{E}$ を $\bm{B}$ の方に回すとき右ねじの進む方向が電磁波の進む方向になる.

3.2 反射と屈折

2 つの一様な媒質の境目での平面波の反射と屈折を考えよう. いま, 図 33.2 のように, $z = 0$ を境界面として 2 つの異なる媒質が接していて, $z < 0$ の方から, 電磁波が入射し，境界面で反射・屈折すると考える. 波数ベクトルは入射波を $\bm{k}$, 屈折波を $\bm{k}'$, 反射波を $\bm{k}''$ とし, 入射角を i, 屈折角を r, 反射角を r' とする. $z < 0$ の媒質中の誘電率と透磁率を ε, μ, $z > 0$ の媒質中では ε', μ' とし $\bm{n}$ を z 方向の (境界面に垂直な) 単位ベクトルとする. 入射波の電場と磁場は

$$\bm{E} = \bm{E_0}\,e^{i(\bm{k}\cdot\bm{x} - \omega t)} \tag{3.17}$$

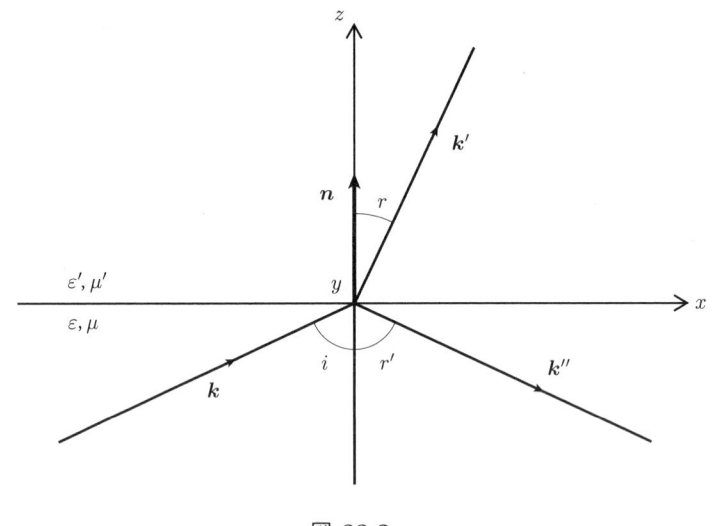

図 33.2

$$B = \sqrt{\varepsilon\mu}\frac{k \times E}{k} \tag{3.18}$$

屈折波の電場と磁場は

$$E' = E'_0 e^{i(k' \cdot x - \omega t)} \tag{3.19}$$

$$B' = \sqrt{\varepsilon'\mu'}\frac{k' \times E'}{k'} \tag{3.20}$$

反射波の電場と磁場は

$$E'' = E''_0 e^{i(k'' \cdot x - \omega t)} \tag{3.21}$$

$$B'' = \sqrt{\varepsilon\mu}\frac{k'' \times E''}{k''} \tag{3.22}$$

ここで $|k| = |k''| = \omega\sqrt{\varepsilon\mu}$ かつ $|k'| = \omega\sqrt{\varepsilon'\mu'}$ である．
これらの波が満たすべき，境界面 $z = 0$ における境界条件は次のようになる．

3.2.1 場の空間変化・時間変化はこの境界面で同一になる

時間変化はすでに同じ振動数 ω としてある．位相が同じことから

$$(k \cdot x)_{z=0} = (k' \cdot x)_{z=0} = (k'' \cdot x)_{z=0} \tag{3.23}$$

が得られ，図 33.2 のように角度をとれば

$$kx\sin i + kz\cos i = k'x\sin r + k'z\cos r = k''x\sin r' - k''z\cos r'$$

であり，これはどんな x, z についても成り立つので

$$k\sin i = k'\sin r = k''\sin r'$$

となる．$k = k''$ なので $i = r'$ つまり入射角と反射角は等しい．また

$$\frac{\sin i}{\sin r} = \frac{k'}{k} = \frac{\sqrt{\varepsilon'\mu'}}{\sqrt{\varepsilon\mu}} = \frac{n'}{n} \tag{3.24}$$

n, n' はそれぞれの媒質の屈折率で，これがスネルの法則である．

3.2.2　D と B の法線成分が連続，E と H の接線成分が連続

$\rho = 0$ として (3.3) を体積積分すると，ガウスの定理から

$$\int_V \boldsymbol{\nabla} \cdot \boldsymbol{D}\, dV = \int_S \boldsymbol{D} \cdot d\boldsymbol{S} = 0 \tag{3.25}$$

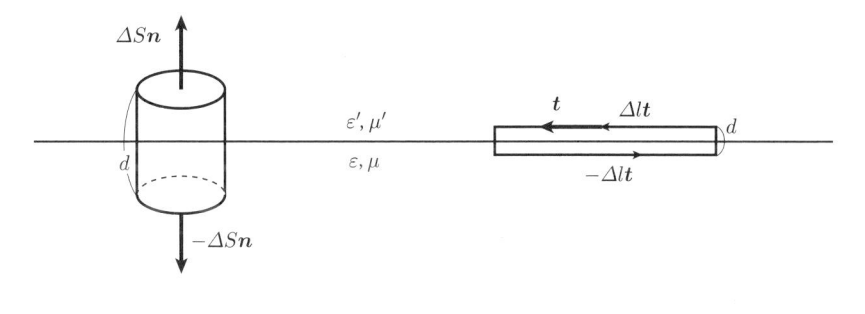

図 33.3-1　　　　　図 33.3-2

ここで体積積分は任意の閉曲面におおわれた体積について行い，面積分はその表面上の微小な面積要素 dS に垂直外向きの向きをつけた $d\boldsymbol{S}$ について行う．したがって，図 33.3-1 のように境界をまたいだ断面積 ΔS の円筒をとり，$\boldsymbol{D}$ をその上では一定と見なせるくらい ΔS を小さくするとともに，その高さ d を無限に小さくしていけば，側面の寄与は無視できて

$$(\boldsymbol{D}' - \boldsymbol{D}) \cdot \boldsymbol{n}\, \Delta S = 0 \quad \text{すなわち} \quad \boldsymbol{D}' \cdot \boldsymbol{n} = \boldsymbol{D} \cdot \boldsymbol{n} \tag{3.26}$$

を得る．n は円筒の底面に立てた外向き単位法線ベクトルである．B についても同様である．

次に閉曲線 C に囲まれた面 S について (3.1) を面積積分する．ストークスの定理により

$$\int_S (\nabla \times E) \cdot dS = \int_C E \cdot ds \tag{3.27}$$

である．ここで ds は曲線 C 上で反時計回りにとった線素である．したがって

$$\int_C E \cdot ds + \int_S \frac{\partial B}{\partial t} \cdot dS = 0 \tag{3.28}$$

が得られるが，図 33.3-2 のように境界にまたがる長方形とそれに囲まれる面積を考え，前と同様に高さ d を無限に小さくしていけば，d の部分の積分の寄与は無視でき，また $\frac{\partial B}{\partial t}$ が有限とすれば (3.28) の第 2 項も無視でき，

$$(E' - E) \cdot t\, \Delta l = 0 \quad \text{すなわち} \quad E' \cdot t = E \cdot t \tag{3.29}$$

を得る (Δl は長い辺の長さで，t はその辺に沿った面の接線単位ベクトルである)．

H も同様である．

3.3 反射波と屈折波

境界条件を用いて入射波と反射波・屈折波との関係を導くには，電磁波を y 方向の成分と $x-z$ 面に平行な成分という 2 つの直交する成分に分けて考えるのがよい．

E の y 方向の成分について (図 33.4-1)

入射波は (入射角の i と虚数の i は混同しないように注意)

$$\begin{aligned}
E_x &= 0 & B_x &= -\sqrt{\varepsilon\mu}\, A_\perp \cos i\, e^{i k \cdot x} \\
E_y &= A_\perp e^{i k \cdot x} & B_y &= 0 \\
E_z &= 0 & B_z &= \sqrt{\varepsilon\mu}\, A_\perp \sin i\, e^{i k \cdot x}
\end{aligned} \tag{3.30}$$

反射波は

33 電波の干渉

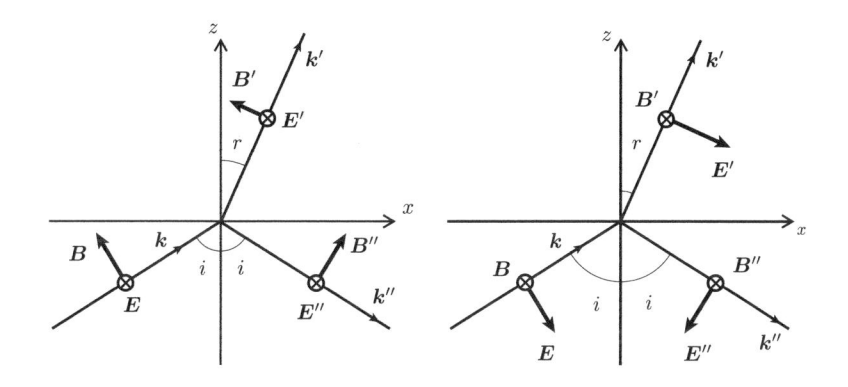

図 33.4-1 E が y 方向   **図 33.4-2** E が x–z 面と平行

$$\begin{aligned}
E''_x &= 0 & B''_x &= \sqrt{\varepsilon\mu}\, R_\perp \cos i\, e^{i\boldsymbol{k''}\cdot\boldsymbol{x}} \\
E''_y &= R_\perp e^{i\boldsymbol{k''}\cdot\boldsymbol{x}} & B''_y &= 0 \\
E''_z &= 0 & B''_z &= \sqrt{\varepsilon\mu}\, R_\perp \sin i\, e^{i\boldsymbol{k''}\cdot\boldsymbol{x}}
\end{aligned} \quad (3.31)$$

屈折波は

$$\begin{aligned}
E'_x &= 0 & B'_x &= -\sqrt{\varepsilon'\mu'}\, T_\perp \cos i\, e^{i\boldsymbol{k'}\cdot\boldsymbol{x}} \\
E'_y &= T_\perp e^{i\boldsymbol{k'}\cdot\boldsymbol{x}} & B'_y &= 0 \\
E'_z &= 0 & B'_z &= \sqrt{\varepsilon'\mu'}\, T_\perp \sin i\, e^{i\boldsymbol{k'}\cdot\boldsymbol{x}}
\end{aligned} \quad (3.32)$$

と書ける.

E が $x-z$ 面に平行な成分について (図 33.4-2)

入射波は

$$\begin{aligned}
E_x &= A_\| \cos i\, e^{i\boldsymbol{k}\cdot\boldsymbol{x}} & B_x &= 0 \\
E_y &= 0 & B_y &= \sqrt{\varepsilon\mu}\, A_\| \, e^{i\boldsymbol{k}\cdot\boldsymbol{x}} \\
E_z &= -A_\| \sin i\, e^{i\boldsymbol{k}\cdot\boldsymbol{x}} & B_z &= 0
\end{aligned} \quad (3.33)$$

反射波は

$$E''_x = -R_\parallel \cos i \, e^{i\boldsymbol{k}''\cdot\boldsymbol{x}} \qquad B''_x = 0$$
$$E''_y = 0 \qquad\qquad\qquad B''_y = \sqrt{\varepsilon\mu}\, R_\parallel e^{i\boldsymbol{k}''\cdot\boldsymbol{x}} \qquad (3.34)$$
$$E''_z = -R_\parallel \sin i \, e^{i\boldsymbol{k}''\cdot\boldsymbol{x}} \qquad B''_z = 0$$

屈折波は

$$E'_x = T_\parallel \cos r \, e^{i\boldsymbol{k}'\cdot\boldsymbol{x}} \qquad B'_x = 0$$
$$E'_y = 0 \qquad\qquad\qquad B'_y = \sqrt{\varepsilon'\mu'}\, T_\parallel e^{i\boldsymbol{k}'\cdot\boldsymbol{x}} \qquad (3.35)$$
$$E'_z = -T_\parallel \sin r \, e^{i\boldsymbol{k}'\cdot\boldsymbol{x}} \qquad B'_z = 0$$

と書ける.

境界条件 (3.23) を満たしているとして，これらに $\boldsymbol{E}$ の接線成分 (x, y 成分) が連続という条件 (3.29) を適用すると，

$$A_\perp + R_\perp = T_\perp \qquad (3.36)$$

$$A_\parallel \cos i - R_\parallel \cos i = T_\parallel \cos r \qquad (3.37)$$

また $\boldsymbol{H} = \dfrac{1}{\mu}\boldsymbol{B}$ の x, y 成分がそれぞれ連続という条件から

$$-\sqrt{\frac{\varepsilon}{\mu}}\, A_\perp \cos i + \sqrt{\frac{\varepsilon}{\mu}}\, R_\perp \cos i = -\sqrt{\frac{\varepsilon'}{\mu'}}\, T_\perp \cos r \qquad (3.38)$$

$$\sqrt{\frac{\varepsilon}{\mu}}\, A_\parallel + \sqrt{\frac{\varepsilon}{\mu}}\, R_\parallel = \sqrt{\frac{\varepsilon'}{\mu'}}\, T_\parallel \qquad (3.39)$$

(3.36) と (3.38) から y 方向の電場の関係を求めることができる. 2 つの式から $R_\perp$ を消去すると

$$T_\perp = \frac{2\sqrt{\frac{\varepsilon}{\mu}} \cos i}{\sqrt{\frac{\varepsilon}{\mu}} \cos i + \sqrt{\frac{\varepsilon'}{\mu'}} \cos r} A_\perp \qquad (3.40)$$

となり, $T_\perp$ を消去すると

$$R_\perp = -\frac{\sqrt{\frac{\varepsilon'}{\mu'}}\cos r - \sqrt{\frac{\varepsilon}{\mu}}\cos i}{\sqrt{\frac{\varepsilon'}{\mu'}}\cos r + \sqrt{\frac{\varepsilon'}{\mu'}}\cos i}A_\perp \tag{3.41}$$

を得る．磁性体などを除き通常は透磁率は大きくなくほとんど $\mu = \mu' = \mu_0$ としてよい．このときは (3.24) から $\dfrac{\sin i}{\sin r} = \sqrt{\dfrac{\varepsilon'}{\varepsilon}}$ になることを用いて

$$T_\perp = \frac{2\cos i}{\cos i + \dfrac{\sin i}{\sin r}\cos r}A_\perp = \frac{2\sin r \cos i}{\sin(i+r)}A_\perp \tag{3.42}$$

を得る．同様にして

$$R_\perp = -\frac{\sin(i-r)}{\sin(i+r)}A_\perp \tag{3.43}$$

また $x-z$ 平面に平行な成分については，μ については同じ扱いをすると

$$T_\parallel = \frac{2\sin r \cos r}{\sin(i+r)\cos(i-r)}A_\parallel \tag{3.44}$$

$$R_\parallel = \frac{\tan(i-r)}{\tan(i+r)}A_\parallel \tag{3.45}$$

を得る．

(3.43) から $i > r$ すなわち屈折率が $n' > n$ のときは入射波と反射波の符号が反転している．すなわち入射波と反射波の位相が π だけずれていることがわかる．また $i + r = \dfrac{\pi}{2}$ のときは $R_\parallel = 0$ となるので，反射光はすべて反射面に平行に偏光する．このときは $\sin r = \cos i$ になるので，$\tan i = \dfrac{n'}{n}$ でこのときの入射角 i をブリュースター角という．

この問題では観測できるのは海面に平行な成分のみと設定されている．すなわち $R_\perp$ のみである．$\mu = \mu' = \mu_0$，また空気に対する海水の屈折率を $n = \sqrt{\dfrac{\varepsilon'}{\varepsilon}} = \dfrac{\sin i}{\sin r}$ とすれば (3.41) または (3.43) から

$$R_\perp = -\frac{n\cos r - \cos i}{n\cos r + \cos i}A_\perp \tag{3.46}$$

となるが，ここで問題の波長 21 cm 波の海水の屈折率は 9.0 とかなり大きい．し

たがって

$$\cos r = \sqrt{1 - \sin^2 r} = \sqrt{1 - \frac{\sin^2 i}{n^2}} \approx 1 \tag{3.47}$$

とできて

$$R_\perp = -\frac{n - \cos i}{n + \cos i} A_\perp \tag{3.48}$$

これが (1.1) である.

34

逃 げ 水

シグツーナ, スウェーデン

1984

1 問 題

1.1 平行板の屈折

両面が平行平面である透明な板を考えよう．図 34.1 のように板の上と下の部分の屈折率は n_A, n_B で中の屈折率 $n(z)$ は下の面からの距離 z につれて変化するとし，ここに図に描かれたように光線が入射し屈折する現象を考える．$n_A \sin \alpha = n_B \sin \beta$ となることを示せ．

1.2 逃 げ 水

広く平らな沙漠に立っているとしよう．少し離れたところに水の表面のようなものを見つける．しかし，近づいていくとその「水」は逃げていき，水との距離はいつも一定で変わらないように見える．この現象 (逃げ水と呼ばれ，道路などでも見られる) を説明しなさい．

1.3 地表面近くの空気の温度

逃げ水の現象で，君の目の位置は地面から 1.60 m のところにあるとし，「水」との距離は 250 m に見えるとき，地表面近くの空気の温度はいくらかを求めよ．通常の気圧 101.3 kPa で気温が 15°C のとき空気の屈折率は 1.000276 である．地面

248   IV 光より速い？ —波の物理—

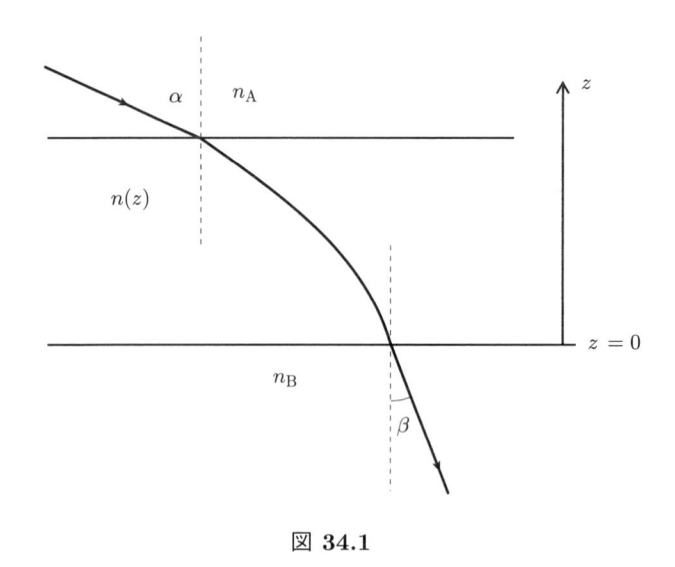

図 34.1

から 1m 以上の大気の温度は 30°C で一定で，気圧は通常の気圧だとしよう．屈折率 n は $n-1$ が空気の密度に比例する性質をもつことを用いよ．

得た結果の信頼性を論じよ．

2 解 答

2.1 平行板の屈折

屈折率 n_1 と n_2 の物質の境界面で光が屈折するとき，屈折の法則 (スネルの法則) により，入射角 θ_1 と屈折角 θ_2 の間に $n_1 \sin\theta_1 = n_2 \sin\theta_2$ という関係が成り立つ．

したがって，板を図 34.2 のように微小な層の集まりに分割し，その中では屈折率一定と見なせば，

$$n_A \sin\alpha = n_1 \sin\gamma_1 = n_2 \sin\gamma_2 = \cdots = n_B \sin\beta$$

となる．分割を無限に細かくし連続的な $n(z)$ に近づけていっても，この関係は変わらない．よって

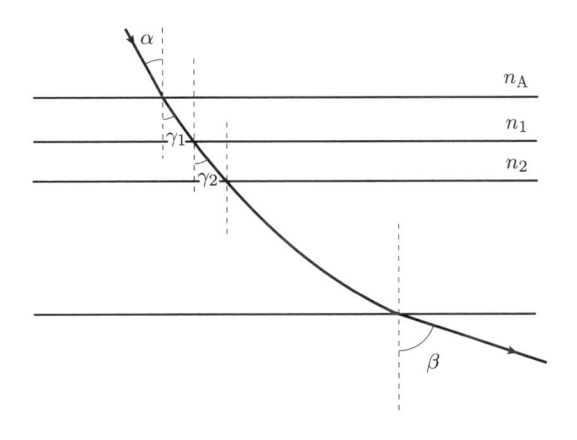

図 34.2

$$n_A \sin\alpha = n_B \sin\beta.$$

2.2 逃げ水

　この現象が起こるのは，入ってきた光があたかも水面で反射したように全反射するからである．沙漠や夏の道路のように日差しが厳しく地面が暖められると，地面のすぐ上の空気の温度が高く，屈折率 (§1.1 でいえば一番下の n_B) が小さくなるのでこの逃げ水が見られる．全反射が起こる最小の入射角 α_0 は $\beta = 90°$ になるときである．よって

$$n_A \sin\alpha_0 = n_B$$

になる α_0 以上の入射角で生じる．この角度以上でないと見えないので，近づいても同じ距離を保って遠ざかるように見える．

2.3 地表面近くの空気の温度

　屈折率と温度変化の関係は，問題で与えられたように，空気の密度を ρ とすれば

$$n - 1 = k\rho$$

となる．ここで理想気体の状態方程式 $PV = nRT$ を用いると，上の式は

$$n - 1 = \frac{\kappa}{T}$$

と書ける．定数 κ を求めるには 15°C で $n = 1.000276$ を代入した

$$1.000276 - 1 = \frac{\kappa}{288\,\text{K}}$$

から計算でき，$\kappa = 0.0795\,\text{K}$．一般に地面からの目の高さを h，逃げ水までの水平距離を l とすれば，反射角は入射角に等しいので，以上の考察から全反射について

$$\left(1 + \frac{\kappa}{(273 + 30)\,K}\right) \times \frac{l}{\sqrt{l^2 + h^2}} = \left(1 + \frac{\kappa}{T}\right)$$

の関係が得られる．l は目の直下から全反射の起こる点までの距離である．

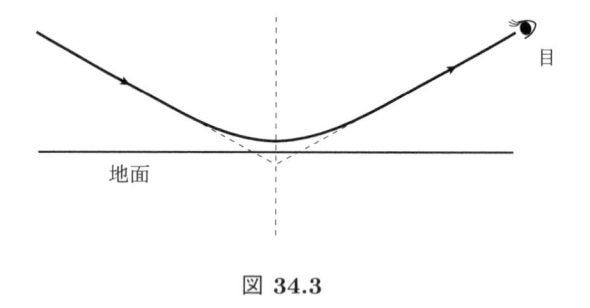

図 34.3

以下に問題で与えられた関係，数値を除いた他の要因について議論しながら計算してみよう．

ア．空気は地面に近いほど熱いので，実際の光線の通り道は図 34.3 のようになるだろう．したがって，ここから測った目の高さは 1.60 m より少し大きくなるはずである．しかしこれは n が z のどんな関数であるかによるので，いまは評価できない．間に冷たい空気がある場合もあり得る．

イ．目の高さ h は逃げ水までの水平距離 l に比べて小さいので，$h \ll l$ として展開する．式を変形すると，

$$T = \frac{303}{\left(1 + \frac{303}{\kappa}\right)\dfrac{1}{\sqrt{1 + \dfrac{h^2}{l^2}}} - \dfrac{303}{\kappa}}$$

となり，$\dfrac{h^2}{l^2}$ について展開すれば

$$T = 303\left(1 + \frac{1}{2}\frac{h^2}{l^2}\frac{303+\kappa}{\kappa}\right) + \text{高次の項}$$

である．第 2 項までで数値を代入して計算すると $T = 327\,\mathrm{K} = 54°\mathrm{C}$ が得られる．ここでは第 3 項以降は十分小さい．

35

光より速い？

レイキャビク，アイスランド

1998

1 問　　題

この問題において私たちは，われわれの銀河系の中にある複合的な電波源からの電波の放射について 1994 年に行われた観測の結果の解析と解釈をやってみることにしよう．観測に用いられた受信機は数 cm の波長の広い帯域にわたって受信できるように調整してある．図 35.1 は異なる日の同じ時刻に記録された一連の放射の像を示し，地図の等高線と同じように放射の強さの等しい点を結んだ曲線が描かれている．図における 2 つの最高点は，十字で示された共通の中心から離れて運動していく 2 つの物体を表すと解釈できる (その中心自体も他の波長帯の強い電波を放射していて観測可能で，その宇宙空間における位置は変わらないものと仮定する). 図の下にある線分は 1 as (角度 1 秒，1 度の 1/3600) の大きさを表している．十字で表された中心の天体までの距離は $R = 12.5\,\mathrm{kpc}$ と見積もられている．1 kpc は 3.09×10^{19} m であり，光速は 3.00×10^8 m/s である．誤差の計算はしなくて良い．

1.1 離れていく速さ

両側に打ち出されて離れていく 2 つ物体の位置を，中心の位置を基準として測る角度 $\theta_1(t), \theta_2(t)$ で表す．ここで添え字 1 は図で左へ，2 は右へ動く物体を表し，t は観測の時刻を表す．地球から見た角速度はそれぞれ ω_1, ω_2 とし，視線方向に

35 光より速い?　　253

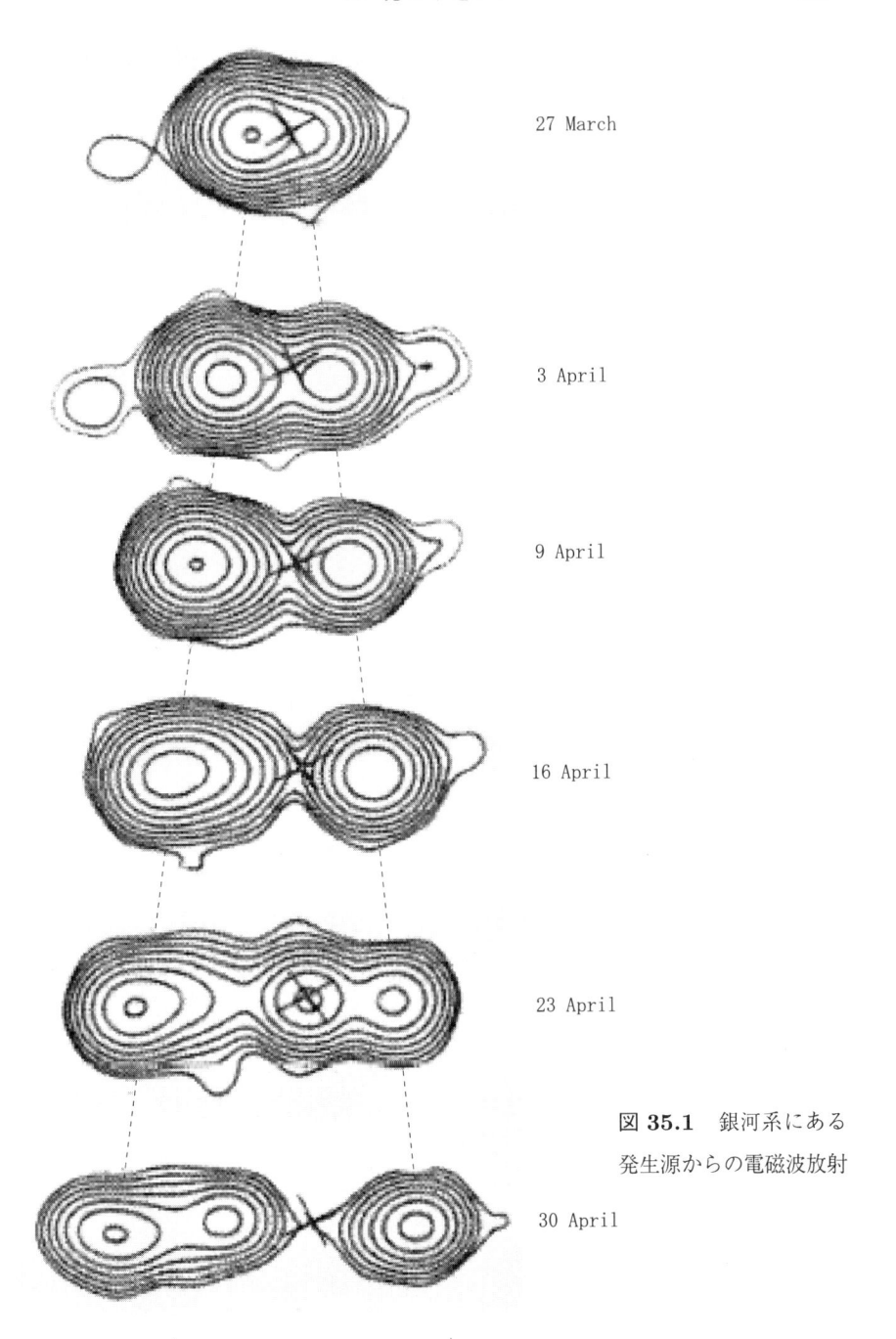

27 March

3 April

9 April

16 April

23 April

図 35.1 銀河系にある発生源からの電磁波放射

30 April

|— 1″ —|

対して垂直方向の速度成分を $v_{1,\perp}, v_{2,\perp}$ としよう．図 35.1 を用いて $\theta_1(t), \theta_2(t)$ を測ってグラフをつくり，ω_1, ω_2 を as/d (秒/日) の単位で求め，$v_{1,\perp}, v_{2,\perp}$ を計算しなさい (その結果に君はとまどうだろう).

1.2 見かけの速さ

§1.1 で生じた謎を解くために，遠くの観測者への方向に対して角度 $\phi(0 \leq \phi \leq \pi)$ の向きに速度 $\boldsymbol{v}$ で動く光源を考えよう (図 35.2)．その速さを光速を c として $v = \beta c$ と書く．観測者によって測定された光源までの距離は R であり，観測者から見た角速度は ω，また観測者から見た光源の方向に垂直な見かけの速度成分を $v_\perp$ としよう．ω と $v_\perp$ を β, R, ϕ で表せ．

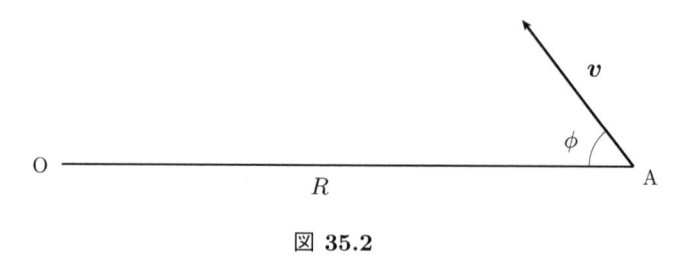

図 35.2

1.3 反対方向に打ち出された 2 つの物体

2 つの物体は互いに反対の方向に同じ速さ $v = \beta c$ で打ち出されたとしよう．その場合には，§1.2 の結果から，角速度 ω_1, ω_2 と距離 R を用いて，β, ϕ を計算することができる．ここで ϕ は添え字 1 に対応する左に向かう物体について §1.2 のように定義された角である．β と ϕ を既知の量で表す式を導き，§1.1 でのデータから数値で求めよ．

1.4 見かけの速さが光速より大きくなる条件

もう一度 §1.2 のように 1 つの物体の運動を考える．そして見かけの速さ $v_\perp$ が光の速さ c より大きくなる条件を求めよう．適切な関数 f を求め，条件を $\beta > f(\phi)$ の形に表す．(β, ϕ) 平面上の物理的に妥当な範囲を示し，条件 $v_\perp > c$ を満たす領域に影をつけよ．

1.5 $v_\perp$ の最大値を求めよ

この速さは β が 1 に近づくにつれて無限に増大する．

1.6 天体までの距離を測定する方法

はじめに与えられた R の値はそれほど信頼できるものではない．そこで科学者は R を決めるためのもっと良い，直接的な方法を探した．1 つのアイデアは次のようである．まずわれわれは反対方向に打ち出された 2 つの物体からのドップラー効果を測定できたとする．静止系では波長 λ_0 である電磁波が 2 つの物体から放射される電磁波の中ではそれぞれ λ_1, λ_2 になっているとしよう．相対論的なドップラー効果の式

$$\lambda = \lambda_0 \frac{1 - \beta \cos \phi}{\sqrt{1 - \beta^2}}$$

から出発し，前と同じに両方の物体の速さは等しく v であるとすれば，未知量 $\beta = v/c$ は $\lambda_0, \lambda_1, \lambda_2$ を用いて

$$\beta = \sqrt{1 - \frac{\alpha \lambda_0^2}{(\lambda_1 + \lambda_2)^2}}$$

と表されることを示せ．また α の数値を求めよ．このことは，これらの波長を測定することによって距離 R を推定する新しい方法が得られることを意味する．

2 解　　答

2.1 離れていく速さ

図 35.1 で実測する．時間単位は日を用い，図に示された角度 1 秒を単位にし，角度と長さが比例するとして測ればよい．普通の物差しを使えば，最小目盛りの半分，0.5 mm の測定誤差が生じることになるが，この図では 1 秒が 3.84 cm になっているので，角度に直すと 0.013 秒の測定誤差がある．表 35.1 に測定例を示す．

グラフに直すと図 35.3 になる．グラフの傾きを読み取れば角速度が求まり，そこから視線方向に垂直な方向の速度も求まる．

表 35.1

時間 (日)	0	7	13	20	27	34
θ_1[as]	0.1341	0.243	0.365	0.481	0.613	0.711
θ_2[as]	0.0792	0.1341	0.1890	0.257	0.312	0.376

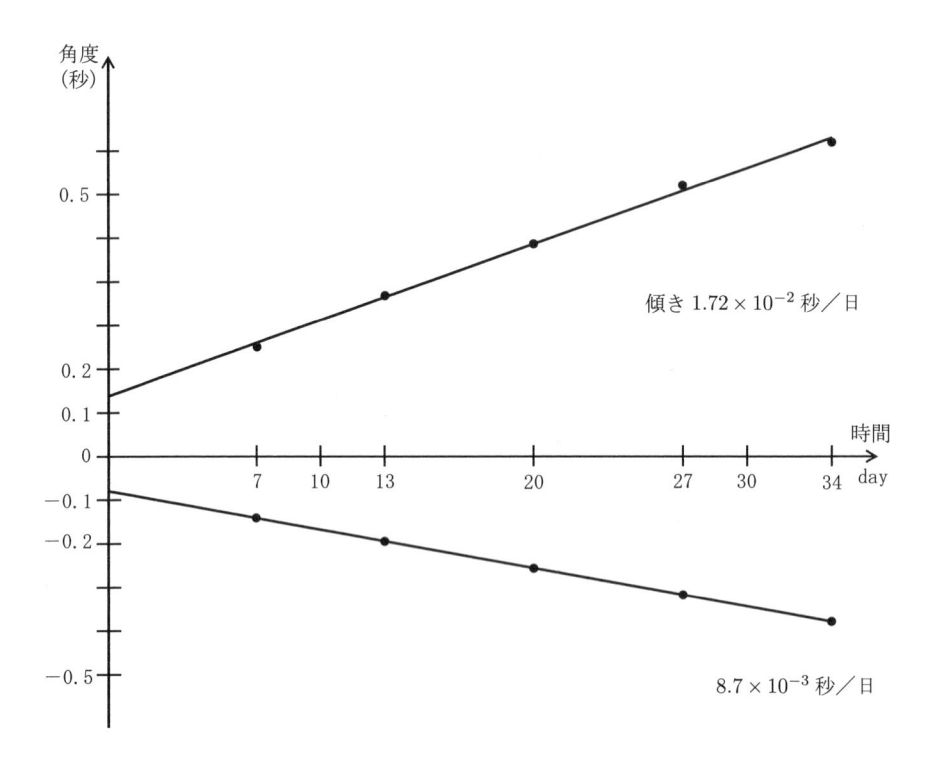

図 35.3

$$\omega_1 = \frac{d\theta_1}{dt} = 1.72 \times 10^{-2} \text{as/day} = 9.6 \times 10^{-13} \text{rad/s}$$
$$\omega_2 = \frac{d\theta_2}{dt} = 8.7 \times 10^{-3} \text{as/day} = 4.9 \times 10^{-13} \text{rad/s}$$

35 光より速い？

$$v_{1,\perp} = \omega_1 R = 3.7 \times 10^8 \text{m/s} = 1.23c$$

$$v_{2,\perp} = \omega_2 R = 1.89 \times 10^8 \text{m/s} = 0.63c$$

2.2 見かけの速さ

§2.1 での結果を見ると，左へ進む物体の速さは光速 c より大きい！ これは光より速い物体はないという法則に矛盾する．この謎を解くために問題で与えられた例を考える．われわれが物体の位置を観測するのは物体の出す電磁波 (目で見る場合は光) によってである．したがってもし物体が近づいたり遠ざかったりすれば，物体から出る電磁波が地球に到達するまでの時間が変化する．図 35.4 の

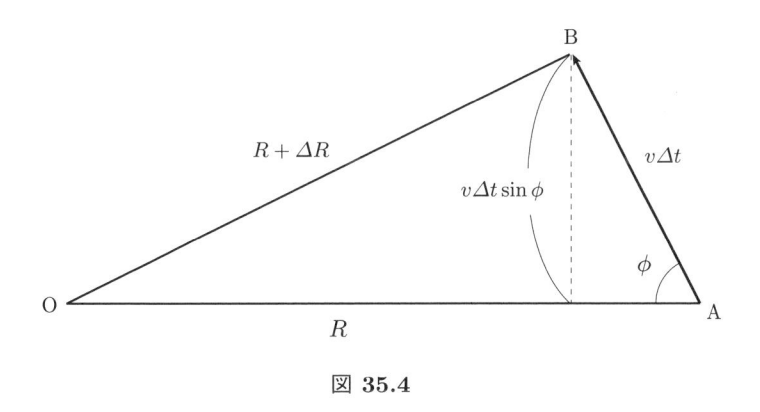

図 35.4

ように考えてみよう．物体が時間間隔 Δt の間に A から B まで進んだとしよう．観測地 O からの距離をそれぞれ $R, R + \Delta R$ とすると，$\overline{AB} = v\Delta t$ だから

$$(R + \Delta R)^2 = R^2 + v^2 \Delta t^2 - 2Rv\Delta t \cos\phi \tag{2.1}$$

$\Delta R, \Delta t$ の 2 次以上の項を無視すると

$$2R\Delta R = -2Rv\Delta t \cos\phi$$

よって

$$\Delta R = -v\Delta t \cos\phi \tag{2.2}$$

となる．AB 間の時間として，O では A からの光が到達するまでに R/c の時間がかかり，Δt 後に B からでた光が到達するまでに $(R+\Delta R)/c$ の時間がかかるので，2 つの光の到達の間の時間として $\Delta t' = \Delta t + \Delta R/c = \Delta t \left(1 - \dfrac{v}{c}\cos\phi\right)$ を観測することになる (距離が近づくいまの場合は時間が短くなる)．したがって地球から見た視線と垂直方向の見かけの速さは $\dfrac{v}{c} = \beta$ とおいて

$$v_\perp = \frac{v\Delta t \sin\phi}{\Delta t'} = \frac{v\Delta t \sin\phi}{\Delta t(1-\beta\cos\phi)} = \frac{v\sin\phi}{1-\beta\cos\phi} = \frac{\beta c \sin\phi}{1-\beta\cos\phi} \tag{2.3}$$

となる．これを見ると場合によって速さが光速を越えることが理解できる．角速度は

$$\omega = \frac{v_\perp}{R} = \frac{\beta c \sin\phi}{R(1-\beta\cos\phi)} \tag{2.4}$$

これを用いて ϕ, β すなわち v を求めることができる．

2.3 反対方向に打ち出された 2 つの物体

2 つの物体が反対方向に同じ速さで打ち出されているとき，図 35.5 のように角度 ϕ をとることにしよう．

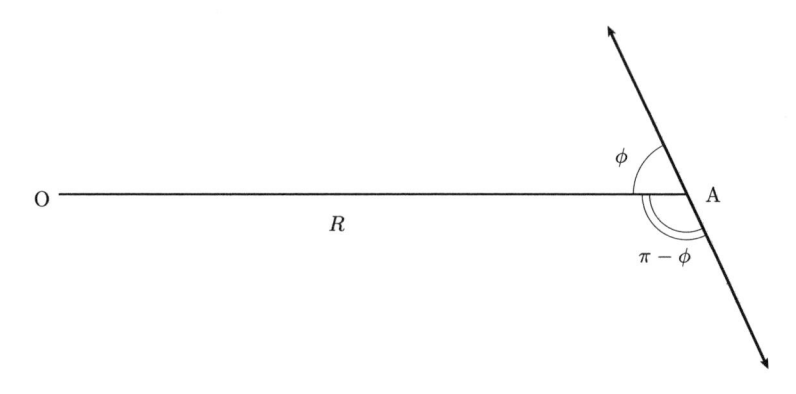

図 35.5

$\sin(\pi-\phi) = \sin\phi$ であり，$\cos(\pi-\phi) = -\cos\phi$ であるので §2.2 の結果から，それぞれの角速度は

$$\omega_1 = \frac{\beta c \sin\phi}{R(1-\beta\cos\phi)}$$
$$\omega_2 = \frac{\beta c \sin\phi}{R(1+\beta\cos\phi)} \tag{2.5}$$

となる．この連立方程式を解けば，観測値 ω_1, ω_2 から β と ϕ が得られる．変形して

$$\omega_1 R - \omega_1 R \beta \cos\phi = \beta c \sin\phi$$
$$\omega_2 R + \omega_2 R \beta \cos\phi = \beta c \sin\phi$$

式に ω_2, ω_1 をそれぞれかけて引き算すると

$$\tan\phi = \frac{2R\omega_1\omega_2}{c(\omega_1-\omega_2)}$$

または

$$\phi = \tan^{-1}\frac{2R\omega_1\omega_2}{c(\omega_1-\omega_2)} \tag{2.6}$$

が得られる．連立方程式の左辺同士を等しいとおけば

$$\beta = \frac{\omega_1-\omega_2}{(\omega_1+\omega_2)\cos\phi} \tag{2.7}$$

先に得られた ϕ の値を代入すれば β の値が定まる．A で得られた ω_1, ω_2 の値を代入すれば

$$\phi = 1.20\,\mathrm{rad}$$
$$\beta = 0.89$$

となる．

2.4　見かけの速さが光速より大きくなる条件

(2.3) の結果から見かけの (横切る) 速さが光速を越える条件は

$$\frac{\beta\sin\phi}{1-\beta\cos\phi} \geq 1 \tag{2.8}$$

変形して

$$\beta(\sin\phi + \cos\phi) \geq 1$$

三角関数の合成を用いて

$$\sqrt{2}\beta\sin\left(\phi + \frac{\pi}{4}\right) \geq 1$$

よって

$$\beta \geq \frac{1}{\sqrt{2}\sin\left(\phi + \frac{\pi}{4}\right)} \tag{2.9}$$

と表せる．物理的に意味のあるのは当然 $0 \leq \beta \leq 1$, $0 \leq \phi \leq \pi$ の範囲である．その範囲で上の条件を満たす領域は図 35.6 の斜線を引いた部分で表される．

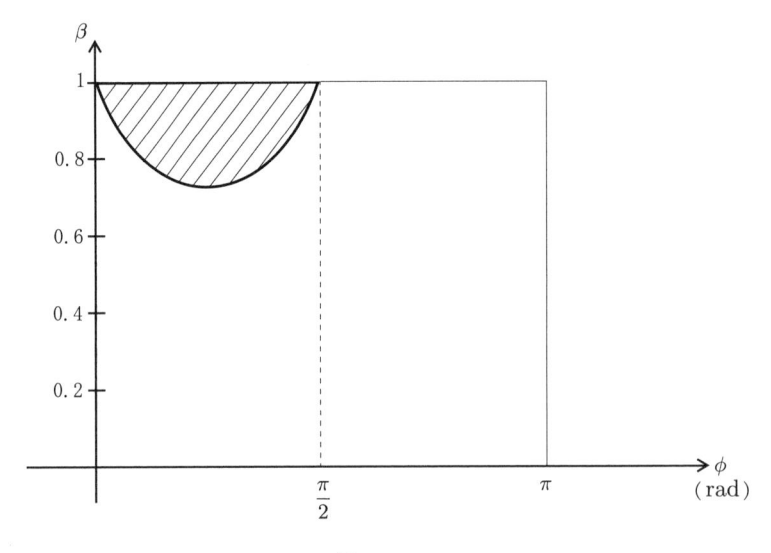

図 **35.6**

2.5 $v_\perp$ の最大値

(2.2) で得られた式 $v_\perp = \dfrac{c\beta\sin\phi}{(1-\beta\cos\phi)}$ を ϕ について微分すると

$$\frac{dv_\perp}{d\phi} = \frac{\beta(\cos\phi - \beta)}{(1-\beta\cos\phi)^2}$$

が得られ，$\cos\phi_m = \beta$ を満たす ϕ_m において極値をとる．微分係数の分子 ($\cos\phi - \beta$) は ϕ が大きくなって ϕ_m を通過するにしたがって正から負に変わるので，これが最大値になる．このとき

$$\begin{aligned} v_\perp &= \frac{\beta\sqrt{1-\beta^2}}{1-\beta^2}c \\ &= \frac{\beta}{\sqrt{1-\beta^2}}c \end{aligned} \tag{2.10}$$

2.6　天体までの距離を測定する方法

互いに反対向きに同じ速さで進む物体から放射された波長 λ_0 の電磁波の波長は，相対論的ドップラー効果の式より，それぞれ λ_1, λ_2 になり

$$\lambda_1 + \lambda_2 = \frac{\lambda_0(1-\beta\cos\phi)}{\sqrt{1-\beta^2}} + \frac{\lambda_0(1+\beta\cos\phi)}{\sqrt{1-\beta^2}} = \frac{2\lambda_0}{\sqrt{1-\beta^2}} \tag{2.11}$$

が成り立つ．これを β について解けば

$$\beta = \sqrt{1 - \frac{4\lambda_0^2}{(\lambda_1+\lambda_2)^2}} \tag{2.12}$$

が得られる．問題で与えられた式と比較すれば，求める係数は $\alpha = 4$ になる．

もしドップラー効果が測定できれば式 (2.12) により β が決まり，ω_1, ω_2 も測定できていれば (2.5) から ϕ, R も決定できる．

参考文献

早川 幸男『相対論の核心に触れる現象は何か』科学，10 月号，岩波書店 (1976), p.600
この論文は，この問題と同じ内容と考えられる観測を報告している．

① 1971 年に 3C279 などの電波源を観測した結果，もしそれが 2 つの近接成分からなるとすれば，両者の角距離が年々増加し，増加率を速度に換算すると光速度より大きくなると報告された．

それに対しては，2 成分ではなく多成分でその明るさが変動して見かけ上 2 成分が遠ざかるように見えているという批判があった．しかし，

② 1974-5 年に電波源 3C345 の観測を解析した結果，やはり電波源が 2 成分で，その離れていく角距離の増加率から速さを計算すると光速度を越えることが報告された．

この結果を慎重に検討していることが述べられている．

36

チェレンコフ光

ハノイ, ベトナム

2008

　光は真空中を速さ $c = 3.0 \times 10^8$ m/s で伝播し，どんな粒子もこれより速く動くことはできないというのがアインシュタインの相対性理論の結論である．しかし屈折率 n の透明な物質の中では光の速さは $\frac{c}{n}$ になるので，粒子の速さ v が光速を越えることが可能である．1934 年のチェレンコフの実験と 1937 年のタムとフランクの理論により，屈折率 n の媒質中で速さ $v > \frac{c}{n}$ で運動する荷電粒子は運動方向と角度 $\theta = \cos^{-1} \frac{1}{\beta n}$ $\left(\beta = \frac{v}{c}\right)$ をなす方向にチェレンコフ光と呼ばれる光を放射することが示された．

1　問　　題

1.1　放射光の向き

　粒子が一定の速さ $v > \frac{c}{n}$ で一直線上を動いているとする．時刻 0 のときに A 点，時刻 t_1 では B 点を通過する．現象は軸対称であるので AB を含む 1 つの平面上で光波を考えれば十分である．AB の中間のどの点でも粒子は速さ $\frac{c}{n}$ の球面波を放射するとしよう (実際には粒子の作用を受けた媒質原子中の電子が電磁波を放射するのである)．これらの球面波の各瞬間での包絡線がここで問題にする波面である．

36 チェレンコフ光

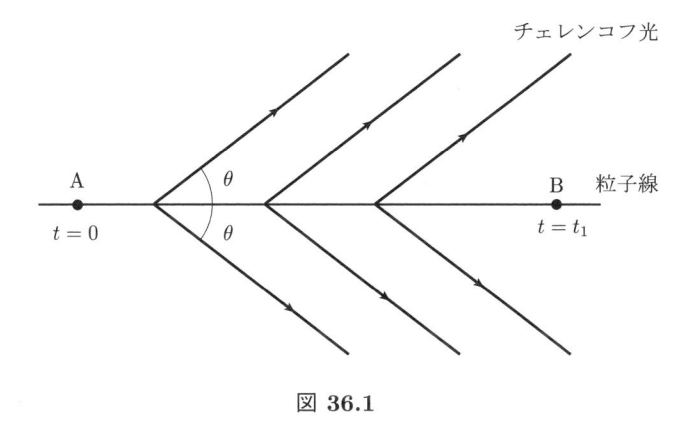

図 36.1

1.1.1 時刻 t_1 における波面とこの平面の交線を作図せよ

1.1.2 波面 (の平面との交線) と運動方向 (**AB**) のなす角 ϕ を n, β で表せ

1.2 リング像チェレンコフカウンター

中心が O で半径が R, 焦点距離が $f = \dfrac{R}{2}$ である凹球面鏡を考える. 図 36.2 のように球面鏡の中心 O を通るように x 軸をとり, 鏡との交点を S とする. S に向かって, この x 軸と角度 α をなす粒子線が入射してくるとし, 粒子の速さは $v > \dfrac{c}{n}$ だが, チェレンコフ光の角度 θ は小さい範囲にあるとしよう.

このとき粒子線は鏡の焦点面にリング状の像をつくる.

1.2.1 なぜリング状の像ができるかを説明し, その中心 O と半径 r を求めよ

この問題全体を通して α と θ の 2 次以上の項は無視できるものとする.

この方法はリング像チェレンコフカウンター (RICH) として使われ, 粒子が通過する物質は放射体と呼ばれる.

1.3 空気中のチェレンコフ光

3 種の粒子, 陽子, K 中間子, π 中間子を含む粒子線がある. この粒子線の運動量は $p = 10.0\,\mathrm{GeV}/c$ であり, それぞれの静止質量は $M_\mathrm{p} = 0.94\,\mathrm{GeV}/c^2$, $M_\mathrm{K} = 0.49\,\mathrm{GeV}/c^2$, $M_\pi = 0.14\,\mathrm{GeV}/c^2$ である. ここで pc と mc^2 はエネルギーの次元

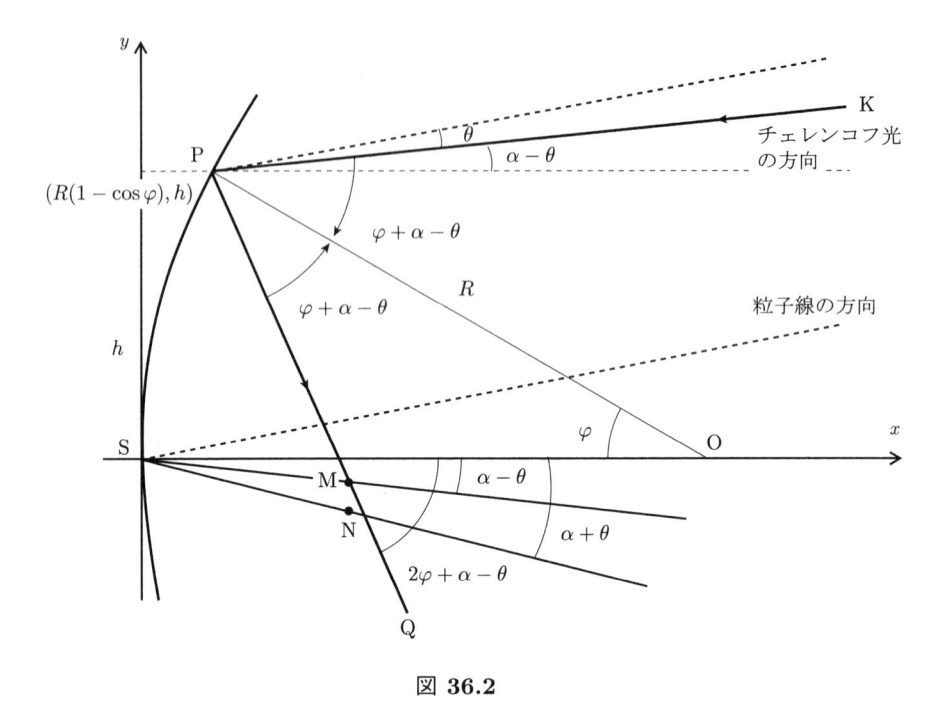

図 36.2

をもち，1 eV とは電子 1 個が 1 V で加速されたとき得るエネルギーに等しく，$1\,\mathrm{GeV} = 10^9\,\mathrm{eV}$，$1\,\mathrm{MeV} = 10^6\,\mathrm{eV}$．この粒子線は気圧 P の空気媒質中を通過する．空気の屈折率は気圧により変化し，$n = 1 + aP$ と表される．ここで定数 $a = 2.7 \times 10^{-4}\,\mathrm{atm}^{-1}$．

1.3.1 それぞれの粒子がチェレンコフ光を放射する最小の気圧を求めよ

1.3.2 K 中間子のリング像の半径が π 中間子の像の半径の半分になる気圧 $P_{\frac{1}{2}}$ を求めよ．またこの場合の θ_K，θ_π を求めよ．この気圧で陽子のリング像はできるか？

粒子線の運動量の値が幅をもっているとする．運動量は $10\,\mathrm{GeV}/c$ を中心に半値幅 (値が半分の大きさになる範囲) Δp の広がりをもつとする．これによりリング像も幅をもち，対応して θ も $\Delta \theta$ の半値幅をもつように広がる．空気媒質の気圧は先に求めた $P_{\frac{1}{2}}$ としよう．

1.3.3 π 中間子と K 中間子について $\dfrac{\Delta\theta_K}{\Delta p}$, $\dfrac{\Delta\theta_\pi}{\Delta p}$ を求めよ

1.3.4 $(\theta_\pi - \theta_K) > 10(\Delta\theta_K + \Delta\theta_\pi)$ ならば 2 つのリング像を区別することが可能である．2 つのリング像を区別できるような Δp の最大値を求めよ

1.4 水中のチェレンコフ光

チェレンコフは，放射性物質の近くに置いたビンの水を見ているときに光の放射を見て，この現象を発見したといわれている．水の屈折率は $n = 1.33$ である．

1.4.1 静止質量 M の粒子が水中でチェレンコフ光を放射するために必要な最小の運動エネルギー T_m を求めよ

1.4.2 チェレンコフが観察したときの放射線源からは α 粒子と β 粒子が出ていた．前者はヘリウムの原子核で静止質量 $M_\alpha = 3.8\,\text{GeV}/c^2$ であり，後者は電子で $M_e = 0.51\,\text{GeV}/c^2$ である．それぞれの T_m を求めよ

放射線源から放射される粒子のエネルギーは数 MeV を越えないことを考えると，これからチェレンコフが見たものはどちらの粒子によるものかがわかる．

1.5 チェレンコフ光と分散

ここまでの問題ではチェレンコフ光の波長を考えてこなかったが，実際にはチェレンコフ光の波長は可視光の範囲で波長 $0.4\,\mu\text{m}$ から $0.8\,\mu\text{m}$ の範囲に連続的に広がったスペクトルをもち，この範囲での波長の増加に従い媒質の屈折率は $n - 1$ の 2% だけ直線的に減少する．

1.5.1 運動量 $10\,\text{GeV}/c$ の π 中間子が $6\,\text{atm}$ の空気中を運動するとき，スペクトルの幅に対応する $\delta\theta$ を求めよ

1.5.2 π 中間子の粒子線の運動量が $p = 10\,\text{GeV}/c$ を中心に半値幅 $\Delta p = 0.3\,\text{GeV}/c$ をもつ場合に，屈折率の変化による分散と運動量の幅による広がりを比較せよ

1.5.3 リング像の円の内側から外側への色の変化を述べよ

2 解　答

2.1　放射光の向き

2.1.1　時刻 t_1 における波面と粒子の軌跡を含む平面との交線

粒子は運動しながら各瞬間に波を放出し，その波は媒質中を $\dfrac{c}{n}$ の速さで伝わる．したがって時刻 t_1 におけるその包絡面であるチェレンコフ光の波面は図 36.3 の BED および BD′ となる．

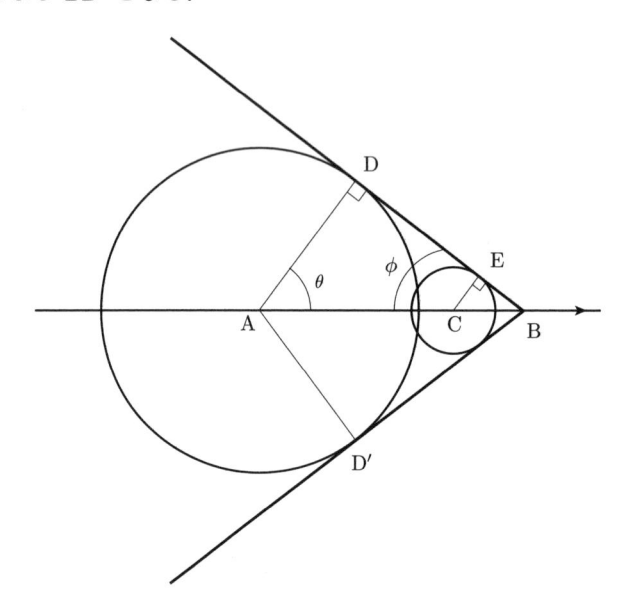

図 36.3

2.1.2　波面と運動方向 (AB) のなす角 ϕ

図 36.3 において $\overline{\mathrm{AB}} = vt_1$, $\overline{\mathrm{AD}} = \dfrac{c}{n}t_1$ であるから

$$\sin\phi = \frac{\mathrm{AD}}{\mathrm{AB}} = \frac{\dfrac{ct_1}{n}}{vt_1} = \frac{c}{vn} = \frac{1}{\beta n} \tag{2.1}$$

よって $\phi = \sin^{-1} \dfrac{1}{\beta n}$.

また $\phi = \dfrac{\pi}{2} - \theta$ であるから

$$\cos\theta = \frac{1}{\beta n}. \tag{2.2}$$

2.2 リング像チェレンコフカウンター

2.2.1 リング状の像ができる理由とその中心 O と半径 r

図 36.2 のように xy 座標をとろう．$y = h$ に入射するチェレンコフ光の入射光線 KP は反射して PQ のように進む．図から PQ の方程式は

$$y - h = -\{x - R(1 - \cos\phi)\}\tan(2\phi + \alpha - \theta) \tag{2.3}$$

となるが，α, θ, ϕ が十分小さいとして，その 2 次以上を無視し，同じ近似で $\phi = \dfrac{h}{R}$ とすれば

$$y - h = -x\left(\frac{2h}{R} + \alpha - \theta\right) \tag{2.4}$$

と書け，変形して

$$y = \left(1 - \frac{2x}{R}\right)h - x(\alpha - \theta) \tag{2.5}$$

を得る．

(2.5) から次のことがわかる．この式で $x = \dfrac{R}{2}$ とおけば，y は h によらず一定の値 $y = -(\alpha - \theta)\dfrac{R}{2}$ をとることになる．それはすなわち h の異なるどの光線も(近似的に) 点 $M = \left(\dfrac{R}{2}, -(\alpha - \theta)\dfrac{R}{2}\right)$ に集まるということである．

同様に θ を $-\theta$ で置き換えれば，粒子線に関して対称なチェレンコフ光の光線を表すことができ，したがってこちらは $N = \left(\dfrac{R}{2}, -(\alpha + \theta)\dfrac{R}{2}\right)$ に集まる．

したがって全体では粒子線を中心にリング状の像が $x = \dfrac{R}{2}$ の位置にでき，中心の座標は $\left(\dfrac{R}{2}, -\dfrac{R\alpha}{2}\right)$ その半径は $r = \dfrac{R\theta}{2} = f\theta$ となる．

2.3 空気中のチェレンコフ光

2.3.1 粒子がチェレンコフ光を放射する最小の気圧

チェレンコフ光を放射する条件は $v > \dfrac{c}{n}$ であり，$n > \dfrac{1}{\beta}$ と表すことができるので下限は $n_{\mathrm{m}} = \dfrac{1}{\beta}$ である．このとき

$$P_{\mathrm{m}} = \frac{1}{a}\left(\frac{1}{\beta} - 1\right). \tag{2.6}$$

β を計算するには，相対論的運動量の式

$$p = \frac{Mv}{\sqrt{1-\beta^2}} \tag{2.7}$$

を変形して

$$\frac{Mc^2}{pc} = \frac{\sqrt{1-\beta^2}}{\beta} = K \tag{2.8}$$

を得，左辺は与えられた数値から計算できるのでこれを K とおいた．

$$\frac{1}{\beta} = \sqrt{1+K^2} \tag{2.9}$$

と書け，これを (2.6) に代入する．問題から，陽子，K 中間子，π 中間子それぞれの場合，$K_{\mathrm{P}} = 0.094, K_{\mathrm{K}} = 0.049, K_{\pi} = 0.014$ になり，小さいので高次の項を無視すれば

$$P_{\mathrm{m}} = \frac{1}{a}(\sqrt{1+K^2} - 1) \approx \frac{1}{2a}K^2 \tag{2.10}$$

を得る．与えられた数値を代入して計算すると陽子，K 中間子，π 中間子それぞれについて $P_{\mathrm{m}} = 16\,\mathrm{atm}, 4.6\,\mathrm{atm}, 0.36\,\mathrm{atm}$ となる．

2.3.2 K 中間子のリング像の半径が π 中間子の像の半径の半分になる気圧 $P_{\frac{1}{2}}$ と $\theta_{\mathrm{K}}, \theta_{\pi}$

題意を満たすのは

$$\theta_{\pi} = 2\theta_{\mathrm{K}} \tag{2.11}$$

の場合であり，このとき $\cos\theta_\pi = \cos 2\theta_K = 2\cos^2\theta_K - 1$ であるから (2.2) から

$$\frac{1}{\beta_\pi n} = \frac{2}{\beta_K^2 n^2} - 1 \tag{2.12}$$

を得る．これは (2.9) を用いて n についての 2 次方程式

$$n^2 + \sqrt{1+K_\pi^2}\, n - 2(1+K_K^2) = 0$$

となり，根 $n = \frac{1}{2}\left(-\sqrt{1+K_\pi^2} \pm \sqrt{1+K_\pi^2 + 8 + 8K_K^2}\right)$ のうち負符号の方は $n < 0$ を与えるので捨て，前と同じように K^2 の高次の項を無視すれば

$$n = 1 - \frac{1}{6}K_\pi^2 + \frac{2}{3}K_K^2 = 1 - \frac{1}{6}(0.014)^2 + \frac{2}{3}(0.05)^2 = 1.00162$$

これから

$$P_{\frac{1}{2}} = \frac{1}{2.7 \times 10^{-4}}(n-1) = 6.1\,\text{atm} \tag{2.13}$$

(2.2) および (2.9) と n の値から $\theta_K = 1.6°$．したがって $\theta_\pi = 3.2°$ が計算できる．

陽子の P_m は 16 atm であるのに対して $P_{\frac{1}{2}} = 6.1$ atm なので，この場合の陽子のチェレンコフ光は観測できない．

2.3.3 $\dfrac{\Delta\theta_K}{\Delta p}, \dfrac{\Delta\theta_\pi}{\Delta p}$ の値

(2.2) および (2.9) から

$$\cos\theta = \frac{\sqrt{1+K^2}}{n} \tag{2.14}$$

であるので，この両辺を p で微分し

$$-\sin\theta \frac{d\theta}{dp} = \frac{1}{n}(1+K^2)^{-\frac{1}{2}} K \frac{dK}{dp}$$

を得るが，(2.8) から $\dfrac{dK}{dp} = -\dfrac{K}{p}$ なので

$$\frac{d\theta}{dp} = \frac{K^2(1+K^2)^{-\frac{1}{2}}}{pn\sin\theta}$$

となる．ここで K が小さいので最低次の項だけを残せば，$n \approx 1, \sin\theta \approx \theta$ として

$$\frac{d\theta}{dp} \approx \frac{K^2}{p\theta}. \tag{2.15}$$

この (2.15) にそれぞれの値,$K_{\mathrm{K}} = 5.0 \times 10^{-2}$, $\theta_{\mathrm{K}} = 1.6° = 0.0279\,\mathrm{rad}$, $K_\pi = 1.4 \times 10^{-2}$, $\theta_\pi = 3.2° = 0.0558\,\mathrm{rad}$ および $p = 10\,\mathrm{GeV}/c$ を代入して

$$\frac{\Delta\theta_{\mathrm{K}}}{\Delta p} = 9.0 \times 10^{-3}/\mathrm{GeV}$$

$$\frac{\Delta\theta_\pi}{\Delta p} = 3.5 \times 10^{-4}/\mathrm{GeV} \tag{2.16}$$

を得る.

2.3.4 2 つのリング像を区別することが可能な Δp の最大値

(2.16) から

$$\frac{\Delta\theta}{\Delta p} = \frac{\Delta(\theta_{\mathrm{K}} + \theta_\pi)}{\Delta p} = 9.3 \times 10^{-3}/\mathrm{GeV}/c \tag{2.17}$$

ここから $\frac{\theta_\pi - \theta_{\mathrm{K}}}{10} = 0.16° = 2.79 \times 10^{-3} > \Delta\theta$ となるためには

$$\Delta p < \frac{2.79 \times 10^{-3}}{9.3 \times 10^{-3}} = 0.30\,\mathrm{GeV}/c \tag{2.18}$$

でなければならない.

2.4 水中のチェレンコフ光

2.4.1 必要な運動エネルギーの最小値 T_{m}

チェレンコフ光を出すための粒子の速度の最小値は $v_{\mathrm{m}} = \dfrac{c}{n}$,すなわち

$$\beta_{\mathrm{m}} = \frac{v_{\mathrm{m}}}{c} = \frac{1}{n} = \frac{1}{1.33} \tag{2.19}$$

である.速さ v で動く物体の相対論的なエネルギーは静止質量を M として $E = \dfrac{Mc^2}{\sqrt{1-\beta^2}}$ であり,これから静止エネルギーを引いた

$$T = E - Mc^2 = Mc^2\left(\frac{1}{\sqrt{1-\beta^2}} - 1\right) \tag{2.20}$$

が運動エネルギーである．(2.19) を (2.20) に代入して計算すると

$$T_\mathrm{m} = 0.517 Mc^2. \tag{2.21}$$

2.4.2 α 粒子と β 粒子それぞれの T_m

それぞれの静止質量を代入して

$$\alpha \text{ 粒子について} \quad T_\mathrm{m} = 0.517 M_\alpha c^2 = 1.96\,\mathrm{GeV} \tag{2.22}$$

$$\text{電子について} \quad T_\mathrm{m} = 0.517 M_\mathrm{e} c^2 = 0.264\,\mathrm{MeV} \tag{2.23}$$

放射線源から飛び出してきた粒子のエネルギーは数 MeV だとすると，チェレンコフの見た光は電子によるものだということになる．

2.5 チェレンコフ光と分散

2.5.1 スペクトルの幅に対応する $\delta\theta$

(2.2) において粒子の β は一定で媒質の n が変化するとすれば，両辺を微分して

$$\frac{d\theta}{dn} = \frac{1}{n^2 \beta \sin\theta} = \frac{1}{n \tan\theta}$$

前と同じように $\tan\theta \approx \theta$, $n \approx 1$ とすれば

$$\frac{d\theta}{dn} \approx \frac{1}{\theta} \tag{2.24}$$

になるので，前問より $P = 6.0\,\mathrm{atm}$ のときの値 $\theta_\pi = 3.2° = 0.059\,\mathrm{rad}$ と $\delta n = 0.02(n-1) = 0.02 \times (1.00162 - 1) = 3.24 \times 10^{-4}$ を用いれば

$$\delta\theta = \frac{\delta n}{\theta_\pi} = 0.000549\,\mathrm{rad} = 0.031° \tag{2.25}$$

を得る．

2.5.2 π 中間子の粒子線の運動量が $p = 10\,\mathrm{GeV}/c$ を中心に半値幅 $\Delta p = 0.30\,\mathrm{GeV}/c$ をもつ場合に，屈折率の変化による分散と運動量の幅による広がりを比較せよ

屈折率の変化による広がりは，中心からの幅の大きさを考えれば $\frac{\delta\theta}{2} = 0.016°$．一方，運動量による変化は (2.16) より $\delta\theta_\pi = 3.51 \times 10^{-4}/\mathrm{GeV}\,\Delta p = 0.0060°$ を

得る．したがって前者は後者の 3 倍になる．

2.5.3　リング像の円の内側から外側への色の変化を述べよ

一般に，異常分散の波長範囲を除いて，波長が大きくなると屈折率は小さくなり，n が小さくなると θ は小さくなるのだから，波長が長くなると θ は小さくなる．よってリングの内側が赤く外側が青くなる．

V 動いている棒はどう見えるか
―相対性理論―

37

中心力のもとでの超相対論的粒子の 1 次元の運動

北京, 中国

1994

1 問　　題

特殊相対性理論では，静止質量 m_0 の自由粒子のエネルギー E と運動量 p の関係は

$$E = \sqrt{p^2c^2 + m_0^2c^4} = mc^2 \tag{1.1}$$

である．

このような粒子が保存力のもとにあると，$\sqrt{p^2c^2 + m_0^2c^4}$ と位置エネルギーの和である全エネルギーが保存される．粒子のエネルギーが非常に高いと，粒子の静止エネルギー m_0c^2 は無視できる (このような粒子は超相対論的粒子と呼ばれる)．

1.1　中心力のもとでの超相対論的粒子の 1 次元の運動

一定の大きさ f で中心に向かう引力のもとにある超相対論的粒子の 1 次元の運動を考えよう．時刻 $t = 0$ のとき中心に粒子があり，初期運動量が p_0 であったとする．少なくとも 1 周期について，時間 t に対する空間座標 x，空間座標 x に対する運動量 p を別々にプロットすることによって粒子の運動を記述せよ．折り返し点の座標を与えられたパラメーター p_0 と f で表せ．(p, x) 図では運動の進行方向を矢印で示せ．粒子が超相対論的でない短い時間があるが，無視するものとする．

1.2 中間子の内部でのクォークの運動

中間子は 2 つのクォークからできている．中間子の静止質量 M は 2 つのクォークの系の全エネルギーを c^2 で割ったものに等しい．

静止している中間子に対して次のような 1 次元のモデルを考えよう．この中間子の中では 2 つのクォークは x 軸に沿って運動し，一定の大きさの力 f で互いに引き合い，かつ互いに自由に通り抜けることができるとする．クォークの高エネルギーの運動を解析するときクォークの静止質量は無視できる．時刻 $t = 0$ には 2 つのクォークは共に $x = 0$ にあるとする．(x, t) 図と (p, x) 図を用いて 2 つのクォークの運動をそれぞれ図示せよ．折り返し点の座標を M と f で表し，(p, x) 図では進行方向を示せ．また 2 つのクォークの間の最大距離を求めよ．

1.3 実験室系への変換

§1.2 で用いた座標系を S 系と呼ぶことにしよう．この S 系に対し，一定の速さ $V = 0.6c$ で負の x 方向へ動いている実験室系を考え，S' 系とする．2 つの系の座標は $t = t' = 0$ で，S' での $x' = 0$ と S での $x = 0$ が一致するように選ばれている．2 つのクォークの運動を (x', t') 図で表せ．折り返し点の座標を M, f, c で表し，実験室系 S' での 2 つのクォークの最大距離を求めよ．

座標系 S と S' で観測される粒子の座標は次のローレンツ変換によって関係づけられる．

$$\begin{cases} x' = \gamma(x + \beta ct) \\ t' = \gamma\left(t + \beta \dfrac{x}{c}\right) \end{cases}$$

ここで $\beta = \dfrac{V}{c}, \gamma = \dfrac{1}{\sqrt{1-\beta^2}}$ で，V は系 S' に対して動く系 S の速度である．

1.4 静止質量 $Mc^2 = 140\,\text{MeV}$ の中間子が実験室系 S' で速度 $0.60c$ で走っているとき，この中間子のエネルギー E' を求めよ

2 解　　答

2.1 中心力のもとでの超相対論的粒子の 1 次元の運動

力が向かう中心を座標 x の原点にとれば，ポテンシャルエネルギーは

$$U(x) = f|x| \tag{2.1}$$

と書けるので，全エネルギーは

$$W = \sqrt{p^2c^2 + m_0^2c^4} + f|x| \tag{2.2}$$

と表される．静止エネルギー m_0c^2 を無視すれば，

$$W = |p|c + f|x| \tag{2.3}$$

となる．運動の間 W は保存されるので

$$W = |p|c + f|x| = p_0c. \tag{2.4}$$

原点からの最大距離は折り返し点の座標になる．その値を $|x| = L$ とすると，そのとき $p = 0$ で

$$L = \frac{p_0 c}{f}.$$

粒子の速さを求めよう．

1. $x > 0, p > 0$ の場合 (2.4) は $pc + fx = p_0c$ となり，両辺を微分すると

$$f\frac{dx}{dt} = -c\frac{dp}{dt}$$

相対論的な運動方程式は，運動量を用いて表すと非相対論的なニュートンの方程式と同じ形なので，$x > 0$ のときは中心力は負の方向であることを考慮すれば

$$\frac{dp}{dt} = -f$$

となる．よって速度は

$$\frac{dx}{dt} = c. \tag{2.5}$$

2. $x>0, p<0$ のときには (2.4) は $-pc+fx=p_0c$ であり，両辺を微分すると

$$f\frac{dx}{dt} = c\frac{dp}{dt}$$

なので速度は

$$\frac{dx}{dt} = -c. \tag{2.6}$$

3. 同様に $x<0, p>0$ のとき $\dfrac{dx}{dt}=c$

4. $x<0, p<0$ のとき $\dfrac{dx}{dt}=-c$

となる．したがって粒子は光速 c で $-L\leq x\leq L$ の間を往復する．原点から出発して折り返し点 $x=L$ に達するまでの時間は $\tau=\dfrac{L}{c}=\dfrac{p_0}{f}$ であり，急速に速さが 0 になる折り返し点では粒子は超相対論的ではなくなるだろうが，これは無視するのである．グラフは図 37.1 のようになる．

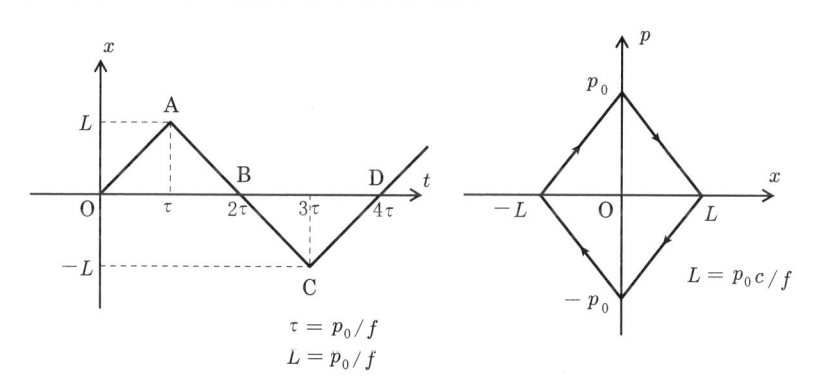

図 **37.1**

2.2 中間子の内部でのクォークの運動

2 つのクォークによって構成されている系の全エネルギーは，クォーク 1 とクォーク 2 の運動量と座標をそれぞれ p_1, p_2 と x_1, x_2 とすれば

$$Mc^2 = |p_1|c + |p_2|c + f|x_1 - x_2| \tag{2.7}$$

となる．静止した中間子については，2つのクォークの運動量の和は0で，2つのクォークは逆方向に対称的に動くので

$$p = p_1 + p_2 = 0, \quad p_1 = -p_2, \quad x_1 = -x_2 \tag{2.8}$$

となる．クォーク1が $x = 0$ にあるときの運動量を p_0 とすれば

$$Mc^2 = 2p_0 c \quad \text{あるいは} \quad p_0 = \frac{Mc}{2} \tag{2.9}$$

である．全エネルギーは，クォーク1とクォーク2に半分ずつ分けられているとわかるので，クォーク1のエネルギーは

$$p_0 c = |p_1|c + f|x_1| \tag{2.10}$$

これは1粒子のときと同じ形なので，クォーク1は図37.2の実線のように運動し，クォーク2は対称的に破線のように運動する．2つのクォークの最大距離は，図37.2から，次のようになる．

$$d = 2L = \frac{2p_0 c}{f} = \frac{Mc^2}{f}$$

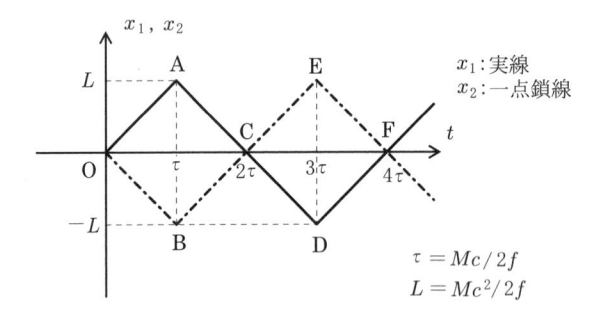

図 **37.2**

2.3 実験室系への変換

座標系 S は一定の速度 $V = 0.6c$ で実験室系 S' に対して x' 軸方向に動いている．2つの系の原点は最初 ($t = t' = 0$) 一致しているので，2つの系の間のローレ

ンツ変換は，
$$x' = \gamma(x + \beta ct)$$
$$t' = \gamma\left(t + \frac{\beta x}{c}\right) \tag{2.11}$$

となる．ここで，$\beta = \dfrac{V}{c}, \gamma = \dfrac{1}{\sqrt{1-\beta^2}}$ である．$V = 0.6c$ に対しては，$\beta = \dfrac{3}{5}, \gamma = \dfrac{5}{4}$ である．ローレンツ変換は線形変換なので直線は直線に変換される．そこで折り返し点の座標が S' でいくらになるか調べるだけでグラフは書ける．

クォーク 1

系 S		系 S'	
x_1	t_1	$x_1' = \gamma(x_1 + \beta ct_1)$ $= \dfrac{5}{4}x_1 + \dfrac{3}{4}ct_1$	$t_1' = \gamma\left(t_1 + \dfrac{\beta x_1}{c}\right)$ $= \dfrac{5}{4}t_1 + \dfrac{3}{4}x_1/c$
0	0	0	0
L	τ	$\gamma(1+\beta)L = 2L$	$\gamma(1+\beta)\tau = 2\tau$
0	2τ	$2\gamma\beta L = \dfrac{3}{2}L$	$2\gamma\tau = \dfrac{5}{2}\tau$
$-L$	3τ	$\gamma(3\beta - 1)L = L$	$\gamma(3-\beta)\tau = 3\tau$
0	4τ	$4\gamma\beta L = 3L$	$4\gamma\tau = 5\tau$

ここで $L = \dfrac{p_0 c}{f} = \dfrac{Mc^2}{2f}, \quad \tau = \dfrac{p_0}{f} = \dfrac{Mc}{2f} = \dfrac{L}{c}$.

クォーク 2

系 S		系 S'	
x_2	t_2	$x_2' = \gamma(x_2 + \beta ct_2)$ $= \dfrac{5}{4}x_2 + \dfrac{3}{4}ct_2$	$t_2' = \gamma\left(t_2 + \dfrac{\beta x_2}{c}\right)$ $= \dfrac{5}{4}t_2 + \dfrac{3}{4}x_2/c$
0	0	0	0
$-L$	τ	$-\gamma(1-\beta)L = -\dfrac{1}{2}L$	$\gamma(1-\beta)\tau = \dfrac{1}{2}\tau$
0	2τ	$2\gamma\beta L = \dfrac{3}{2}L$	$2\gamma\tau = \dfrac{5}{2}\tau$

| L | 3τ | $\gamma(3\beta+1)L = \frac{7}{2}L$ | $\gamma(3+\beta)\tau = \frac{9}{2}\tau$ |
| 0 | 4τ | $4\gamma\beta L = 3L$ | $4\gamma\tau = 5\tau$ |

図 **37.3**

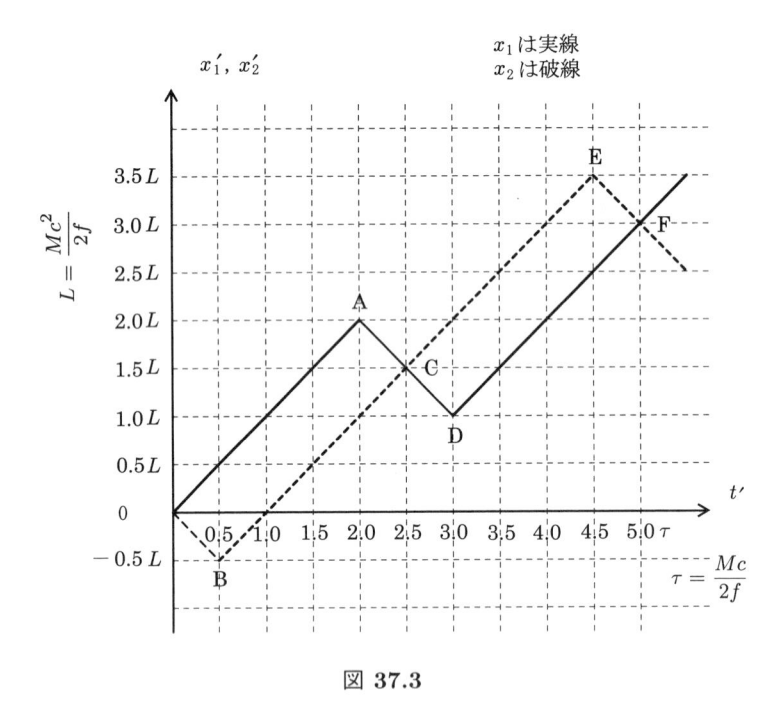

これから図 37.3 のようになり，クォーク間の距離は $t' = \frac{1}{2}\tau$ で最大値 d' となる．

$$d' = L = \frac{Mc^2}{2f}. \tag{2.12}$$

2.4　実験室系でのエネルギー

実験室系 S' で速度 $V = 0.6c$ の中間子は

$$E' = \frac{Mc^2}{\sqrt{1-\beta^2}} = \frac{1}{0.8} \times 140\,\text{MeV} = 175\,\text{MeV} \tag{2.13}$$

のエネルギーをもつ．

38

中性子の β 崩壊 (A) と光の圧力による空中浮遊 (B)

台北, 台湾

2003

1 問　　題

1.1　A. 中性子の β 崩壊

実験室の座標系で静止している質量 m_n の孤立中性子が, 3 つの相互作用しない粒子, 陽子, 電子, 反ニュートリノに崩壊する. 陽子, 電子の静止質量はそれぞれ m_p, m_e であり, 反ニュートリノの静止質量 m_ν は[1]0 ではないが電子の静止質量よりはるかに小さいとする. 真空中の光速は c で, 各質量の測定値は以下のようである (2006).

$$m_\mathrm{n} = 939.565360\,\mathrm{MeV}/c^2, \quad m_\mathrm{p} = 938.27203\,\mathrm{MeV}/c^2,$$
$$m_\mathrm{e} = 0.510998910\,\mathrm{MeV}/c^2$$

以下では, すべてのエネルギーと速度は実験室系で考える.

崩壊で飛び出してくる電子の全エネルギーを E とする. E の取り得る最大値を E_max とし, $E = E_\mathrm{max}$ のときの反ニュートリノの速さ v_ν を粒子の静止質量と光速を用いて表せ. $m_\nu < 2\,\mathrm{eV}/c^2$ とし, E_max と比率 v_ν/c を有効数字 3 桁で求めよ.

---

[1] 反ニュートリノは $\overline{\nu}$ とすべきだが, 下ツキでは繁雑になるので ¯ は省略する.

1.2　B. 光の圧力による空中浮遊

　屈折率 n，質量 m，半径 R の透明なガラス半球を用意する．半球の外部の屈折率は 1 とする．図 38.1 にあるように，平行な単色レーザービームが半球の底面中央部に一様に垂直に入射する．重力加速度 g は，底面に垂直に下向きである．レーザービームの当たる領域は半径 δ の円の内側であるが，この半径 δ は底面の半径 R よりはるかに小さい．ガラス半球もレーザービームも z 軸に関して軸対称である．

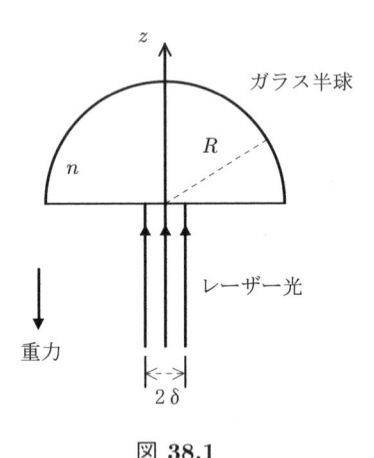

図 38.1

　ガラス半球はレーザー光を吸収せず，ガラス半球の表面は透明薄膜で覆われていて，レーザー光が入るときも出るときも反射は無視できるとする．表面の透明薄膜の光路への影響も無視できる．

　$\dfrac{\delta}{R}$ の 3 次以上の項は無視して，ガラス半球の受ける重力 (つまり重さ) に釣り合うレーザー出力 (単位時間あたりのエネルギー) P を求めよ．

　ヒント：θ が 1 より十分小さければ $\cos\theta \approx 1 - \dfrac{\theta^2}{2}$

2 解　　答

2.1　A. 中性子の β 崩壊

相対性理論によると，粒子が静止しているときの質量を m_0 とすると，その粒子が速度 $\boldsymbol{v}$ で動いているときの運動量 $\boldsymbol{p}$ とエネルギー E は

$$\boldsymbol{p} = \frac{m_0 \boldsymbol{v}}{\sqrt{1 - \frac{v^2}{c^2}}} \tag{2.1}$$

$$E = \frac{m_0 c^2}{\sqrt{1 - \frac{v^2}{c^2}}} \tag{2.2}$$

と表される．$|\boldsymbol{p}|^2 = p^2$ とすると，この式から

$$p^2 - \frac{E^2}{c^2} = -m_0^2 c^2 = \text{一定} \tag{2.3}$$

という関係および

$$v = c^2 \frac{p}{E} \tag{2.4}$$

が導かれる．上の運動量とエネルギーの関係は

$$\frac{E^2}{c^2} = p^2 + m_0^2 c^2$$

と書けるが，計算を簡単にするために cp, E, $m_0 c^2$, $\dfrac{v}{c}$ を p, E, m_0, v と書く記法を導入する．こうすると

$$E^2 - p^2 + m_0^2, \qquad v - \frac{p}{E} \tag{2.5}$$

と書ける．以下ではこれを用いて計算を進めることにしよう．これは光速 c (単位 m/s) を 1 とする単位系である．

電子の運動量を p_e として，それが最大のとき，電子のエネルギーも最大となる．運動量保存より電子の運動量の大きさが最大になるときは，陽子と反ニュートリノ両方とも電子と反対向きに飛ぶときである．まず運動量保存則から，陽子と反ニュートリノの運動量の大きさをそれぞれ p_p, p_ν とすると

$$0 = p_e + (-p_p) + (-p_\nu) \tag{2.6}$$

ここで $0 \leq \lambda \leq 1$ の範囲を取るパラメーター λ を導入し,

$$p_p = \lambda p_e, \quad p_\nu = (1-\lambda)p_e \tag{2.7}$$

と表す.

次にエネルギー保存則から, 中性子, 電子, 陽子, 反ニュートリノのエネルギーをそれぞれ E_n, E_e, E_p, E_ν とすれば

$$E_n = E_e + E_p + E_\nu \tag{2.8}$$

(2.5) と中性子は静止していて $p_n = 0$ であることを用いれば

$$m_n = \sqrt{p_e^2 + m_e^2} + \sqrt{p_p^2 + m_p^2} + \sqrt{p_\nu^2 + m_\nu^2} \tag{2.9}$$

(2.7) を代入すると

$$m_n = \sqrt{p_e^2 + m_e^2} + \sqrt{\lambda^2 p_e^2 + m_p^2} + \sqrt{(1-\lambda)^2 p_e^2 + m_\nu^2} \tag{2.10}$$

が得られる. p_e の最大値を求めるには, p_e を λ の関数と考え, (2.10) を λ で微分し, $\frac{dp_e}{d\lambda} = 0$ を代入すると

$$0 = 0 + \frac{\lambda p_e^2}{\sqrt{\lambda^2 p_e^2 + m_p^2}} + \frac{-(1-\lambda)p_e^2}{\sqrt{(1-\lambda)^2 p_e^2 + m_\nu^2}}$$

変形して

$$\frac{\lambda p_e}{\sqrt{\lambda^2 p_e^2 + m_p^2}} = \frac{(1-\lambda)p_e}{\sqrt{(1-\lambda)^2 p_e^2 + m_\nu^2}} \tag{2.11}$$

$v = \dfrac{p}{E}$ なのでこの式は, 陽子と反ニュートリノの速さが同じであることをも意味する.

(2.7) から $\dfrac{p_\nu}{p_p} = \dfrac{1-\lambda}{\lambda}$ である. 運動量は (2.1) のように表されることを用いると, 陽子と反ニュートリノの速さが等しいときは, $\dfrac{m_\nu}{m_p} = \dfrac{1-\lambda}{\lambda}$ が成り立ち

$$\lambda = \frac{m_p}{m_p + m_\nu} \tag{2.12}$$

を得る. (2.10) に代入して整理すれば

$$m_{\mathrm{n}} = \sqrt{p_{\mathrm{e}}^2 + m_{\mathrm{e}}^2} + \sqrt{p_{\mathrm{e}}^2 + (m_{\mathrm{p}} + m_{\nu})^2} \tag{2.13}$$

この式からも，陽子と反ニュートリノが「一体」となり飛び出すとき，電子のエネルギーが最大になっていることがわかる．(2.5) の関係を用い運動量を再びエネルギーと質量に戻すと

$$m_{\mathrm{n}} = E_{\mathrm{e}} + \sqrt{E_{\mathrm{e}}^2 - m_{\mathrm{e}}^2 + (m_{\mathrm{p}} + m_{\nu})^2} \tag{2.14}$$

となり，これを E_{e} について解けば

$$E_{\mathrm{e}} = \frac{m_{\mathrm{n}}^2 + m_{\mathrm{e}}^2 - (m_{\mathrm{p}} + m_{\nu})^2}{2m_{\mathrm{n}}} \tag{2.15}$$

が求まる.

　反ニュートリノの速さを求めるには，(2.5) より

$$v = \frac{p}{\sqrt{p^2 + m^2}}$$

であるが，ここでは陽子とニュートリノは「一体」となり同じ速さで飛び出していくのだから，その速さを v_{ν} とすれば

$$v_{\nu} = \frac{p_{\mathrm{e}}}{\sqrt{p_{\mathrm{e}}^2 + (m_{\mathrm{p}} + m_{\nu})^2}} \tag{2.16}$$

が成り立つ．(2.14) を用いれば

$$v_{\nu} = \frac{\sqrt{E_{\mathrm{e}}^2 - m_{\mathrm{e}}^2}}{m_{\mathrm{n}} - E_{\mathrm{e}}} \tag{2.17}$$

(2.15) を代入すれば

$$v_{\nu} = \frac{\sqrt{(m_{\mathrm{n}} + m_{\mathrm{e}} + m_{\mathrm{p}} + m_{\nu})(m_{\mathrm{n}} + m_{\mathrm{e}} - m_{\mathrm{p}} - m_{\nu})}}{m_{\mathrm{n}}^2 - m_{\mathrm{e}}^2 + (m_{\mathrm{p}} + m_{\nu})^2} \times \sqrt{(m_{\mathrm{n}} - m_{\mathrm{e}} + m_{\mathrm{p}} + m_{\nu})(m_{\mathrm{n}} - m_{\mathrm{e}} - m_{\mathrm{p}} - m_{\nu})} \tag{2.18}$$

数値計算を実行するには m_0 を $m_0 c^2$ に戻し (2.15) より

$$E_{\mathrm{e}} = \frac{\{(m_{\mathrm{n}}^2 + m_{\mathrm{e}}^2 - (m_{\mathrm{p}} + m_{\nu})^2\}c^2}{2m_{\mathrm{n}}} = 1.29\,\mathrm{MeV} \tag{2.19}$$

また (2.18) 左辺の v を $\dfrac{v}{c}$ に戻し，右辺はそのまま計算すれば

$$\frac{v_\nu}{c} = 0.00127 \tag{2.20}$$

を得る．

2.2　B．光の圧力による空中浮遊

量子力学では光は光子という粒子の集まりと考えることができる．真空中の光の振動数を ν，波長を λ，プランク定数を h とすると光子のエネルギー E と運動量 p は

$$E = h\nu \qquad p = \frac{h}{\lambda} \tag{2.21}$$

となる．これと波の関係式 $c = \lambda\nu$ を用いると $p = \dfrac{h\nu}{c}$ となり

$$E = cp \tag{2.22}$$

が成り立つ．この式と，$c = 1$ とした (2.5) と比べてみると，光子が質量 0 ということがわかる．

光子が屈折率 n の物質中に入ると振動数は変わらず，光の速度は $\dfrac{c}{n}$，波長は $\dfrac{\lambda}{n}$ となるので，物質中の光子のエネルギー E' と運動量 p' は

$$E' = h\nu = E \qquad p' = np \tag{2.23}$$

となる．ただし物質中では光速が $\dfrac{c}{n}$ となっているのでエネルギーと運動量の関係は変わらず

$$E^2 - c^2 p^2 = E'^2 - c'^2 p'^2 = 0 \tag{2.24}$$

が成り立つことに注意しておこう．物質中のド・ブロイ波長は $\lambda' = \dfrac{h}{p'} = \dfrac{1}{n}\lambda$ となる．

光がガラスに入射するときと光がガラスから出るときに屈折率の変化による運動量変化が起こるが，入るときと出るときの運動量の大きさの変化はちょうど反対であるから，ガラスによる光の吸収がなければ，ガラスに入る前と出た後を比

べればこのことによる運動量の大きさの変化はない．しかし屈折によって運動量の向きは変わるので z 成分に変化が生じている．光子はレーザー光のパワーに応じて次々に飛び込んでくるので，入射前の光子たちの運動量の z 成分と屈折後の光子たちの運動量の z 成分の単位時間あたりの総変化を求めると，それが単位時間あたりの力積すなわち光子たちが受けた力に等しい．

まず単位面積に単位時間あたり入射する光子の数 N を求めると，パワーが P であることから $P = \pi\delta^2 N h\nu$ より

$$N = \frac{P}{\pi\delta^2 h\nu} \tag{2.25}$$

と表される．

図 38.2 のように中心から r のところにある幅 dr の円環帯に入射する光子たちについて考えよう．入射前のこの光子たちの単位時間あたりの全運動量は

$$P_z^{\text{in}} = N\frac{h\nu}{c} \times 2\pi r dr = \frac{P}{\pi\delta^2}\frac{2\pi r dr}{c} = \frac{2Prdr}{c\delta^2} \tag{2.26}$$

である．

光子は底面に垂直に入射してまっすぐ進みガラスの中を直進した後，球面で屈折すると考えると，図 38.2 から 1 個の光子の運動量の z 成分は

$$\frac{h\nu}{c}\cos(\phi - \theta) \tag{2.27}$$

となるので，単位時間あたりの光子の全運動量の z 成分 P_z^{out} は $N\dfrac{h\nu}{c}\cos(\phi - \theta)2\pi r dr$ であり，(2.25) を用いれば $\dfrac{2Prdr}{c\delta^2}\cos(\phi - \theta)$ となる．

したがって単位時間あたりの全光子の運動量の z 成分の減少は r について積分して

$$\int_0^\delta (P_z^{\text{in}} - P_z^{\text{out}}) = \int_0^\delta \frac{2Prdr}{c\delta^2}[1 - \cos(\phi - \theta)] \tag{2.28}$$

となる．ここで被積分関数を変形・展開しよう．屈折の法則より $n = \dfrac{\sin\phi}{\sin\theta}$，また図から $\sin\theta = \dfrac{r}{R}$，かつ $\cos\theta = \dfrac{\sqrt{R^2 - r^2}}{R}$ を用い，$\dfrac{r}{R}$ の 2 乗までで展開すれば

$$\{1 - \cos(\phi - \theta)\} = (1 - \cos\phi\cos\theta - \sin\phi\sin\theta)$$

V　動いている棒はどう見えるか ——相対性理論——

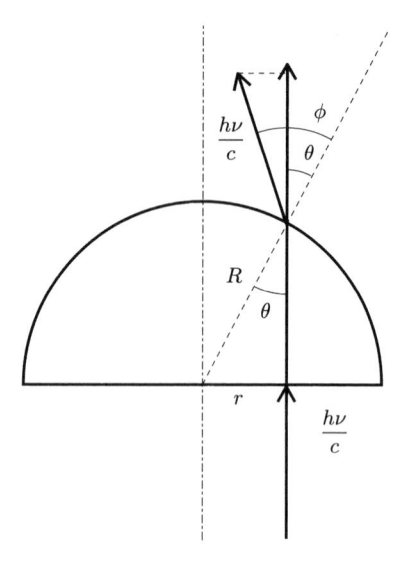

図 38.2

$$= (1 - \sqrt{1 - n^2 \sin^2\theta}\cos\theta - n\sin^2\theta)$$

$$= \left[1 - \left(1 - \frac{n^2 r^2}{R^2}\right)^{\frac{1}{2}}\left(1 - \frac{r^2}{R^2}\right)^{\frac{1}{2}} - \frac{nr^2}{R^2}\right]$$

$$\approx \left[1 - \left(1 - \frac{n^2 r^2}{2R^2}\right)\left(1 - \frac{r^2}{2R^2}\right) - \frac{nr^2}{R^2}\right]$$

$$\approx \frac{r^2(n-1)^2}{2R^2}$$

積分を実行すれば

$$\int_0^\delta (P_z^{\text{in}} - P_z^{\text{out}}) = \int_0^\delta \frac{2Prdr}{c\delta^2}\frac{r^2(n-1)^2}{2R^2} \tag{2.29}$$

$$= \frac{P(n-1)^2\delta^2}{4cR^2} \tag{2.30}$$

これと等しい力 (力積) を光子が受けており，作用反作用で光子はこれと等しく上向きの力をガラスに加える．したがってガラスにはたらく重力と釣り合うには

$$\frac{P(n-1)^2\delta^2}{4cR^2} = mg \tag{2.31}$$

これから光の単位時間の入射全エネルギー P は

$$P = \frac{4mgcR^2}{(n-1)^2\delta^2}. \tag{2.32}$$

39

動いている棒はどう見えるか

シンガポール，シンガポール共和国

2006

1 問　　題

針穴写真機 (ピンホールカメラ) がある．その針穴は座標 $x=0$ の位置の真上で，x 軸から D 離れたところにあり，ごく短い間シャッターを開いて棒の写真を撮るとする．x 軸には等間隔で印が付けられており，針穴写真機で撮られた写真から見かけの棒の長さ (それは写真に写ったとおりのということだが) が決定できるようになっている．棒が静止しているときに撮った写真で見ると棒の長さは L である．では棒が x 軸に平行に置かれ，正の方向に一定の速さ v で動いているときはどうなるだろうか (図 39.1)．

1.1 基本的な関係

針穴写真機には棒の微小な 1 部分が $\tilde{x}$ の位置に写っているとしよう．

1.1.1 写真が撮られた瞬間にはこの微小部分は本当はどこにあったのか，その座標 x を求めよ

答は $\tilde{x}, D, L, v$，および光速 $c = 3.00 \times 10^8\,\mathrm{m/s}$ を用いて表せ．できれば $\beta = \dfrac{v}{c}, \gamma = \dfrac{1}{\sqrt{1-\beta^2}}$ を用いて答えを簡潔に表せ．

1.1.2 1 の逆変換を求めよ．すなわち，$\tilde{x}$ を x, D, L, v, C で表せ

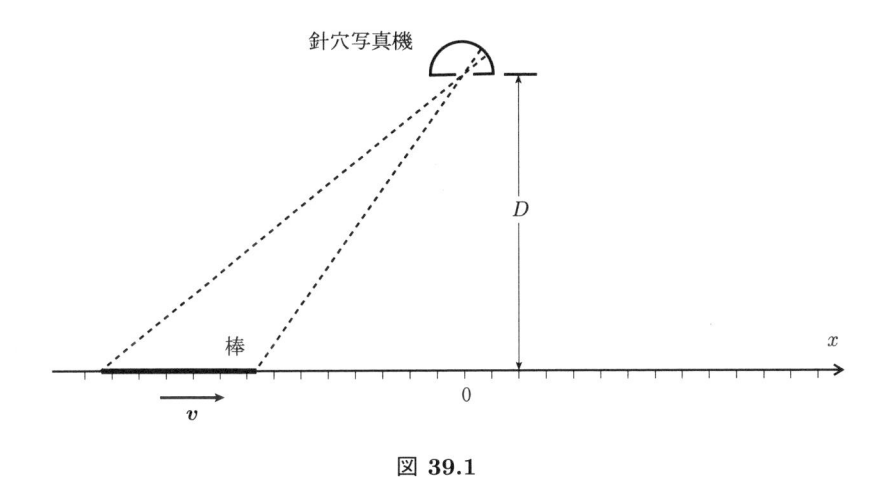

39 動いている棒はどう見えるか

図 39.1

1.2 棒の見かけの長さ

棒の中心が実際に x_0 にある瞬間に針穴写真機で写真を撮ったとしよう．

1.2.1 この写真に写っている棒の見かけの長さはいくらか

1.2.2 見かけの長さが時間につれてどう変わるかを示せ

1.3 対称な写真

針穴写真機のある写真では，棒の両端が写真機の針穴の位置 $(x = 0)$ から等距離に写っている．これを対称な写真と呼ぶことにする．

1.3.1 この写真での棒の見かけの長さはいくらか

1.3.2 この写真を撮ったとき棒の中心はどこにあったか

1.3.3 この写真では棒の中心の像はどこにあるか

1.4 非常に早い時刻と遅い時刻の写真

針穴写真機で，近づく棒がまだ非常に遠くにあるとき，いわば非常に早い時刻に写真を撮る．また遠ざかる棒が非常に遠く離れたとき，つまり非常に遅い時刻に写真を撮る．1 つの写真では棒の長さは 1.00 m，もう 1 つの写真では棒の長さは 3.00 m だった．

1.4.1 それぞれどちらの写真か述べよ

1.4.2 棒の速さ v を求めよ

1.4.3 静止したときの棒の長さを求めよ

1.4.4 §1.3 の対称な写真を撮ったときの棒の見かけの長さはいくらになるか

2 解　答

2.1 基本的な関係

2.1.1 本当の座標 x

$\tilde{x}$ にある棒の微小部分が発した光が，針穴写真機に届くまで

$$T = \frac{\sqrt{D^2 + \tilde{x}^2}}{c}$$

の時間がかかる．その間も棒は v の速度で進み続けるから，

$$x = \tilde{x} + \beta\sqrt{D^2 + \tilde{x}^2}$$

となる．

2.1.2 1 の逆変換

1 の式を $\tilde{x}$ について解けばよい．$\tilde{x}$ についての 2 次方程式になるので，解

$$\tilde{x} = \gamma^2 x \pm \beta\gamma\sqrt{D^2 + (\gamma x)^2}$$

が得られるが，$\tilde{x}$ は x より左にある場合を考えているので負号の方をとればよい．よって

$$\tilde{x} = \gamma^2 x - \beta\gamma\sqrt{D^2 + (\gamma x)^2} \tag{2.1}$$

2.2 棒の見かけの長さ

2.2.1 写真に写っている棒の見かけの長さ

以下の 2 つの要素を考えなくてはならない．

39 動いている棒はどう見えるか

A. 動いている棒の長さは，静止しているときの長さより縮んで見えるというローレンツ短縮

アインシュタインの特殊相対性理論によれば，ある慣性座標系 $K(t,x,y,z)$ に対して，x 方向に平行に速度 v で動いている座標系 $K'(t',x',y',z')$ があると，ある 1 つの事象を表すそれぞれの座標系の時刻と位置の間に次のローレンツ変換が成り立つ．

$$t' = \frac{t - \frac{v}{c^2}x}{\sqrt{1-\left(\frac{v}{c}\right)^2}}$$

$$x' = \frac{x - vt}{\sqrt{1-\left(\frac{v}{c}\right)^2}}$$

$$y' = y$$

$$z' = z$$

ただし $t=0$ で 2 つの座標系は一致していたとする．

K' 系での棒の先端と後端の座標を x'_2, x'_1 とし，これを K 系で同時刻に観測したときの座標を x_2, x_1 とすると，ローレンツ変換より，

$$x'_2 - x'_1 = \frac{x_2 - x_1}{\sqrt{1-\beta^2}}$$

棒と一緒に動く座標系を K' とするなら，この座標系では棒は静止しているのでその長さを測ると L になる．よって

$$x_2 - x_1 = \sqrt{1-\beta^2}L = \frac{L}{\gamma}$$

つまりこれだけ長さが短く見える．

B. §2.1 のように，光が有限の速さ c で伝わるために生じる位置のずれ．これは (2.1) によって与えられる．

A, B を考慮すると次のようになる．まず K 系で写真を撮ったときと同時刻の

ローレンツ短縮を考えて，実際の座標を求めると，棒の中心の座標は x_0 なので $x_2 = x_0 + \dfrac{L}{2\gamma}, x_1 = x_0 - \dfrac{L}{2\gamma}$ となり，これを (2.1) により，写真上の見かけの位置に戻すと，

$$\tilde{x}_{2,1} = \gamma^2 \left(x_0 \pm \frac{L}{2\gamma}\right) - \beta\gamma\sqrt{D^2 + \left(\gamma x_0 \pm \frac{L}{2}\right)^2}$$

となるので，写真上の見かけの長さを $\tilde{L}$ とすれば

$$\tilde{L} = \tilde{x}_2 - \tilde{x}_1 = \gamma L + \beta\gamma\sqrt{D^2 + \left(\gamma x_0 - \frac{L}{2}\right)^2} - \beta\gamma\sqrt{D^2 + \left(\gamma x_0 + \frac{L}{2}\right)^2}$$

となる．

2.2.2 　見かけの長さの時間変化

棒は速度 V で右に進んでいくので x_0 は時間がたつにつれて次第に大きくなる．変化を見るために $\tilde{L}$ を x_0 について微分すると

$$\begin{aligned}
\frac{d\tilde{L}}{dx_0} &= \beta\gamma^2 \frac{\gamma x_0 - \dfrac{L}{2}}{\sqrt{D^2 + \left(\gamma x_0 - \dfrac{L}{2}\right)^2}} - \beta\gamma^2 \frac{\gamma x_0 + \dfrac{L}{2}}{\sqrt{D^2 + \left(\gamma x_0 + \dfrac{L}{2\gamma}\right)^2}} \\
&= \beta\gamma^2 \frac{1}{\sqrt{1 + \left(\dfrac{D}{\gamma x_0 - \dfrac{L}{2}}\right)^2}} - \beta\gamma^2 \frac{1}{\sqrt{1 + \left(\dfrac{D}{\gamma x_0 + \dfrac{L}{2}}\right)^2}}
\end{aligned}$$

明らかに第 2 項の方が大きいので微分係数はいつも負になり，長さ $\tilde{L}$ は単調減少つまりいつも減っていく．

2.3 　対称な写真

2.3.1 　写真での棒の見かけの長さ

写真が対称になっているということは光が出た瞬間には，棒は中心が針穴の真

下，すなわち原点にある状態だったということになる．両端からの光は同時に写真機に到達する．このときは棒の見かけの長さは§2.2.1 の A で示したローレンツ短縮だけ考えればよいので

$$\tilde{L} = \frac{L}{\gamma}$$

である．

2.3.2 写真を撮ったとき棒の中心

§2.3.1 の考察から写真を撮ったのは，前端，後端がそれぞれ $x_2 = \dfrac{L}{2\gamma}$, $x_1 = \dfrac{L}{2\gamma}$ にあるときに発した光が針穴まで届いたときである．光が届くまでの時間は $\dfrac{\sqrt{D^2 + \left(\dfrac{L}{2\gamma}\right)^2}}{c}$ であり，原点にあった棒の中心はその間，速度 V で進んでいるから，写真を撮ったときは

$$x_0 = \beta\sqrt{D^2 + \left(\frac{L}{2\gamma}\right)^2}$$

にある．

2.3.3 写真では棒の中心の像はどこにあるか

§2.3.2 で求めた x_0 を式 (2.1) に代入すると，x_0 の写真上での見かけの位置

$$\tilde{x_0} = \gamma^2 x_0 - \beta\gamma\sqrt{D^2 + (\gamma x_0)^2}$$
$$= \beta\gamma\sqrt{(\gamma D)^2 + \left(\frac{L}{2}\right)^2} - \beta\gamma\sqrt{(\gamma D)^2 + \left(\frac{\beta L}{2}\right)^2}$$

が求まる．第 1 項より第 2 項の方が小さいので，これは棒の中心の像は進行方向にずれていることを表す．進むにつれて見かけの長さが短くなることを考えれば当然である．

2.4 非常に早い時刻と遅い時刻の写真

2.4.1 それぞれどちらの写真か

非常に早い (前の) 時刻とは $x_0 = -\infty$，非常に遅い (後の) 時刻とは $x_0 = \infty$

のときのことである．棒の長さは，棒が右に進んで x_0 が大きくなるにつれて短くなるのだから前者が $3\,\mathrm{m}$，後者が $1\,\mathrm{m}$ である．

2.4.2　棒の速さ v

x_0 が D, L に比べて大きいとすると見かけの長さの式から

$$\begin{aligned}
\tilde{L} &= \gamma L + \beta\gamma\sqrt{D^2 + \left(\gamma x_0 - \frac{L}{2}\right)^2} - \beta\gamma\sqrt{D^2 + \left(\gamma x_0 + \frac{L}{2}\right)^2} \\
&= \gamma L + \beta\gamma\sqrt{\gamma^2 x_0^2 - L\gamma x_0 + \frac{L^2}{4} + D^2} + \beta\gamma\sqrt{\gamma^2 x_0^2 + L\gamma x_0 + \frac{L^2}{4} + D^2} \\
&\approx \gamma L + \beta\gamma|\gamma x_0|\left(1 - \frac{L}{2\gamma x_0}\right) - \beta\gamma|\gamma x_0|\left(1 + \frac{L}{2\gamma x_0}\right)
\end{aligned}$$

となる．よって

$x_0 \to -\infty$ なら　$\tilde{L}_{-\infty} = (1+\beta)\gamma L = \sqrt{\dfrac{1+\beta}{1-\beta}}L$,

$x_0 \to \infty$ なら　$\tilde{L}_{\infty} = (1+\beta)\gamma L = \sqrt{\dfrac{1-\beta}{1+\beta}}L$

となる．この連立方程式をそれぞれについて解けば，次の関係式たちが得られる．

$$\beta = \frac{\tilde{L}_{-\infty} - \tilde{L}_{\infty}}{\tilde{L}_{-\infty} + \tilde{L}_{\infty}}$$

$$\gamma = \frac{\tilde{L}_{-\infty} + \tilde{L}_{\infty}}{2\sqrt{\tilde{L}_{-\infty}\tilde{L}_{\infty}}}$$

$$L = \sqrt{\tilde{L}_{-\infty}\tilde{L}_{\infty}}$$

$$\tilde{L} = \frac{L}{\gamma} = \frac{\tilde{L}_{-\infty}\tilde{L}_{\infty}}{\tilde{L}_{-\infty} + \tilde{L}_{\infty}}$$

この式に $\tilde{L}_{-\infty} = 3, \tilde{L}_{\infty} = 1$ を代入して以下の解答が得られる．

$\beta = \dfrac{1}{2}, v = \dfrac{c}{2}$

2.4.3　静止したときの棒の長さ

$\mathrm{L} = 1.73\,\mathrm{m}$

2.4.4　§1.3 の対称な写真を撮ったときの棒の見かけの長さ

$\tilde{L} = 1.50\,\mathrm{m}$.

40

次元解析とブラックホール

イスファファン, イラン

2007

1 問　題

　物理学で何かと何かが等しいという関係が得られたとき，その等式の両辺にある量は同じ性質の量でなくてはならない．言い換えると同じ次元をもたなければならない．たとえば，等式の右辺が長さを表す量なのに，左辺が時間間隔を表す量であるということはあってはならない．このことを使うと，問題を解析的に解かなくても物理的な関係式の形を導くことができる．たとえば物体が一定の重力加速度 g を受けながら高さ h 落ちるのにかかる時間を求めるとする．この場合は g と h という量を用いて，時間間隔を表す量をつくることが必要なのだから，唯一の可能な方法は $T = a(h/g)^{\frac{1}{2}}$ と組み合わせることである．ただし，この等式には，a という次元がない係数を含んでいて，その値はこのやり方では決定できないことに注意しよう．この係数は $1, \frac{1}{2}, \sqrt{3}, \pi$ などの数である．このようにして物理的関係式を導くやり方を次元解析という．次元解析では，次元(単位)のない係数は重要ではないので普通は書かないでおく．幸いなことにほとんどの物理の問題ではこれらの係数たちは 1 桁の位の大きさであり，それを省略しても物理量の大きさのオーダー [1] を変えない．したがって，上の問題に次元解析を適用した結果，$T = (h/g)^{\frac{1}{2}}$ という答えを得るといってよい．

---

[1] 10 の位の数はオーダーが 10 である，あるいは 10 のオーダーであるといい，100 の位の数はオーダーが 100，あるいは 100 のオーダーであるという．

一般に，物理量の次元は 4 つの基本量の次元から組み立てられている．質量 M，長さ L，時間 T，そして温度 K である．量 x の次元を $[x]$ と書く．たとえば，速度 v, 運動エネルギー E_k, 熱容量 C_v の次元は，それぞれ $[v] = \mathrm{LT}^{-1}$, $[E_k] = \mathrm{ML}^2\mathrm{T}^{-2}$, $[C_v] = \mathrm{ML}^2\mathrm{T}^{-2}\mathrm{K}^{-1}$ と表される．電磁気学が関わる問題では，これに電気量 Q が加わる．

1.1 基本定数と次元解析

1.1.1 基本定数の次元を求めてみよう

プランク定数 h, 光速 c, 重力定数 G, ボルツマン定数 k_B の次元を基本単位を用いて表せ．

1.1.2 シュテファン-ボルツマンの定数の次元を基本単位を用いて表せ

シュテファン-ボルツマンの法則とは，黒体 (すべての光を吸収する理想的な物体) が単位表面積あたり，単位時間あたりに放射するエネルギーは $\sigma\theta^4$ に等しいというものである．ここで σ はシュテファン-ボルツマンの定数で，θ は黒体の絶対温度である．

1.1.3 シュテファン-ボルツマンの定数を基本定数を用いて $\sigma = ah^\alpha c^\beta G^\gamma k_\mathrm{B}{}^\delta$ と表したとき，$\alpha, \beta, \gamma, \delta$ を求めよ

シュテファン-ボルツマンの定数は，基本定数ではないので他の基本定数で表すことができる．この関係式で a は (おそらくは 1 のオーダーの) 無次元の量である．次元解析ではこの正確な値は重要でないので 1 とおいてよい．

1.2 ブラックホールの物理

この次元解析を用いて，ブラックホールのいくつかの性質を見出してみよう．「ブラックホールには毛がない」と呼ばれる定理によって，ここで考えるブラックホールの諸特質はその質量のみに依存する．特質の 1 つは「事象の地平面」の面積である．簡単にいえば「事象の地平面」というのはブラックホールの境界であり，この境界の中では重力があまりに強いため，光でさえもこの境界で囲まれた内部から出てくることができない．

40 次元解析とブラックホール

1.2.1 ブラックホールの質量 m と事象の地平面の面積の関係を求めよう

この面積 A はブラックホールの質量，光の速さそして重力定数によって決まるので $A = G^\alpha c^\beta m^\gamma$ と書くことができる．

この結果からわかるように，事象の地平面はブラックホールの質量とともに増大する．古典論的な観点から考えると，ブラックホールからは何も出てこないのだから，どんな物理過程においても事象の地平面は増大するはずだ．熱力学の第二法則との類推で，ベケンシュタインは，事象の地平線の面積に比例するエントロピーをブラックホールがもつと考えた．したがってそれは $S = \eta A$ と書ける．この推定は他の議論からも支持強化されてきた．

1.2.2 エントロピーの熱力学的定義 $dS = \dfrac{dQ}{\theta}$ を用いて，エントロピーの次元を求めよ

dQ は考えている系に出入りする熱量であり，θ は系の絶対温度である．

1.2.3 η を基本定数 h, c, G, k_B で表し，次元解析により各指数を求めよ

1.3 ホーキング放射

以下ではこれまでに得られた結果を用いてよいが，次元解析は用いずに答えよ．

ホーキングは，準量子力学的な考察によって，古典論的な観点とは反対に，ブラックホールは，ホーキング温度と呼ばれる温度に対応する黒体放射と同様な放射を放出すると論じた．

1.3.1 ブラックホールの質量とエネルギーの関係を $E = mc^2$ とし，熱力学の法則を用いて，ホーキング温度 θ_H を質量と基本定数で表せ．ここではブラックホールは外部に対して仕事はしないものと仮定する

1.3.2 孤立したブラックホールの質量はこのホーキング放射によって減少する．シュテファン-ボルツマンの法則を用いて，単位時間あたりの変化を質量と基本定数で表せ

1.3.3 孤立している質量 m のブラックホールが完全に蒸発するまでの時間 t^* を求めよ

1.3.4 質量 m のブラックホールの熱容量を求めよ

熱力学的観点から見てブラックホールは特異な性質を示す．そのうちの1つが熱容量が負になることである．

1.4 ブラックホールと宇宙背景放射

宇宙背景放射は全宇宙を満たしており，ある温度 θ_B の黒体放射に等しい．したがって，宇宙にある表面積 A をもつ物体は，毎秒ごとに $\sigma\theta_B{}^4 A$ のエネルギーを受け取っている．ブラックホールも当然この放射にさらされているので，ホーキング放射でエネルギーを失うと同時にこの背景放射からエネルギーを得ていることになる．

- **1.4.1** ブラックホールの質量の時間変化を，その質量 m および θ_B と基本定数で表せ
- **1.4.2** ある質量 m^* で上の値はゼロになる．m^* を θ_B と基本定数で表せ
- **1.4.3** §1.4.2 の結果を用いて，§1.4.1 の結果から θ_B を消去し，ブラックホールの質量の時間変化を m, m^* と基本定数で表せ
- **1.4.4** 宇宙背景放射と熱平衡になったときのホーキング温度を求めよ
- **1.4.5** その平衡状態は安定か不安定か，それはなぜか

2 解　　答

2.1 基本定数と次元解析

2.1.1 基本定数

題意に適した物理的関係式を用いて次元を求めればよい．

量子力学のエネルギーと振動数の関係から $E = h\nu$ よって $[h] = [E][\nu]^{-1} = ML^2T^{-1}$

光速 $[c] = LT^{-1}$

重力の式 $F = G\dfrac{m_1 m_2}{r^2}$ から $[G] = M^{-1}L^3T^{-2}$

分子運動と内部エネルギーの式 $E = k_B\theta$ から $[k_B] = ML^2T^{-2}K^{-1}$

40 次元解析とブラックホール

2.1.2 シュテファン-ボルツマンの定数

黒体放射の法則から $[\sigma]\mathrm{K}^4 = [E]\mathrm{L}^{-2}\mathrm{T}^{-1}$ よって $[\sigma] = \mathrm{MT}^{-3}\mathrm{K}^{-4}$

2.1.3 σ を基本定数で表すと

$[\sigma] = [h]^\alpha [c]^\beta [G]^\gamma [k_\mathrm{B}]^\delta$ とおいて，いままでに求めた各量の次元を代入して両辺の次元を書けば，$\mathrm{MT}^{-3}\mathrm{K}^{-4} = \mathrm{M}^{\alpha-\gamma+\delta}\mathrm{L}^{2\alpha+\beta+3\gamma+2\delta}\mathrm{T}^{-\alpha-\beta-2\gamma-2\delta}\mathrm{K}^{-\delta}$ となるので次の連立方程式が成り立ち，

$$\alpha - \gamma + \delta = 1$$
$$2\alpha + \beta + 3\gamma + 2\delta = 0$$
$$-\alpha - \beta - 2\gamma - 2\delta = -3$$
$$-\delta = -4$$

これを解いて $\alpha = -3, \beta = -2, \gamma = 0, \delta = 4$ が得られる．この結果

$$\sigma = \frac{k_\mathrm{B}{}^4}{c^2 h^3} \tag{2.1}$$

と表せる．

2.2 ブラックホール

2.2.1 事象の地平線の面積

$A = G^\alpha c^\beta m^\gamma$ とすれば，次元解析より $\mathrm{L}^2 = (\mathrm{M}^{-1}\mathrm{L}^3\mathrm{T}^{-2})^\alpha (\mathrm{LT}^{-1})^\beta \mathrm{M}^\gamma$. これから $\alpha = 2, \beta = -4, \gamma = 2$ である．よって

$$A = \frac{m^2 G^2}{c^4} \tag{2.2}$$

と表せる．

2.2.2 エントロピーの次元

熱力学では，考えている系に流入する熱量を dQ, 絶対温度を θ として，系のエントロピーの増分は $dS = \dfrac{dQ}{\theta}$ と定義される．したがって $[S] = [E][\theta]^{-1} = \mathrm{ML}^2\mathrm{T}^{-2}\mathrm{K}^{-1}$

2.2.3 η を基本定数で表す

$\eta = \dfrac{S}{A}$ より $[\eta] = \mathrm{MT}^{-2}\mathrm{K}^{-1}$. これを基本定数で表すと

$$[\eta] = [G]^\alpha [h]^\beta [c]^\gamma [k_\mathrm{B}]^\delta = \mathrm{M}^{-\alpha+\beta+\delta} \mathrm{L}^{3\alpha+2\beta+\gamma+2\delta} \mathrm{T}^{-2\alpha-\beta-\gamma-2\delta} \mathrm{K}^{-\delta}$$

となるので指数を比較して

$$\alpha = -1,\ \beta = -1,\ \gamma = 3,\ \delta = 1$$

を得る．したがって

$$\eta = \frac{c^3 k_\mathrm{B}}{Gh} \tag{2.3}$$

と表される．

2.3 ホーキング放射

2.3.1 ホーキング温度 θ_H を質量と基本定数で表す

熱力学第一法則，つまりエネルギー保存の法則は $dE = dQ + dW$ と書ける．dE は内部エネルギーの増加，dQ は流入する熱量，dW は外部からなされる仕事である．ここでは与えられた仮定により $dW = 0$ とする．dQ は §2.2.2 のようにエントロピーを用いて $dQ = \theta dS$ と書けるので，これを用いると $dE = \theta_\mathrm{H} dS$ となる．ここでは，E も S も質量 m のみの関数になっていた．

したがって絶対温度 $\theta_\mathrm{H} = \dfrac{dE}{dS} = \left(\dfrac{dS}{dE}\right)^{-1}$ となる．$E = mc^2$ と前問から得た $S = \dfrac{Gk_\mathrm{B} m^2}{ch}$ を用いると，

$$\theta_\mathrm{H} = \frac{c^3 h}{2Gk_\mathrm{B} m} \tag{2.4}$$

が得られる．

2.3.2 孤立ブラックホールの質量減少

孤立したブラックホールのエネルギーの減少は，ホーキング放射によってのみ失われると考えると，黒体放射のシュテファン-ボルツマンの法則を用いて

$$\frac{dE}{dt} = -\sigma \theta_H{}^4 A$$

と表せる．(2.1), (2.2), (2.4), $E = mc^2$ を代入すると，

$$\frac{dm}{dt} = -\frac{c^4 h}{16 G^2 m^2} \tag{2.5}$$

が得られる．

2.3.3 ブラックホールが完全に蒸発する時間 t^*

(2.5) で得られた質量の時間変化を積分すればよい．それにはまず m^2, dt を対辺に移して変数を分離してから両辺を積分する．

$$\int_m^0 m'^2 \, dm' = -\int_0^{t^*} \frac{c^4 h}{16 G^2} \, dt$$

この結果

$$t^* = \frac{16 G^2 m^3}{3 c^4 h} \tag{2.6}$$

を得る．

2.3.4 ブラックホールの熱容量

熱容量 C_v は単位温度あたりのエネルギー変化だから

$$C_v = \frac{dE}{d\theta_H}$$

(2.4) と $E = mc^2$ を用いて

$$C_v = -\frac{2 G k_B m^2}{c h}$$

を得る．

2.4 ブラックホールと宇宙背景放射

2.4.1 質量の変化

ブラックホールはホーキング放射でエネルギーを失うと同時に，宇宙背景放射からエネルギーを吸収する．したがってエネルギーの時間変化は

となる．$E = mc^2$ と (2.2), (2.1), (2.4) を代入して

$$\frac{dm}{dt} = -\frac{c^4 h}{16G^2 m^2} + \frac{G^2(k_B \theta_B)^4 m^2}{c^8 h^3} \tag{2.8}$$

$$\frac{dE}{dt} = -\sigma \theta_H{}^4 A + \sigma \theta_B{}^4 A \tag{2.7}$$

2.4.2 平衡状態の質量

ある質量 m' になったとき，吸収と放射が釣り合い質量が変化しなくなる．(2.8) の左辺を 0 とおいて

$$m^* = \frac{c^3 h}{2G k_B \theta_B} \tag{2.9}$$

を得る．

2.4.3 質量変化を質量の関数で表す

(2.9) を用いて (2.8) 内の θ_B を消去すると，

$$\frac{dm}{dt} = -\frac{c^4 h}{16G^2 m^2}\left(1 - \frac{m^4}{m^{*4}}\right) \tag{2.10}$$

が得られる．

2.4.4 宇宙背景放射と平衡にある状態のホーキング温度

求めるホーキング温度を θ^* とすると，(2.7) を考えれば，平衡状態では当然 $\theta^* = \theta_B$ となる．

2.4.5 平衡状態は安定か？

(2.10) を用いて $m = m^*$ 前後での振る舞いを調べよう．$m < m^*$ で $\frac{dm}{dt} < 0$，$m > m^*$ で $\frac{dm}{dt} > 0$ なので $m = m^*$ より少しでも大きければ，時間が経つにつれて質量はどんどん増加し，小さければどんどん小さくなる．よって不安定である．

VI 星はなぜあんなに大きいのか
―量子力学―

41

水素原子同士の衝突

ワルシャワ, ポーランド

1974

1 問　　題

　速度 v で動いている基底状態の水素原子が，静止状態にある基底状態の別の水素原子に衝突する．ボーア・モデルを用い，衝突が常に弾性的であるような原子の最高速度 v_0 を求めよ．

　速度が v_0 を超えると，衝突は非弾性衝突になり得て，衝突した原子は電磁放射線を放射することがある．初速 v_0 で衝突する水素原子が初速度の方向に放出する放射線の周波数と反対方向に放出する放射線の周波数の違いを計算し，平均値との比として答えよ．

　実験値として

$$E_1 = \frac{me^4}{2(4\pi\varepsilon_0)^2\hbar^2} = 13.6\,\mathrm{eV} = 2.18\times 10^{-18}\,\mathrm{J}:$$

(水素原子のイオン化エネルギー)

$$m_\mathrm{H} = 1.67\times 10^{-27}\,\mathrm{kg}\,(水素原子の質量)$$

を用いよ．

　m は電子の質量，e は電子の電荷，$\hbar$ はプランク定数の $1/2\pi$ 倍，k はクーロンの定数である．4 つの定数の数値は必要ない．

2 解 答

ボーア・モデルによると，水素原子のエネルギー準位は

$$E_n = -\frac{E_1}{n^2}, \qquad E_1 = \frac{me^4}{2(4\pi\varepsilon_0)^2\hbar^2}$$

で与えられる．したがって，水素原子の励起には少なくとも

$$\Delta E = E_2 - E_1 = \frac{3}{4}E_1 \tag{2.1}$$

だけのエネルギーが必要となる．

非弾性衝突とは，衝突する粒子の運動エネルギーの一部あるいは全部が内部エネルギーに変換される衝突をいう．

水素原子の励起には少なくとも (2.1) のエネルギーが必要であるから，これが非弾性衝突を起こすには，運動エネルギーがある程度以上でなければならない．どれだけの運動エネルギーがあればよいかを考えるには，重心系に移るのがよい．

重心系とは，動く座標系で，衝突する 2 粒子の運動量の和が 0 に見えるような座標系のことである．そこでは衝突後 2 粒子は静止することができる．2 粒子の運動エネルギーの和が，すべて内部エネルギーに変わることができるのである．重心系でないと — 衝突前の 2 粒子の運動量の和が 0 でないと — 運動量の保存則のため衝突後の 2 粒子の運動量の和も 0 でなく，したがって衝突後に 2 粒子が静止するわけにいかない．そのため，衝突前の運動エネルギーの和がすべて内部エネルギーに変わることはできないのである．

速度 v_0 で走ってきた水素原子が，静止した水素原子に衝突する場合，これを重心系で見ると，それぞれ速度 $v_0/2$ と $-v_0/2$ で走ってきた水素原子が衝突することになる．その運動エネルギーの和は，すべて内部エネルギーに変わり得るが，一方の原子が第一励起状態に励起されるには v_0 は

$$2 \times \frac{1}{2}m_\mathrm{H}\left(\frac{1}{2}v_0\right)^2 \geq \Delta E$$

を満たさなければならない．v_0 の最小値は，これが等号で成り立つときで

$$v_0 = \sqrt{\frac{3E_1}{m_\mathrm{H}}} = 6.26 \times 10^4 \text{ m/s} \tag{2.2}$$

となる.

　この最低速度の衝突を考えよう.

　この衝突を衝突前に一方の原子が静止していた座標系 (実験室系という) で見ると，衝突後は 2 つの原子がともに $v_0/2$ の速さで同じ方向に進んでいる.

　励起された方の原子は基底状態に戻り，電磁放射 $\hbar\omega$ を出すことができる (ω は角振動数. 振動数 $\nu = \dfrac{\omega}{2\pi}$ である). そうすると，その原子は光子によって運動量 $\hbar\omega/c$ で蹴り返されるが，それによる原子の速度変化は

$$\Delta v = \frac{\hbar\omega/c}{m_\mathrm{H}} = \frac{1}{m_\mathrm{H} c} E_1 = \frac{1}{m_\mathrm{H} c} \frac{4}{3} m_\mathrm{H} \left(\frac{1}{2} v_0\right)^2 = \frac{1}{3} \frac{v_0^2}{c}$$

となり，非常に小さいから，いまこれは無視することにしよう.

　そうすると，原子は速度 $v_0/2$ で走りながら角振動数 $\omega = \Delta E/\hbar$ の光を出すことになり，ドップラー効果により

　　　原子が進行方向に出す光の角振動数は　　$\omega_\text{前} = \left(1 + \dfrac{v_0}{2c}\right)\omega$,

　　　進行と反対方向に出す光の角振動数は　　$\omega_\text{後} = \left(1 - \dfrac{v_0}{2c}\right)\omega$

に見えることになる. それらの平均値は ω で，$\Delta\omega = \omega_\text{前} - \omega_\text{後}$ との比は

$$\frac{\Delta\omega}{\omega} = \frac{v_0}{c} = \frac{6.26 \times 10^4 \mathrm{m/c}}{3.00 \times 10^8 \mathrm{m/s}} = 2.09 \times 10^{-4}. \qquad (2.3)$$

である.

42

月に当てたレーザーの反射

モスクワ,ロシア

1979

1 問　　題

　ソビエト連邦 (現ロシア) とフランスが共同して光による月の測量実験を行った.その実験中,ルビーレーザー (波長 $\lambda = 0.69\,\mu\text{m}$) の光パルスが,直径 2.6 m の反射鏡をもった光学装置によって月の表面に向けられた.その光パルスは,月の表面にある直径 $d = 20\,\text{cm}$ の反射鏡によって完全に反射され,来た経路を逆進する.反射された光は地球上の同じ光学装置の反射鏡によって集光され,その焦点にある光検出器に集められる.

1.1 この実験において,反射鏡の光軸を月に向ける精度はいくら必要か

1.2 放出されたレーザー・エネルギーの何割が,月によって反射されたあと地球で検出されるか

　ただし,地球大気による損失は考えなくてよい.

1.3 1 つのレーザー・パルスのエネルギーが $E = 1.0\,\text{J}$ の場合,反射したレーザー・パルスを肉眼で見ることはできるか

　ただしわれわれの目は,光量子 100 個以上の光が入射しなければ認識できないとする.

1.4 月の表面に反射鏡がない場合，月の表面は，入射された光の 10% を立体角 2π ステラジアンの範囲に反射する．月に反射鏡があるときとないときとの，反射されて地球で観測される光のエネルギーの比を概算せよ

地球と月の距離は $380000\,\mathrm{km}$，目の瞳の直径を $d_e = 5.0\,\mathrm{mm}$，プランク定数を $h = 6.6 \times 10^{-34}\,\mathrm{J\cdot s}$ とする．

2 解 答

2.1 光軸の精度

地球から月面上の反射鏡を見込む角度は，$\dfrac{20\,\mathrm{cm}}{380000 \times 10^5\,\mathrm{cm}} = 5.3 \times 10^{-10}\,\mathrm{rad}$ で極めて小さい．この光学装置の光軸に沿って放出されたレーザー・パルス (ビーム) は，光の回折 (光は波の性質をもっているので) によってその方向から広がる．この回折で広がる角度 $\Delta\theta$ は光の波長 λ と鏡の直径 D で決まり，おおむね λ/D で表すことができる．

$$\Delta\theta = \frac{\lambda}{D} = \frac{6.9 \times 10^{-7}}{2.6} = 2.7 \times 10^{-7}\,\mathrm{rad}\,(約\,0.055'') \tag{2.1}$$

よって少なくとも，地上の反射鏡の光軸を月に向ける精度がこの範囲にないと，月の反射鏡に光を当てることはできない．

2.2 地球で観測される反射光のエネルギー

地球から月に向けられて放射されたレーザー光のエネルギー E のうち，月の反射鏡によって反射される光のエネルギーの割合を K_1 とする．この K_1 は，月の反射鏡の面積を S_1，月の表面に達したときのレーザー光の面積を S_2 とした場合，$K_1 = \dfrac{S_1}{S_2}$ となる．

$$S_1 = \frac{\pi d^2}{4}$$

であり，月の表面に達したときレーザー光の面積の半径を R，地球から月までの距離を L とすると，$R = \dfrac{D}{2} + L \times \Delta\theta \simeq L \times \Delta\theta = L \times \dfrac{\lambda}{D}$ であるから $S_2 = \dfrac{\pi \lambda^2 L^2}{D^2}$ となり，

$$K_1 = \frac{S_1}{S_2} = \frac{d^2 D^2}{4\lambda^2 L^2} = 9.8 \times 10^{-7}. \tag{2.2}$$

月の反射鏡によって反射したレーザー光のエネルギーのうち，地球上の光学装置によって検出される光のエネルギーの割合を K_2 とする．上と同様に，この K_2 は光学装置の反射鏡の直径 D と，月の反射鏡によって反射したレーザー光が地球の表面に達したときの面の半径 $r = L \times \dfrac{\lambda}{d}$ から，

$$K_2 = \frac{D^2 d^2}{4\lambda^2 L^2} \tag{2.3}$$

となり，K_1 に等しい．これらの結果から，月の反射鏡によって反射して再び光学装置に入るレーザー光のエネルギーの割合を K_0 とすると，

$$K_0 = K_1 K_2 = {K_1}^2 = 9.6 \times 10^{-13}. \tag{2.4}$$

2.3 肉眼で観測できるか

月の反射鏡で反射して地球上にいる観測者の瞳に入るレーザー光のエネルギーの割合を K_e とおくと，

$$K_e = K_0 \frac{\text{瞳の面積}}{\text{反射鏡の面積}} = K_0 \frac{d_e^2}{D^2} \approx 3.7 \times 10^{-18} \tag{2.5}$$

したがって，c を真空中で光速度とすると，瞳に入る光量子の数 N は

$$h\nu N = h\frac{c}{\lambda} N = E K_e$$

ゆえに

$$N = \frac{\lambda E}{hc} K_e = \frac{(6.9 \times 10^{-7}\,\mathrm{m}) \times 1.0\,\mathrm{J} \times (3.7 \times 10^{-18})}{(6.6 \times 10^{-34}\,\mathrm{Js}) \times (3.0 \times 10^8\,\mathrm{m/s})} \approx 12\,\text{個}$$

この数は，肉眼で観測できる最小の光量子数 100 よりもずっと小さい．したがって，月の反射鏡で反射した光を肉眼で見ることはできない．

2.4 反射鏡の効果

月に反射鏡がない場合の，月に反射して再び光学装置に入るレーザー光のエネルギーの割合を K とおく．§2.2 と同様に，面積比で求めることができるが，立体角が与えられているので，これを使う．ただし立体角とは半径 r の球面上の面積 S の部分が球面の中心に対して張る立体角を Ω とするとき，

$$\Omega = \frac{S}{r^2}$$

である．月で反射したレーザー光は立体角 $\Omega_1 = 2\pi$ ステラジアンの範囲内に拡散される．また，地球上にある光学装置の鏡が月に対して張る立体角を Ω_2 とおくと，

$$\Omega_2 = \frac{鏡の面積}{L^2} = \frac{\pi D^2}{4L^2}$$

であるから，月に反射鏡がない場合に，地球から放射されたレーザー光のエネルギーのうち，月の表面で反射して再び地球上の望遠鏡によって検出される光のエネルギーの割合を K とおくと，

$$K = 0.10 \times \frac{\Omega_2}{\Omega_1} = 0.10 \times \frac{D^2}{8L^2} = 0.10 \times \frac{2.6^2}{8 \times (3.8 \times 10^8)^2} \approx 5.9 \times 10^{-19}$$

となる．したがって，月の反射鏡の利得を β とすると，

$$\beta = \frac{K_0}{K} = \frac{9.67 \times 10^{-13}}{5.85 \times 10^{-19}} \approx 1.65 \times 10^6.$$

3 考察

この問題では地球と月の相対運動は考えていない．この点を考えてみよう．地球と月の間の距離を 3.8×10^8 m とすれば，光が月に到達するまでの時間は $\frac{3.8 \times 10^8 \text{m}}{3.0 \times 10^8 \text{m/s}} = 1.27$s である．この間に地球が自転する角度は

$$2\pi \times \frac{1.27\text{s}}{24 \times 3600\text{s}} = 9.2 \times 10^{-5}\text{rad} \tag{3.1}$$

である．また月の公転は周期が27日であるから，公転による角度の変化はこの1/27である．いずれにしてもこの地球表面と月との相対的な運動による変化は(2.1) の $\Delta\theta$ よりずっと大きい．したがってこの測量実験はこの相対運動を考慮した装置で行わなければならない．

43

ドップラー効果によるレーザー冷却と光学的「糖蜜」

メリダ, メキシコ

2009

1 問 題

　この問題の目的は，いわゆる「レーザー冷却」そして「光学的『糖蜜』」と呼ばれる現象の基本的な理解を得ることである．これは，互いに反対向きで振動数の等しいレーザー光線を当てることによって，中性原子，典型的にはアルカリ原子のビームを冷却することを指す．それは1997年にノーベル賞を受けた，チュー，フィリップスそしてコーエン・タンヌージの研究の一部である．

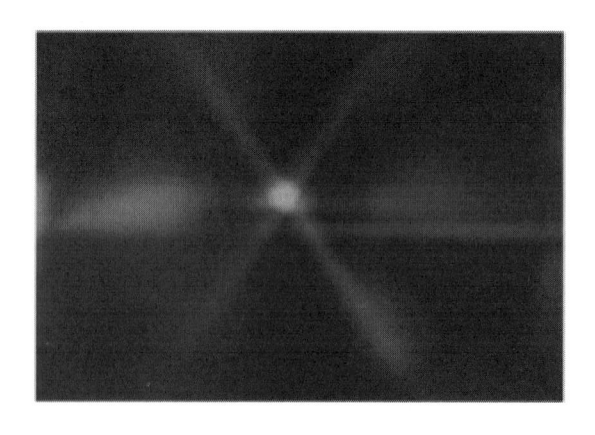

原子捕獲の写真

43 ドップラー効果によるレーザー冷却と光学的「糖蜜」

写真中央の光点は，向かい合わせのレーザー光線が3組，互いに垂直に交叉する交点に，とらえられているナトリウム原子である．原子を捕獲している領域は光学的「糖蜜」といわれている．その理由は，光線が原子に及ぼす抵抗力が，あたかもねばねばした蜜の中を物体が動くときに受ける粘性の力のようにはたらくからである．日本ではむしろ「みずあめ」といった方がわかりやすいかもしれない．

この問題では，原子とそれに入射する光子の吸収，放射，また1次元におけるエネルギー散逸のメカニズムを解析する．

第1部 レーザー冷却の基本的原理

図 43.1 のように，質量 m の原子が速度 v で X の正の方向に動いているとする．簡単のため現象は1次元的とし，y, z 方向は無視できるとする．原子内部のエネルギー準位は2つだけで，低い方の準位を0，高い方の励起準位を $\hbar\omega_0$ とする．ここでプランク定数 h に対し $\hbar = \dfrac{h}{2\pi}$ である．

レーザーから実験室で ω_L の振動数をもつ光線が $-x$ 方向に射出され，原子に入射する (ω は角振動数で，振動数 ν とは $\nu = \dfrac{\omega}{2\pi}$ の関係にある)．量子力学によると，レーザー光線はたくさんの光子からなり，実験室系で見れば，1つ1つの光子はエネルギー $\hbar\omega_L$，運動量 $-\hbar q = -\dfrac{\hbar\omega_L}{c}$ をもつ．ただし c は光速で，これは相対性理論により不変である．原子ははじめ下の準位にあり，もし励起準位に等しいエネルギーの光子がくればだが，吸収して上の準位に上がり，しばらくすると同じエネルギーの光子を自発的に放射して下の準位に戻る．自発的な放射は，しかし x 方向にも $-x$ 方向にも同じ確率で起こる．

原子の速さ v は，非相対論的な範囲 $\dfrac{v}{c} \ll 1$ とするので，答えはその1次の項

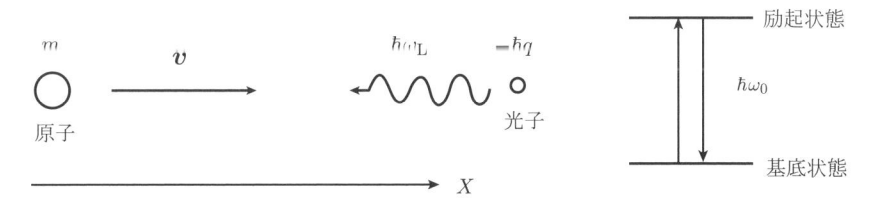

図 43.1

まででよい (§3 参考 1).

したがって，ここでは原子の方の運動量は $p = \dfrac{mv}{\sqrt{1-\dfrac{v^2}{c^2}}} \approx mv$ として扱う．またエネルギーも非相対論的な $E = \dfrac{mv^2}{2}$ を用いる．

1 個の光子の運動量は原子の運動量よりずっと小さく $\dfrac{\hbar q}{mv} \ll 1$ であるとし，こちらの項についてもその 1 次までを考えればよいとする．

レーザーが出す光の振動数 ω_L は動いている原子から見ると，2 つの準位間の遷移と共鳴するように調整されていると仮定する．

1.1 光子の吸収

1.1.1 原子が光子を共鳴吸収する条件を求めよ
1.1.2 実験室系から見た，光子吸収後の原子の運動量 p_at を求めよ
1.1.3 実験室系から見た，光子吸収後の原子の全エネルギー E_at を求めよ

入射光子が吸収されてからしばらくたつと，原子は $-x$ 方向あるいは $+x$ 方向に光子を放射する．

1.2 $-x$ 方向への光子の自発放射

光子が $-x$ 方向に放射される場合について以下の問いに答えよ．

1.2.1 実験室系から見た放射された光子のエネルギー $\varepsilon_\mathrm{ph-}$ を求めよ
1.2.2 実験室系から見た放射された光子の運動量 $p_\mathrm{ph-}$ を求めよ
1.2.3 実験室系から見た放射後の原子の運動量 $p_\mathrm{at-}$ を求めよ
1.2.4 実験室系から見た放射後の原子のエネルギー $E_\mathrm{at-}$ を求めよ

1.3 $+x$ 方向への光子の自発放射

光子が $+x$ 方向に放射される場合について以下の問いに答えよ．

1.3.1 実験室系から見た放射された光子のエネルギー $\varepsilon_{\mathrm{ph}+}$ を求めよ

1.3.2 実験室系から見た放射された光子の運動量 $p_{\mathrm{ph}+}$ を求めよ

1.3.3 実験室系から見た放射後の原子の運動量 $p_{\mathrm{at}+}$ を求めよ

1.3.4 実験室系から見た放射後の原子のエネルギー $E_{\mathrm{at}+}$ を求めよ

1.4 吸収後の平均の放射

$-x$ 方向と $+x$ 方向の自発放射は等しい確率で起こる．このことを考慮に入れて次の問に答えよ．

1.4.1 放射された光子の平均のエネルギー $\varepsilon_{\mathrm{ph}}$ を求めよ

1.4.2 放射された光子の平均の運動量 p_{ph} を求めよ

1.4.3 自発放射が起こった後の原子の平均のエネルギー E_{at} を求めよ

1.4.4 自発放射が起こった後の原子の平均の運動量 p_{at} を求めよ

1.5 エネルギーと運動量の受け渡し

これまでに述べてきたような 1 光子の吸収と放射の過程で，レーザーの放射光と原子との間に運動量とエネルギーの正味の受け渡しが生じる．それについて答えよ．

1.5.1 この過程での原子の平均のエネルギー変化 ΔE_{at} を求めよ

1.5.2 この過程での原子の平均の運動量変化 Δp_{at} を求めよ

1.6 $+x$ 方向のレーザー光線によるエネルギーと運動量の受け渡し

原子はこれまでと同じく $+x$ 方向に速さ v で動いているが，振動数 ω_{L}' のレーザー光線が今度は $+x$ 方向に入射したとする．原子から見て，原子内部の準位間の遷移に共鳴するように振動数が調整されているとして次の問に答えよ．

1.6.1 1 光子の吸収放射過程での原子の平均のエネルギー変化 ΔE_{at} を求めよ

1.6.2 1 光子の吸収放射過程での原子の平均の運動量変化 Δp_{at} を求めよ

第 2 部　散逸と光学的「みずあめ」の原理

ところが，自然界の基本を構成する量子的過程には固有の不確定性が伴うことが，不確定性原理として知られている．それによれば，原子が光子を吸収してから自発放射するまでにある有限の時間かかるという事実は，結果として第 1 部で議論した共鳴条件は厳密に満たされなくてもよく，吸収放射のスペクトルはある幅をもつことを示す (§3 参考 2)．つまり，レーザー光線の角振動数 ω_L, ω'_L がドップラー効果で変化したものが，ちょうど共鳴振動数に等しくならなくても，吸収–自発放射過程は起こるということになる．ただしそれらは異なる確率で起こるのであって，当然期待されるように，正しい共鳴条件のところで最大になる．1 つの放射過程にかかる時間を平均したものは，原子の励起準位の寿命といわれて，Γ^{-1} と書かれる．

N 個の原子の集まりが実験室系から見て静止しているところに，角振動数 ω_{in} のレーザー光線が入射するとしよう．原子たちは連続的に光子を吸収し放射し，その結果，平均して N_{exc} 個の原子が励起準位にあり，$N - N_{\text{exc}}$ が基底状態にあるとすると，量子力学の計算で次のような結果が得られる．

$$N_{\text{exc}} = N \frac{\Omega_R^2}{(\omega_0 - \omega_{\text{in}})^2 + \dfrac{\Gamma^2}{4} + 2\Omega_R^2} \tag{1.1}$$

ここで ω_0 は原子の遷移の共鳴振動数で，Ω_R はラビ振動数と呼ばれるものであり，Ω_R^2 はレーザー光線の強度に比例する．すでに述べたように，N_{exc} の値はレーザー光線の振動数 ω_L が共鳴振動数 ω_0 と異なる場合でも 0 ではない．Γ の

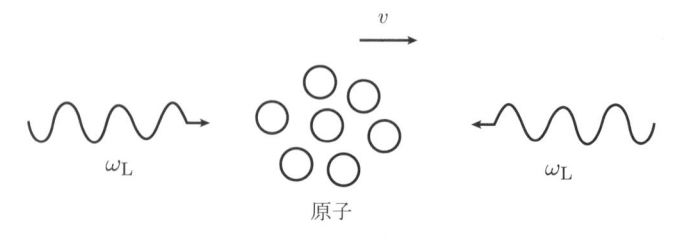

図 **43.2**

意味を別の形で表現すれば，放射過程が単位時間あたりに起こる数が $N_{\text{exc}}\Gamma$ ということになる．

図 43.2 のように，N 個の原子のガスが $+x$ 方向に速さ v で動いているところへ，互いに反対向きで等しい角振動数 ω_{L} のレーザー光線が入射するという場合を考える．レーザー光線の角振動数 ω_{L} は，今回は任意の値をとる．

1.7　$mv \gg \hbar q$ としてレーザーが原子線に及ぼす力を求めよ

1.8　低速での極限

原子たちの速度が十分小さくて，力を求めるのに v の 1 次まででよいとする．

1.8.1　§1.7 の力をこの近似で求めよ

この結果を用いて，レーザー放射によって及ぼされる力が，原子たちを加速する，減速する，または何も効果を及ぼさない条件を求めることができる．

1.8.2　力が正になり加速が行われる条件を求めよ

1.8.3　何も力を及ぼさない条件を求めよ

1.8.4　力が負になり減速する条件を求めよ

1.8.5　原子たちが速度 $-v$ で $-x$ 方向に動いているとしよう．原子たちが減速される条件を求めよ

1.9　光学的みずあめ

負の力がはたらく場合，それはエネルギー散逸をもたらす摩擦抵抗力となる．初期条件として時刻 t_0 で原子たちのガスの速さは v_0 だったとしよう．

1.9.1　レーザー光線が時間 τ の間あてられた後の原子の速さを，低速での極限で求めよ

1.9.2　原子のガスは温度 T_0 の熱平衡状態にあったとする．レーザー光線が時間 τ の間あてられた後の温度 T を求めよ

ただしこのモデルでは任意の低い温度まで考えられるわけではない．

2 解　　答

　この問題で鍵となるのはドップラー効果 (正確にいえば縦のドップラー効果. 相対論では時間も系によって変わるので横のドップラー効果も存在する) である. 放射源から角振動数 ω で放射された光を，放射源に対して v で運動する観測者から見た角振動数 ω' は，相対論を用いると

$$\omega' = \omega \sqrt{\frac{1 \pm \dfrac{v}{c}}{1 \mp \dfrac{v}{c}}} \tag{2.1}$$

と表される (§3 参考 1). 上側の符号は光の伝播と反対方向に動く観測者から見た (互いに近づく) 場合，下側の符号は光の伝播と同じ方向に動く観測者から見た (互いに遠ざかる) 場合である. ここで問題で指示されたように $\dfrac{v}{c}$ の 2 次以上を無視すれば

$$\omega' \approx \omega \left(1 \pm \frac{v}{2c}\right)\left(1 \pm \frac{v}{2c}\right) \approx \omega \left(1 \pm \frac{v}{c}\right) \tag{2.2}$$

となる. これは非相対論のドップラー効果と同じ式である. したがって以下ではドップラー効果は古典的な場合と同じ扱いをし，$\dfrac{v}{c}, \dfrac{\hbar q}{mv}$ の 1 次のオーダーまでを考えていけばよい.

2.1　光子の吸収

　原子が $+x$ 方向に速度 v で動き，光子は $-x$ 方向に入射する場合を考える.

2.1.1　原子が光子を共鳴吸収する条件

　動いている原子から見ると，ドップラー効果でレーザーの光子の振動数が変化する. それに伴って光子のエネルギーが変化し，原子の準位の差 $\hbar\omega_0$ になれば吸収が起こるのだから，指示されたオーダーの近似で

$$\omega_0 \approx \omega_{\mathrm{L}}\left(1 + \frac{v}{c}\right) \tag{2.3}$$

2.1.2　実験室系から見た，光子吸収後の原子の運動量 p_{at}

　実験室系で見た運動量保存から

$$p_{\text{at}} = mv - \frac{\hbar\omega_{\text{L}}}{c} \tag{2.4}$$

2.1.3　実験室系から見た，光子吸収後の原子の全エネルギー E_{at}

実験室系で見たエネルギー保存から，

$$E_{\text{at}} = \frac{mv^2}{2} + \hbar\omega_{\text{L}} \tag{2.5}$$

2.2　$-x$ 方向への光子の自発放射

2.2.1　実験室系から見た放射された光子のエネルギー $\varepsilon_{\text{ph}-}$

$p_{\text{at}} = mv'$ とすると (2.4) より $v' = v - \dfrac{\hbar\omega_{\text{L}}}{mc} = v - \dfrac{\hbar q}{m}$ であるので，実験室系から見ると，この速さで遠ざかる原子から，放射された角振動数 ω_0 の光子を見ることになる．したがって

$$\begin{aligned}\varepsilon_{\text{ph}-} &\approx \hbar\omega_0 \left(1 - \frac{v'}{c}\right) \\ &\approx \hbar\omega_{\text{L}} \left(1 + \frac{v}{c}\right)\left(1 - \frac{v}{c} + \frac{\hbar q}{mc}\right) \\ &\approx \hbar\omega_{\text{L}} \left(1 + \frac{\hbar q}{mc}\right)\end{aligned}$$

ここで $\dfrac{\hbar q}{mc} = \dfrac{\hbar q}{mv}\dfrac{v}{c}$ なのでこの項は 2 次のオーダーとなり，

$$\varepsilon_{\text{ph}-} \approx \hbar\omega_{\text{L}} \tag{2.6}$$

2.2.2　実験室系から見た放射された光子の運動量 $p_{\text{ph}-}$

$$p_{\text{ph}-} \approx -\frac{\hbar\omega_{\text{L}}}{c} \tag{2.7}$$

2.2.3　実験室系から見た放射後の原子の運動量 $p_{\text{at}-}$ を求めよ

運動量保存から

$$p_{\text{at}-} + p_{\text{ph}-} = p_{\text{at}} \tag{2.8}$$

よって，(2.4), (2.7) も参照して

$$p_{\text{at}-} \approx mv - \frac{\hbar\omega_{\text{L}}}{c} + \frac{\hbar\omega_{\text{L}}}{c} = mv \tag{2.9}$$

2.2.4 実験室系から見た放射後の原子のエネルギー $E_{\text{at}-}$ を求めよ

$$E_{\text{at}-} \approx \frac{p_{\text{at}-}^2}{2m} \approx \frac{mv^2}{2} \tag{2.10}$$

2.3　$+x$ 方向への光子の自発放射

2.3.1 実験室系から見た放射された光子のエネルギー $\varepsilon_{\text{ph}+}$

今度は近づく原子から放射された光子を見ると考えればよいので

$$\varepsilon_{\text{ph}+} \approx \hbar\omega_0 \left(1 + \frac{v'}{c}\right)$$

$$\approx \hbar\omega_{\text{L}} \left(1 + \frac{v}{c}\right)\left(1 + \frac{v}{c} - \frac{\hbar q}{mc}\right)$$

したがって 1 次のオーダーで $\hbar q \ll mv \ll mc$ としているから

$$\varepsilon_{\text{ph}+} \approx \hbar\omega_{\text{L}} \left(1 + \frac{2v}{c}\right) \tag{2.11}$$

2.3.2 実験室系から見た放射された光子の運動量 $p_{\text{ph}+}$

$$p_{\text{ph}+} = \frac{\hbar\omega_{\text{L}}}{c}\left(1 + \frac{2v}{c}\right) \tag{2.12}$$

2.3.3 実験室系から見た放射後の原子の運動量 $p_{\text{at}+}$

運動量保存から $p_{\text{at}} = p_{\text{at}+} + p_{\text{ph}+}$ が成り立つので，(2.4) と (2.12) から

$$p_{\text{at}+} = p_{\text{at}} - p_{\text{ph}+}$$

$$\approx mv - \frac{\hbar\omega_{\text{L}}}{c} - \frac{\hbar\omega_{\text{L}}}{c}\left(1 + \frac{2v}{c}\right)$$

$$= mv\left(1 - 2\frac{\hbar\omega_{\text{L}}}{mvc} - \frac{v}{c}\frac{\hbar\omega_{\text{L}}}{mv}\right)$$

$$\approx mv - \frac{2\hbar\omega_{\text{L}}}{c} \tag{2.13}$$

$$= mv\left(1 - \frac{2\hbar q}{mv}\right) \tag{2.14}$$

2.3.4 実験室系から見た放射後の原子のエネルギー $E_{\text{at}+}$ を求めよ

原子は準位 0 にあるので，実験室系から見た運動エネルギーを求めればよい．

$$E_{\mathrm{at}+} = \frac{p_{\mathrm{at}+}^2}{2m} \approx \frac{mv^2}{2}\left(1 - \frac{4\hbar q}{mv}\right) \tag{2.15}$$

2.4　吸収後の平均の放射

2.4.1　放射された光子の平均のエネルギー $\varepsilon_{\mathrm{ph}}$

$-x$ 方向と $+x$ 方向の自発放射は等しい確率で起こるので，それぞれに確率 $1/2$ をかけて加えて期待値を求める．

$$\varepsilon_{\mathrm{ph}} = \frac{1}{2}\varepsilon_{\mathrm{ph}-} + \frac{1}{2}\varepsilon_{\mathrm{ph}+} \approx \hbar\omega_{\mathrm{L}}\left(1 + \frac{v}{c}\right) \tag{2.16}$$

2.4.2　放射された光子の平均の運動量 p_{ph}

同様に

$$p_{\mathrm{ph}} = \frac{1}{2}p_{\mathrm{ph}+} + \frac{1}{2}p_{\mathrm{ph}-} \approx \frac{\hbar\omega_{\mathrm{L}}}{c}\frac{v}{c} = mv\left(\frac{\hbar q}{mv}\frac{v}{c}\right) \tag{2.17}$$

となるので，2 次のオーダーで 0 としてよい．

2.4.3　自発放射が起こった後の原子の平均のエネルギー E_{at}

$$E_{\mathrm{at}} = \frac{1}{2}E_{\mathrm{at}+} + \frac{1}{2}E_{\mathrm{at}-} \approx \frac{mv^2}{2}\left(1 - \frac{2\hbar q}{mv}\right) \tag{2.18}$$

2.4.4　自発放射が起こった後の原子の平均の運動量 p_{at}

$$p_{\mathrm{at}} = \frac{1}{2}p_{\mathrm{at}+} + \frac{1}{2}p_{\mathrm{at}-} \approx mv - \frac{\hbar\omega_{\mathrm{L}}}{c} \tag{2.19}$$

2.5　エネルギーと運動量の受け渡し

2.5.1　この過程での原子の平均のエネルギー変化 ΔE_{at}

自発放射後のエネルギーから光子吸収前のエネルギーを引くと

$$\Delta E_{\mathrm{at}} \approx \frac{mv^2}{2}\left(1 - \frac{2\hbar q}{mv}\right) - \frac{1}{2}mv^2 = -\hbar q v = -\frac{\hbar\omega_{\mathrm{L}} v}{c} \tag{2.20}$$

減少している．

2.5.2 この過程での原子の平均の運動量変化 Δp_{at}

$$\Delta p_{\mathrm{at}} \approx mv - \frac{\hbar\omega_{\mathrm{L}}}{c} - mv = -\frac{\hbar\omega_{\mathrm{L}}}{c} = -\hbar q \tag{2.21}$$

2.6 $+x$ 方向のレーザー光線によるエネルギーと運動量の受け渡し

この場合は，原子の速度を $-v$ にして考えればここまでの計算と同じにできる．ただし，得られた結果で運動量は正負を逆にしなければならない．

2.6.1 1光子の吸収放射過程での原子の平均のエネルギー変化 ΔE

$$\Delta E_{\mathrm{at}} \approx \frac{\hbar\omega_{\mathrm{L}}' v}{c} \tag{2.22}$$

2.6.2 1光子の吸収放射過程での原子の平均の運動量変化 Δp

$$\Delta p_{\mathrm{at}} \approx \frac{\hbar\omega_{\mathrm{L}}'}{c} \tag{2.23}$$

第2部 散逸と光学的「みずあめ」の原理

2.7 レーザーが原子線に及ぼす力

原子から見ると，ドップラー効果により，$+x$ 方向の $\omega_{\mathrm{in}+} = \omega_{\mathrm{L}}\left(1 - \frac{v}{c}\right)$ の光と，$-x$ 方向の $\omega_{\mathrm{in}-} = \omega_{\mathrm{L}}\left(1 + \frac{v}{c}\right)$ の光が入射してくることになる．単位時間あたりに受ける力積が力に等しく，それは $N_{\mathrm{exc}}\Gamma\Delta p_{\mathrm{at}}$ に等しいので，両方の寄与を加えると力 F は

$$F = F_- + F_+$$
$$= N_{\mathrm{exc}-}\Gamma(-\hbar q) + N_{\mathrm{exc}+}\Gamma(\hbar q)$$
$$= N\Gamma\hbar q \left[-\frac{\Omega_{\mathrm{R}}^2}{\left(\omega_0 - \omega_L - \omega_L \dfrac{v}{c}\right)^2 + \dfrac{\Gamma^2}{4} + 2\Omega_{\mathrm{R}}^2} \right.$$
$$\left. + \frac{\Omega_{\mathrm{R}}^2}{\left(\omega_0 - \omega_L + \omega_L \dfrac{v}{c}\right)^2 + \dfrac{\Gamma^2}{4} + 2\Omega_{\mathrm{R}}^2} \right]$$

2.8 低速での極限

力を v の関数として展開すると

$$F_{\pm}(v) \approx F_{\pm}(0) + vF'_{\pm}(0) + \cdots$$
$$= N\Gamma\hbar q \left[\pm \frac{\Omega_R^2}{(\omega_0-\omega_L)^2 + \frac{\Gamma^2}{4} + 2\Omega_R^2} \right.$$
$$\left. - \frac{2\Omega_R^2(\omega_0-\omega_L)}{\left[(\omega_0-\omega_L)^2 + \frac{\Gamma^2}{4} + 2\Omega_R^2\right]^2} \frac{\omega_L}{c} v + \cdots \right]$$

2.8.1 §1.7 の力を v の 1 次までの近似で求める

したがって v の 1 次までで

$$F \approx -\frac{4N\hbar q \Omega_R^2 \Gamma (\omega_0-\omega_L)}{\left[(\omega_0-\omega_L)^2 + \frac{\Gamma^2}{4} + 2\Omega_R^2\right]^2} \frac{\omega_L}{c} v \tag{2.24}$$

2.8.2 力が正になり加速する条件

$$\omega_0 < \omega_L \tag{2.25}$$

2.8.3 何も力を及ぼさない条件

$$\omega_0 = \omega_L \tag{2.26}$$

2.8.4 力が負になり減速する条件

$$\omega_0 > \omega_L \tag{2.27}$$

2.8.5 原子たちが速度 $-v$ で $-x$ 方向に動いているとして,原子たちが減速される条件

物理的には同じことであるから

$$\omega_0 > \omega_L \tag{2.28}$$

したがってこの条件で,どちらに原子が動いていても減速される.

2.9 光学的みずあめ

負の力がはたらく場合,それはエネルギー散逸をもたらす摩擦抵抗力となる.初期条件として時刻 t_0 で原子たちのガス分子の速さは v_0 だったとしよう.

2.9.1 レーザー光線が時間 τ の間あてられた後の原子の速さを,低速での極限で求める

(2.24) を

$$F = -\beta v \tag{2.29}$$

と表す.これは速度に比例する抵抗力がはたらくということである.運動方程式

$$m\frac{dv}{dt} = -\beta v \tag{2.30}$$

の解は

$$v = Ae^{-\frac{\beta t}{m}} \tag{2.31}$$

となり,初期条件 $t = 0$ で $v = v_0$ を用いると

$$v = v_0 e^{-\frac{\beta t}{m}} \tag{2.32}$$

が得られる.

2.9.2 温度 T_0 の熱平衡状態にあったとして,レーザー光線が時間 τ の間あてられた後の温度 T

1 次元なので,分子の 2 乗平均速度 $\bar{v}$ と絶対温度との関係は

$$\frac{1}{2}m\bar{v}^2 = \frac{1}{2}kT \tag{2.33}$$

となる.これに (2.32) を用い,$\frac{1}{2}m\bar{v_0}^2 = \frac{1}{2}kT_0$ から

$$T = T_0 e^{-\frac{2\beta t}{m}} \tag{2.34}$$

この式は理想気体の分子運動論と状態方程式から出したものなので,任意の低い温度までこれで考えられるわけではない.

3 参　　考

3.1　相対論的ドップラー効果

放射源が静止している系を $O-x$ 座標系とすると，放射されて $+x$ 方向へ伝わる波長 λ 振動数 ν の波は

$$f = A\sin\left(\frac{2\pi}{\lambda}x - 2\pi\nu t\right) \tag{3.1}$$

と表される．放射源に対し速さ v で $+x$ 方向に動く観測者の座標系を $O-x'$ とし，観測者からこの波を見たらどう見えるか考えよう．ローレンツ変換[1]は

$$x' = \frac{x - vt}{\sqrt{1 - \dfrac{v^2}{c^2}}} \tag{3.2}$$

$$t' = \frac{t - \dfrac{v}{c^2}x}{\sqrt{1 - \dfrac{v^2}{c^2}}} \tag{3.3}$$

であり，その逆変換は

$$x = \frac{x' + vt}{\sqrt{1 - \dfrac{v^2}{c^2}}} \tag{3.4}$$

$$t = \frac{t' + \dfrac{v}{c^2}x}{\sqrt{1 - \dfrac{v^2}{c^2}}} \tag{3.5}$$

となるので (3.4), (3.5) を (3.1) に代入し，整理すると

$$f = A\sin\left[\frac{2\pi}{\sqrt{1 - \dfrac{v^2}{c^2}}}\left\{\left(\frac{1}{\lambda} - \frac{v\nu}{c^2}\right)x' - \left(\nu - \frac{v}{\lambda}\right)t'\right\}\right] \tag{3.6}$$

したがって，観測者から見た波の波長を λ'，振動数を ν' とすれば，$c = \lambda\nu$ を用いて

---

[1] ローレンツ変換については，江沢 洋『相対性理論とは？』，日本評論社 (2005) を参照.

$$\frac{1}{\lambda'} = \frac{1-\frac{v}{c}}{\sqrt{1-\frac{v^2}{c^2}}} \cdot \frac{1}{\lambda} \tag{3.7}$$

$$\nu' = \frac{1-\frac{v}{c}}{\sqrt{1-\frac{v^2}{c^2}}} \cdot \nu = \frac{\sqrt{1-\frac{v}{c}}}{\sqrt{1+\frac{v}{c}}} \cdot \nu \tag{3.8}$$

を得る．$\omega = 2\pi\nu$ を (3.8) に用いると (2.1) の下側の符号の式が得られる．近づく場合もこれと同様にして得られる．

3.2 原子の励起状態の寿命

原子の放射性遷移が平均寿命 Γ^{-1} をもつということは，時刻 t に励起状態にある原子の数 $N_{\text{exc}}(t)$ が

$$N_{\text{exc}}(t) = N_0 e^{-\Gamma t} \tag{3.9}$$

のように時間が経つにつれて減少することを意味している．実際，このとき時刻 t から $t+dt$ の間に放射を出す（放射を出して"死ぬ"）原子の数は

$$N_{\text{exc}}(t) - N_{\text{exc}}(t+dt) = -\frac{dN_{\text{exc}}(t)}{dt}dt = \Gamma N_{\text{exc}}(t)dt \tag{3.10}$$

となるから，励起原子の平均寿命は

$$\frac{N_0 \int_0^\infty t\,\Gamma e^{-\Gamma t}dt}{N_0 \int_0^\infty \Gamma e^{-\Gamma t}dt} = \frac{1}{\Gamma} \tag{3.11}$$

となる．そして (3.10) が示すように，単位時間あたりに遷移する原子の数は $\Gamma N_{\text{exc}}(t)$ である．この公式が §2.7 で用いられている．

3.3 不確定性関係

寿命と不確定性関係とのつながりは次のようである．

量子力学では，エネルギーが E_0 に確定した状態には角振動数 $\omega_0 = E_0/\hbar$ の波（波動関数）$e^{-i\omega_0 t}$ が付随する．$\hbar$ はプランク定数 h の $1/(2\pi)$ である．この

状態が寿命 $1/\Gamma$ をもつときには波動関数は $e^{-(\Gamma/2)t - i\omega_0 t}$ のように振る舞う.
ところが

$$\frac{1}{2\pi} \int_{-\infty}^{\infty} \frac{1}{(\Gamma/2) - i(\omega - \omega_0)} e^{-i(\omega-\omega_0)t} \, d\omega = e^{-(\Gamma/2)t} \tag{3.12}$$

という式がある. 実際, 左辺を $f(t)$ とおけば

$$\left(\frac{d}{dt} + \frac{\Gamma}{2}\right) f(t) = \frac{1}{2\pi} \int_{-\infty}^{\infty} e^{-i(\omega-\omega_0)t} \, d\omega$$

となり, この式の右辺の被積分関数は $t \neq 0$ なら激しく振動して積分は 0 となる. したがって

$$\left(\frac{d}{dt} + \frac{\Gamma}{2}\right) f(t) = 0 \qquad (t \neq 0)$$

であるから, $f(t) \propto e^{-(\Gamma/2)t}$ であることが分かる. (3.12) は

$$\frac{1}{2\pi} \int_{-\infty}^{\infty} \frac{1}{(\Gamma/2) - i(\omega - \omega_0)} e^{-i\omega t} \, d\omega = e^{-(\Gamma/2)t - i\omega_0 t} \tag{3.13}$$

とも書けるが, これは寿命をもつ状態の波動関数 $e^{-(\Gamma/2)t - i(E_0/\hbar)t}$ がエネルギーの確定した状態の波動関数 $e^{-i(E/\hbar)t}$ の重み

$$\psi(E) = \frac{1}{(E-E_0)/\hbar - i(\Gamma/2)}$$

につき重ね合わせとして表せることを示している. このとき, 量子力学では, 寿命をもつ状態のエネルギーを観測すると確率 $p(E) \, dE$ で E と $E + dE$ の間の値が得られるという. ただし

$$p(E) = N|\psi(E)|^2 = \frac{\hbar\Gamma/2}{(E-E_0)^2 + (\hbar\Gamma/2)^2} \tag{3.14}$$

である. 係数 N, あるいは $\hbar\Gamma/2$ をかけたのは, $p(E) \, dE$ を確率らしく

$$\int_{-\infty}^{\infty} p(E) \, dE = 1$$

とするためである.

さて, 関数 (3.14) を見ると, 確率は E_0 を中心として左右に幅 $\hbar\Gamma/2$ の範囲に

集中している．エネルギー E を測定すると，およそこの範囲の値が得られる．つまり，寿命をもつ状態のエネルギーは，この程度の不確定

$$\Delta E \sim \frac{1}{2}\hbar\Gamma \tag{3.15}$$

をもつのである．

他方，励起状態の平均寿命の計算 (3.11) から，寿命の不確定は

$$\Delta t \sim \frac{1}{\Gamma} \tag{3.16}$$

であるから，これらのエネルギーと時間の不確定の間に

$$\Delta E\, \Delta t \sim \frac{\hbar}{2} \tag{3.17}$$

の関係がある．これがエネルギーと時間の不確定性関係の一例である．

これは，次のことを意味する．原子の励起状態は $1/\Gamma$ の寿命をもつとき，励起状態のエネルギーの測定には，せいぜい $1/\Gamma$ の時間しか使えないので，$\Delta t \sim 1/\Gamma$ とおいて，励起状態のエネルギーはせいぜい $\Delta E \sim \hbar\Gamma$ の不確定でしか測ることができない．すなわち，このエネルギー準位は $\hbar\Gamma$ の幅をもち，したがって放射される光もおよそ $\Delta\omega \sim \Gamma$ の幅に広がっている．

3.4　アインシュタインとボーア

1930 年 11 月のソルヴェイ会議の席上，アインシュタインはエネルギーと時間の不確定性関係 (3.17) に反論すべく次の思考実験をボーアに呈した．

時計を内蔵し定まった時刻 t に短時間 Δt だけ窓が開くように仕組んだ箱に光を入れる．そうすると，光のパルスが箱を出る時刻は Δt の範囲で定まり，この Δt は実験する人の勝手でいくらでも小さくできる．他方，その光のパルスのエネルギーは，$E = mc^2$ の関係により，光が箱を出る前後の箱の質量を測って差をとることで決定できる．光の入っている箱の質量は，十分に時間をかけて精密に測ることができるし，光が出た後は，十分に時間がたって光のパルスが遠く離れてから箱の質量を測れば，時刻 t の決定にも光のパルスにも何の擾乱も及ぼすことなしに，好きなだけ精密に測れるはずである．こうして，光のパルスの発射時刻とエネルギーをともに好きなだけ精密に測定することができる．よって，不確

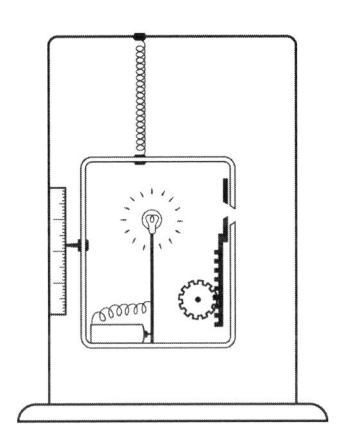

43 ドップラー効果によるレーザー冷却と光学的「糖蜜」   331

図 43.3 ボーアの測定装置．質量を測るため，箱はばねでつり，左側に指針がつけてある．箱にはシャッターもついている．

定性関係 (3.17) は破られたことになる．

ボーアは，アインシュタインの一般相対性理論の結果をもちだして反論した．

質量を測るため，箱はばねでつっておく (図 43.3)．質量変化を所与の精度 Δm で決めるため指針の位置を Δx 程度まで精密に測ると，箱の運動量に $\Delta p \sim \hbar/(2\Delta x)$ なる不確定を生ずる．他方，この Δp は箱の質量変化がおこる時間 t の間に重力場が Δm に及ぼす力積よりは小さいであろう．

$$\Delta p \leq \Delta m\, gt \qquad (g = 重力加速度)$$

よって

$$\Delta x \geq \frac{\hbar}{2gt} \frac{1}{\Delta m}. \tag{3.18}$$

しかるに，一般相対性理論によれば時計を重力場の方向に Δx だけ動かすと，時計の進み具合が変わり，時間 t の間には

$$\Delta t = \frac{g\Delta x}{c^2} t \tag{3.19}$$

だけの進み・遅れが生ずる．こうして $\Delta E = \Delta m\, c^2$ と Δt の間に (3.18) と (3.19)

より

$$\Delta E \, \Delta t \geq \frac{\hbar}{2}$$

という不確定性関係が生ずる．

44

星たちはなぜあんなに大きいのか

メリダ，メキシコ

2009

1 問　　題

　恒星たちは熱い気体からできた球体である．ほとんどの恒星は，その中心部で水素を核融合でヘリウムに変えることによって輝いている．この問題では，この核融合をするためには，なぜ星たちは大きくなければならないかを，古典物理学の概念だけでなく，量子物理学の概念も用いて考える．そして水素の核融合を起こすために必要な星の最小の質量と半径を求める．

　必要なときは次の定数を用いよ．

重力定数　$G = 6.7 \times 10^{-11} \mathrm{\ m^3 kg^{-1} s^2}$

ボルツマン定数　$k = 1.4 \times 10^{-23} \mathrm{\ J K^{-1}}$

プランク定数　$h = 6.6 \times 10^{-34} \mathrm{\ m^2 kg s^{-1}}$

陽子の質量　$m_\mathrm{p} = 1.7 \times 10^{-27} \mathrm{\ kg}$

電子の質量　$m_\mathrm{e} = 9.1 \times 10^{-31} \mathrm{\ kg}$

素電荷　$e = 1.6 \times 10^{-19} \mathrm{\ C}$

真空の誘電率　$\varepsilon_0 = 8.9 \times 10^{-12} \mathrm{\ C^2 N^{-1} m^{-2}}$

太陽の半径　$R_\mathrm{S} = 7.0 \times 10^8 \mathrm{\ m}$

太陽の質量　$M_\mathrm{S} = 2.0 \times 10^{30} \mathrm{\ kg}$

1.1 古典論で星の中心の温度を見積もる

星をつくっているガスは，同数の陽子と電子に電離した水素だけからできていて，理想気体のように振る舞うと仮定する．古典的に見ると，2 つの陽子が $d_c = 10^{-15}$ m という短い距離まで近づくと，核力と呼ばれる強い引力が優勢になるので，核融合を起こすにはそこまで近づく必要がある．しかし，陽子は正に帯電しているので，相互に近づくと短い距離では陽子間のクーロン相互作用の反発力が優勢になるので，近づくにはまずそれに打ち勝たなくてはならない．陽子を質点とし，2 つの陽子が，その温度での 2 乗平均速度の平方根 v_{rms} で直線上を正面衝突するとしよう．この距離 d_c まで近づくことが可能なガスの温度 T_c はいくらか．問題全体を通じて有効数字 2 桁で数値を求めよ．

1.2 前節での見積もりは正しくないことを見出す

§1.1 で見積もった星の中心の温度が合理的な値であるかどうかを見るためには，それとは別な方法で見積もりをしてみる必要がある．星の内部構造は大変複雑であるが，ここではいくつかの仮定をおいて近似しよう．まず星は内向きの重力と外向きの圧力が釣り合って平衡状態にあるとする．図 44.1 のような星の中心から r のところにある厚さ Δr の球殻部分の気体の釣り合いを考えよう．

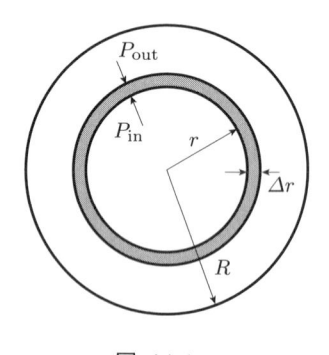

図 44.1

内と外の圧力差を $\Delta P = P_{\text{out}} - P_{\text{in}}$ とし，M_r を球殻内部の質量，ρ_r をこの球殻内の気体の密度として，小さい項を省略すれば，

$$4\pi r^2 \Delta P + \frac{GM_r \rho_r \times 4\pi r^2 \Delta r}{r^2} = 0$$

すなわち

$$\frac{\Delta P}{\Delta r} = -\frac{GM_r \rho_r}{r^2} \tag{1.1}$$

を得る．

ここで星の中心の温度の値のオーダーの大きさ (何桁の数値になるか) を見積もるため，以下のように近似しよう．まず星の中心の圧力と表面の圧力を P_c, P_o として

$$\Delta P \approx P_o - P_c$$

とすると $P_c \gg P_o$ なので

$$\Delta P \approx -P_c \tag{1.2}$$

とできる．同様の近似で，星全体の半径を R, 質量を M として

$$\Delta r = R, \qquad M_r = M. \tag{1.3}$$

ガスの密度は中心での値で近似できる，すなわち

$$\rho_r = \rho_c \tag{1.4}$$

としよう．ガスの圧力は理想気体のそれとする．

1.2.1 中心の温度 T_c を 星の半径と質量および諸物理定数で表せ

1.2.2 前節で得られた式を用いて，比 $\dfrac{M}{R}$ を物理定数で表し，§1.1 で得られた T_c を代入した値を求めよ

1.2.3 太陽について与えられたデータから $\dfrac{M_S}{R_S}$ を計算し，これが前節で得られた結果よりずっと小さいことを示せ

1.3 星の中心温度の量子力学的見積もり

§1.1.2 と §1.1.3 の結果には大きな不一致があり，そのことは，中心温度 T_c の古典物理学的見積もりは正しくないということを示している．この不一致は，量

子力学的効果を考えると解消される．量子力学では，陽子は波として行動するので，1個の陽子は，そのド・ブロイ波長 λ_p の大きさにひろがっている．その結果，陽子たちはこの波長の範囲程度に近づけば，量子力学的意味で重なり合い，核融合を起こすことができると考えられる（編注：これは正しいとはいえない．量子力学的には，トンネル効果で考える必要がある．トンネル効果を用いた星の温度についての考察を「§3 参考」に示す）．

1.3.1 核融合を起こす条件は陽子間の距離が $d_c = \dfrac{\lambda_p}{\sqrt{2}}$ だとして，温度 T_c を求めよ

1.3.2 §3.1 で求めた T_c の値から，§2.2 で求めた式を用いて，この場合の比 $\dfrac{M}{R}$ を求めよ．この値が観測された太陽の $\dfrac{M_S}{R_S}$ にかなり近いことを示せ

事実，水素核融合で光る，主系列星といわれる星たちでは，質量が広い範囲で変化してもこの比が成立する．

1.4 星たちの質量と半径の比

量子力学を用いての評価と観測結果の一致は，この方法で太陽の中心温度を評価することの正しさを示している．前節の結果を用いて，水素核融合を行うどの星についても，半径 R に対する質量 M の比は同一で，物理定数のみに依存することを示せ．

1.5 最小の星の質量と半径

§1.4 の結果を見ると，質量と半径の比が，関係式 (2.13) を満たしていれば，どんな大きさの星も存在できると思うかもしれないが，それは正しくない．核融合を起こしている星の内部のガスは，近似的に理想気体のように振る舞うことが知られているが，それは電子同士の間隔 d_e が，電子のド・ブロイ波長 λ_e より平均的に大きいということを示している．もし互いの距離がもっと近くなると，電子はいわゆる縮退状態になり，星の振る舞いは違ったものになってしまう．つまり，星の内部の陽子と電子についてわれわれは違った扱いをしなければならない．陽

子は，核融合を起こすためにそのド・ブロイ波長の間で重なっていなければならないのに対し，電子は理想気体の状態を保つためにそのド・ブロイ波は重なってはならないのである．

星の半径が小さくなるとその密度は大きくなるが，ここでもそのオーダーを見積もるために密度は一様として扱う．また，もちろん $m_p \gg m_e$ である．

1.5.1 質量 M, 半径 R の星の内部の電子の数密度を求めよ

1.5.2 質量 M, 半径 R の星内部の電子間の典型的間隔 d_e を求めよ

1.5.3 星の中心の温度は，(2.11) であるとして，電子波が重ならないための条件 $d_e \geq \dfrac{\lambda_e}{\sqrt{2}}$ を用いて，通常の星の最小の半径を求めよ

1.5.4 存在できる通常の星の最小の質量を求めよ

1.6 年老いた星の内部でのヘリウム核融合

星が年をとっていくと，中心部の水素の核融合が進んで，ほとんどヘリウムに変わってしまう．そうすると星は重力で収縮し，今度はヘリウムが核融合してもっと重い元素になる核融合が起こり，輝き続ける．ヘリウムの原子核は2個の陽子と2個の中性子からできているので，陽子に比べて荷電は2倍，質量は約4倍になる．

陽子 (水素の原子核) と同様にしてヘリウム原子核が融合するための条件を求め，そのとき必要なヘリウム核の平均の速さ $v_{\text{He rms}}$ と温度 $T_{\text{He c}}$ を求めよ．

2 解答

2.1 古典論での星の中心の温度

陽子同士の荷電の反発力に抗して d_c まで近づくためには，離れているときの運動エネルギーが d_c における静電ポテンシャルエネルギーに等しいことが必要である．よって[1]

---

[1] A_{rms} は root-mean-square, すなわち A の 2 乗の平均の平方根のことである．

$$2 \times \left(\frac{m_\mathrm{p} v_\mathrm{rms}^2}{2}\right) = \frac{e^2}{4\pi\varepsilon_0 d_\mathrm{c}}. \tag{2.1}$$

また，理想気体と考えているので

$$\frac{m_\mathrm{p} v_\mathrm{rms}^2}{2} = \frac{3}{2} kT_\mathrm{c} \tag{2.2}$$

(2.2) に (2.1) を代入すれば

$$T_\mathrm{c} = \frac{e^2}{12\pi\varepsilon_0 d_\mathrm{c} k} \tag{2.3}$$

となり，与えられた数値を代入して $T_\mathrm{c} = 5.5 \times 10^9$K を得る．

2.2 前節での見積もりは正しくないことを見出す

2.2.1 中心の温度 T_c

与えられた近似を (1.1) に代入して

$$P_\mathrm{c} = \frac{GM\rho_\mathrm{c}}{R} \tag{2.4}$$

また，理想気体の状態方程式から

$$P_\mathrm{c} = \frac{2\rho_\mathrm{c} k T_\mathrm{c}}{m_\mathrm{p}}. \tag{2.5}$$

ここでは，気体の質量はほとんど陽子の質量であり，一方で圧力は同数の陽子と電子によって与えられることを考慮している．(2.4), (2.5) から

$$T_\mathrm{c} = \frac{GMm_p}{2kR} \tag{2.6}$$

を得る．

2.2.2 §2.1 で得られた T_c を代入して得られる $\dfrac{M}{R}$ の値

(2.6) を変形すると

$$\frac{M}{R} = \frac{2kT_\mathrm{c}}{Gm_\mathrm{p}} \tag{2.7}$$

となり，これに §2.1 で得られた $T_\mathrm{c} = 5.5 \times 10^9$ K と各定数の値を代入すれば

44 星たちはなぜあんなに大きいのか

$$\frac{M}{R} = 1.35 \times 10^{24} \text{kg/m} \tag{2.8}$$

が得られる．

2.2.3 実際の太陽の $\frac{M_\text{S}}{R_\text{S}}$

与えられたデータから直接計算すると

$$\frac{M_\text{S}}{R_\text{S}} = 2.9 \times 10^{21} \text{kg/m} \tag{2.9}$$

になり，これは上述の計算値より 10^{-3} 倍も小さい．

2.3 星の中心温度の量子力学的見積もり

2.3.1 $d_\text{c} = \frac{\lambda_\text{p}}{\sqrt{2}}$ だとして，温度 T_c を求める

量子力学では粒子の運動量 p とその量子力学的波長 λ との関係は，$p = \frac{h}{\lambda}$ である．したがって粒子の速さを v_rms とすると

$$\sqrt{2} d_\text{c} = \lambda_\text{p} = \frac{h}{m_\text{p} v_\text{rms}}. \tag{2.10}$$

これをエネルギーの関係式 (2.1) に代入すると

$$v_\text{rms} = \frac{\sqrt{2} e^2}{4\pi\varepsilon_0 m_\text{p} h}$$

が得られ，理想気体の温度と分子運動の関係 (2.2) に代入すれば

$$T_\text{c} = \frac{e^4 m_\text{p}}{24\pi^2 \varepsilon_0^2 k h^2} \tag{2.11}$$

を得る．各数値を代入すれば

$$T_\text{c} = 9.7 \times 10^6 \text{K} \tag{2.12}$$

となる．

2.3.2 (2.12) を (2.7) に代入し，その値が太陽の $\frac{M_\text{S}}{R_\text{S}}$ と一致することを示せ

(2.7) に $T_\text{c} = 9.7 \times 10^6 \text{ K}$ を代入すれば，

$$\frac{M}{R} = 2.9 \times 10^{21} \text{ kg/m}$$

が得られ，(2.9) と一致する．

2.4 星たちの質量と半径の比

(2.7) と (2.11) から

$$\frac{M}{R} = \frac{e^4}{12\pi^2 \varepsilon_0^2 G h^2} \qquad (2.13)$$

が得られて，右辺は物理定数のみになる．

2.5 最小の星の質量と半径

2.5.1 星の内部の電子の数密度

電子と陽子は同数であるので，電子の平均数密度 n_e は

$$n_\mathrm{e} = \frac{M}{\frac{4}{3}\pi R^3 m_\mathrm{p}}. \qquad (2.14)$$

2.5.2 星内部の電子同士の典型的な間隔 d_e を求めよ

電子 1 個が平均して占める体積は $\frac{1}{n_\mathrm{e}}$ なので

$$d_\mathrm{e} = n_\mathrm{e}^{-\frac{1}{3}} = \left(\frac{M}{\frac{4}{3}\pi R^3 m_\mathrm{p}} \right)^{-\frac{1}{3}} \qquad (2.15)$$

2.5.3 中心の温度は，(2.11) であるとして，条件 $d_\mathrm{e} \geq \frac{\lambda_\mathrm{e}}{\sqrt{2}}$ から，通常の星の最小の半径を求める

$v_\mathrm{e\,rms}$ を電子の速度の 2 乗平均の平方根とすれば，量子力学の関係式からそのド・ブロイ波長は

$$\lambda_\mathrm{e} = \frac{h}{m_\mathrm{e} v_\mathrm{e\,rms}} \qquad (2.16)$$

と表される．ここで

$$\frac{3}{2}kT_{\rm c} = \frac{1}{2}m_{\rm e}v_{\rm e\,rms}^2 \tag{2.17}$$

に (2.11) を代入して変形すると

$$v_{\rm e\,rms} = \frac{e^2\sqrt{m_{\rm p}}}{2\sqrt{2}\pi\varepsilon_0 h\sqrt{m_{\rm e}}} \tag{2.18}$$

となり，これを (2.16) に代入して

$$\lambda_{\rm e} = \frac{2\sqrt{2}\pi\varepsilon_0 h^2}{e^2\sqrt{m_{\rm p}m_{\rm e}}} \tag{2.19}$$

が得られる．

一方，(2.15) に (2.13) を代入すると

$$d_{\rm e} = \left(\frac{16\pi^3\varepsilon_0^2 Gh^2 m_{\rm p}R^2}{e^4}\right)^{\frac{1}{3}} \tag{2.20}$$

が得られる．これらを

$$d_{\rm e} \geq \frac{\lambda_{\rm e}}{\sqrt{2}} \tag{2.21}$$

に代入して計算すると

$$R \geq \frac{\varepsilon_0^{\frac{1}{2}} h^2}{\sqrt{2}eG^{\frac{1}{2}}m_{\rm p}^{\frac{5}{4}}m_{\rm e}^{\frac{3}{4}}} \tag{2.22}$$

を得る．与えられた数値を代入すると

$$R \geq 6.9 \times 10^7 {\rm m} \approx 0.10\, R_{\rm S} \tag{2.23}$$

2.5.4 存在できる通常の星の最小の質量を求めよ

(2.13) に (2.23) を用いて

$$M = \frac{e^4 R}{12\pi^2\varepsilon_0^2 Gh^2} \geq 1.7 \times 10^{29}\,{\rm kg} \approx 0.09 M_{\rm S} \tag{2.24}$$

2.6 年老いた星の内部でのヘリウム核融合

He の原子核は質量が $4m_\text{p}$, 荷電が $2e$ である．したがって核融合を起こすためには $\sqrt{2}d_\text{He} = \dfrac{h}{4m_\text{p}v_\text{He rms}}$ まで近づかなくてはならない．これを運動エネルギーと静電ポテンシャルの関係

$$\frac{4e^2}{4\pi\varepsilon_0 d_\text{He}} = 2 \cdot \frac{1}{2}m_\text{p}v_\text{He rms}^2 \tag{2.25}$$

に代入して

$$v_\text{He rms} = \frac{\sqrt{2}e^2}{\pi\varepsilon_0 h} = 1.96\times 10^6 \text{m/s} \tag{2.26}$$

理想気体の式 $\dfrac{3}{2}kT_\text{He c} = \dfrac{1}{2}\cdot 4m_\text{p}v_\text{He rms}^2$ より

$$T_\text{He c} = \frac{4m_\text{p}v_\text{He rms}^2}{3k} = 6.2\times 10^8 \text{ K} \tag{2.27}$$

となる．

3 考察：星の温度

星の中で陽子の融合反応が起こるための星の温度はどれだけかを，量子力学によって考えてみよう．

そのために，まず2つの陽子が，それぞれ $E/2$ のエネルギーで右と左から飛んできて，相互の距離 r が R になるまで近づく確率を量子力学によって計算する．2つの陽子の間にはクーロンの反発力がはたらき，位置のエネルギー

$$V(r) = \frac{e^2}{r} \qquad \left(e^2 = \frac{q^2}{4\pi\varepsilon_0}\right)$$

がある．ここで陽子の電荷を q とし，上の式に注記したように $q^2/(4\pi\varepsilon_0) = e^2$ とおいた．この反発力のため，古典力学的には陽子は

$$\frac{e^2}{r_E} = E \tag{3.1}$$

で決まる距離 r_E より近づくことはできない．しかし，量子力学にはトンネル効果というものがあって，陽子が距離 r_E 以下に近づく確率も 0 でない．距離 0 まで近づく確率さえ 0 ではないのである．

それぞれエネルギー $E/2$ で右と左から飛んできた陽子が距離 R まで近づく確率 $G(E)$ は，いわゆるガモフ因子

$$G(E) = \exp\left[-\frac{2}{\hbar}\int_R^{r_E}\sqrt{m\left(\frac{e^2}{r} - E\right)}\,dr\right] \tag{3.2}$$

で与えられる (図 44.2)．ここで，質量には換算質量 $m/2$ を用いた．この式の導き方は，ここでは説明しない．たとえば

　　江沢 洋 著『現代物理学』，朝倉書店 (1996), p.336, p.348

を参照してください．

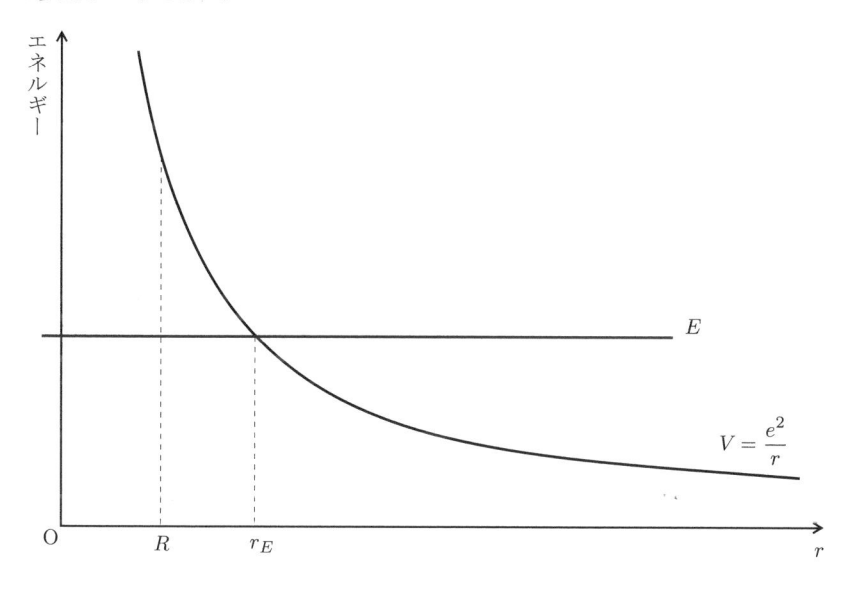

図 44.2 ガモフ因子の計算

3.1　星の温度はどのようにして定まるか？

星の温度は，どのようにして定まるのだろう？

星の中の陽子 (質量 m, 電荷 q) が, 温度 T の熱平衡状態にあるとすれば, 陽子のエネルギーは, 大雑把に言ってボルツマン分布 $e^{-E/kT}$ をする[2]. したがって, 陽子が衝突して接触する確率は, これも大雑把にいって[3]

$$P(E) = G(E)e^{-E/kT} \tag{3.3}$$

となる.

(3.2) を見ると, E が増大したとき $\frac{e^2}{r} - E$ は減少するから積分値 $\int_R^{r_E} \sqrt{\frac{e^2}{r} - E}\, dr$ も減少し, したがって $P(E)$ は増加する. 2つの陽子がクーロン反発力に打ち勝って接触する確率が E の増大とともに増加するのは当然である. 一方, $e^{-E/kT}$ は E の増大とともに減少するから, 2つの陽子が衝突して接触する確率 (3.3) はある E で極大になるだろう.

陽子のエネルギーは $e^{-E/kT}$ で分布し[4], 平均値 $\frac{3}{2}kT$ の近辺にあるから, $P(E)$ の極大の位置が $E = \frac{3}{2}kT$ に等しいとき陽子はもっともよく接触することになる.

$P(E)$ の極大の位置を $\frac{3}{2}kT$ に等しいとおけば kT に対する方程式が得られる. これを解けば, 星の温度が定まるではないか！ その温度を計算してみよう. はたして実際の星の温度に近い値がでてくるだろうか？

3.2 $R = 0$ の近似

(3.2) の指数関数の肩にある積分をしよう. さしあたりは $R \neq 0$ として

$$\int_R^{r_E} \sqrt{m\left(\frac{e^2}{r} - E\right)}\, dr = \sqrt{mE} \int_R^{r_E} \frac{1}{\sqrt{r}} \sqrt{\frac{e^2}{E} - r}\, dr$$
$$= 2\sqrt{mE} \int_{\sqrt{R}}^{\sqrt{r_E}} \sqrt{\frac{e^2}{E} - s^2}\, ds \quad (\sqrt{r} = s \text{ に変換})$$

---

[2] 大雑把というのは, $G(E)$ の E は 2つの陽子の重心系におけるエネルギーであるのに対して, ボルツマン分布の E は各陽子のエネルギーであるからである. 本当は, 2つの陽子のエネルギーの和を重心運動のエネルギーと相対運動のエネルギーに分けて, 重心運動については積分する.

[3] 大雑把というのは, 本当は位相空間の体積をかけなければならないからである.

[4] 正しくは, エネルギーが E と $E + dE$ の間にある様子の数は $E^{1/2}e^{-E/kT}$ に比例する.

$$= \sqrt{mE}\left[s\sqrt{\frac{e^2}{E}-s^2}+\frac{e^2}{E}\sin^{-1}\sqrt{\frac{E}{e^2}}s\right]_{\sqrt{R}}^{\sqrt{r_E}}. \quad (3.4)$$

いま，簡単のために $R=0$ としてみよう．陽子が融合するためには距離 $R=0$ まで近づかなければならないとするのである．この場合，上の結果から

$$\int_0^{r_E}\sqrt{m\left(\frac{e^2}{r}-E\right)}dr = \sqrt{mE}\left[s\sqrt{\frac{e^2}{E}-s^2}+\frac{e^2}{E}\sin^{-1}\sqrt{\frac{E}{e^2}}s\right]_0^{\sqrt{r_E}}$$
$$= \frac{\pi}{2}\sqrt{\frac{me^4}{E}} \quad (3.5)$$

となり，(3.3) から陽子が接触する確率

$$P(E) = \exp\left[-\pi\sqrt{\frac{me^4}{\hbar^2 E}} - \frac{E}{kT}\right]$$

が得られる．これが極大となる E は

$$\frac{d}{dE}\left(-\pi\sqrt{\frac{me^4}{\hbar^2 E}} - \frac{E}{kT}\right) = 0$$

から

$$\frac{\pi}{2}\sqrt{\frac{me^4}{\hbar^2}}\frac{1}{E^{3/2}} - \frac{1}{kT} = 0$$

で定まり，

$$E = \left(\frac{\pi}{2}\frac{e^2}{\hbar c}kT\right)^{2/3}(mc^2)^{1/3} \quad (3.6)$$

となる．これを $E=(3/2)kT$ に等しいとおけば，kT に対する方程式

$$\frac{3}{2}kT = \left(\frac{\pi}{2}\frac{e^2}{\hbar c}kT\right)^{2/3}(mc^2)^{1/3}$$

が得られ，その解は

$$kT = \left(\frac{2}{3}\right)^3\left(\frac{\pi}{2}\frac{e^2}{\hbar c}\right)^2 mc^2 \quad (3.7)$$

である．温度 T は普遍定数で定まってしまうのである．

$\dfrac{e^2}{\hbar c}$ は微細構造定数：$\dfrac{1}{137}$, mc^2 は陽子の静止エネルギー：$938\,\mathrm{MeV}$ \hfill (3.8)

であるから

$$kT = 3.64 \times 10^4\,\mathrm{eV}. \tag{3.9}$$

これは，太陽の中心温度 $T_\mathrm{c} = 1.53 \times 10^7\,\mathrm{K}$ (理科年表による) に相当する．

$$kT_\mathrm{c} = 1.33 \times 10^3\,\mathrm{eV} \tag{3.10}$$

と 1 桁ちがいで合っている！

トンネル確率

(3.9) のとき，$E = (3/2)kT = 5.46 \times 10^4\,\mathrm{eV}$ である．このとき，2 つの陽子がクーロン・ポテンシャルの壁をトンネルして互いの距離 $R = 0$ まで近づく確率

$$G(E) = \exp\left[-\pi\sqrt{\dfrac{me^4}{\hbar^2 E}}\right] \tag{3.11}$$

の数値を出しておこう．それには

$$\sqrt{\dfrac{me^4}{\hbar^2 E}} = \dfrac{e^2}{\hbar c}\sqrt{\dfrac{mc^2}{E}}$$

として (3.8) を用いるのがよい．$E = 5.46 \times 10^3\,\mathrm{eV}$ であるから

$$G(E) = \exp\left[-\pi\sqrt{\dfrac{938 \times 10^6}{5.46 \times 10^3}}\dfrac{1}{137}\right] = \exp[-9.50] = 7.49 \times 10^{-5} \tag{3.12}$$

となる．これは非常に小さい．．

3.3 $R = \hbar/(\mu c)$ の場合

もう少し現実に近づけるために，2 つの陽子が融合するためには互いに核力の到達距離 $R = \dfrac{\hbar}{\mu c}$ まで近づくものとしてみよう．ここに，μ はパイ中間子の質量で $\mu c^2 = 140\,\mathrm{MeV}$ である[5]．

---

[5] これは中間子をやりとりできる距離ということであり，量子力学の不確定性原理 $\Delta E \cdot \Delta t \approx \hbar$ から見積もることができる．ΔE として μc^2 をとり，速さを光速 c として時間 Δt の間に動ける距

この R に対して (3.2) を計算しよう．(3.4) を用いれば

$$\int_R^{r_E} \sqrt{m\left(\frac{e^2}{r} - E\right)} dr = \sqrt{mE}\left[s\sqrt{\frac{e^2}{E} - s^2} + \frac{e^2}{E}\sin^{-1}\sqrt{\frac{E}{e^2}}s\right]_{\sqrt{R}}^{\sqrt{r_E}}$$
$$= \sqrt{mE}R\left[-\sqrt{\frac{e^2}{ER} - 1} + \frac{e^2}{ER}\left(\frac{\pi}{2} - \sin^{-1}\sqrt{\frac{R}{e^2}E}\right)\right].$$

が得られる．

したがって，(3.3) を $P(E) = e^{-S(E)}$ と書けば

$$S(E) = -\frac{\sqrt{mR}}{\hbar}\sqrt{e^2 - ER} + \frac{\sqrt{m}e^2}{\hbar\sqrt{E}}\left(\frac{\pi}{2} - \sin^{-1}\sqrt{\frac{RE}{e^2}}\right) + \frac{E}{kT} \quad (3.13)$$

となる．$P(E)$ が極大となる E は

$$\frac{dS}{dE} = \frac{1}{2}\frac{\sqrt{mR}}{\hbar}\frac{R}{\sqrt{e^2 - ER}} - \frac{1}{2}\frac{\sqrt{m}e^2}{\hbar}\frac{1}{E^{3/2}}\left(\frac{\pi}{2} - \sin^{-1}\sqrt{\frac{ER}{e^2}}\right)$$
$$-\frac{1}{2}\sqrt{\frac{me^4 R}{\hbar^2}}\frac{1}{E}\frac{1}{\sqrt{e^2 - ER}} + \frac{1}{kT}$$

のゼロ点で与えられる．$R = \dfrac{\hbar}{\mu c}$ とすれば

$$0 = \frac{1}{\mu c^2}\left[\frac{1}{2}\frac{\sqrt{(m/\mu)(\hbar c/e^2)}}{\sqrt{1 - (\hbar c/e^2)(E/\mu c^2)}} - \frac{1}{2}\frac{e^2}{\hbar c}\sqrt{\frac{mc^2}{E}}\frac{\mu c^2}{E}\left(\frac{\pi}{2} - \sin^{-1}\sqrt{\frac{R}{e^2}E}\right)\right.$$
$$\left. -\frac{1}{2}\sqrt{\frac{e^2}{\hbar c}\frac{m}{\mu}}\frac{\mu c^2}{E}\frac{1}{\sqrt{1 - (\hbar c/e^2)(E/\mu c^2)}} + \frac{\mu c^2}{kT}\right] \quad (3.14)$$

で与えられることになる．

$E = (3/2)kT$ とおいて，(3.14) の根を求める．といっても式の計算で求めることは無理で，(3.14) の右辺を $x = \dfrac{\hbar c}{e^2}\dfrac{E}{\mu c^2}$ の関数としてグラフに描き，x 軸との交点を求めるのである (図 44.3)．その結果，

$$E = 1.365 \times 10^4 \,\text{eV}, \quad kT = 9.10 \times 10^3 \,\text{eV} \quad (3.15)$$

離を $c\Delta t = R$ とおけば $R \approx \dfrac{\hbar}{\mu c}$ が得られる．

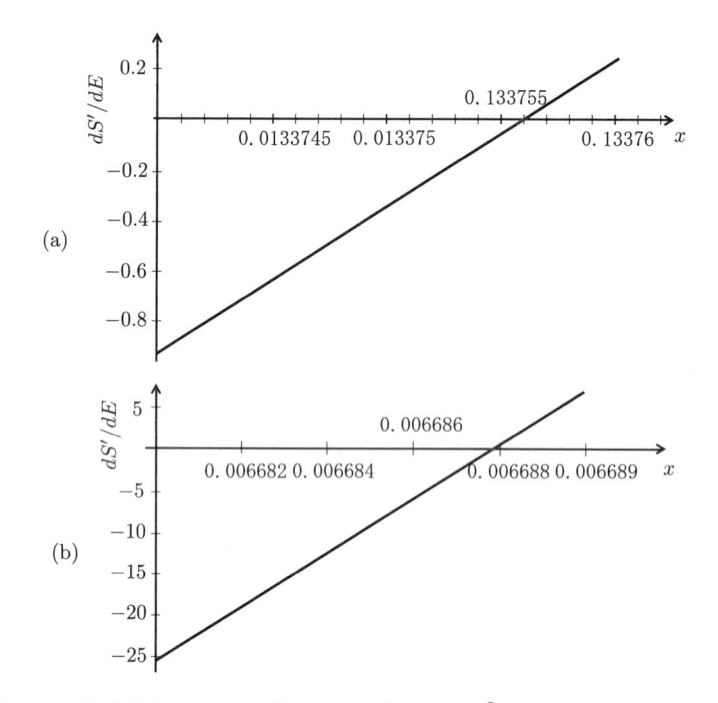

図 **44.3** 温度を定めるための数値計算. $S'(E) = \mu c^2 S(E)$ として $dS'(E)/dE$ を $x = 137E/(\mu c^2)$ の関数としてグラフに描いた. 陽子が (a) 距離 $R = \hbar/(\mu c)$, (b) $R = 2\hbar/\mu c$ で接触するとした場合.

が得られる. これは太陽の中心温度 $T_c = 1.53 \times 10^7$ K に相当する (3.10) の $kT_c = 1.33 \times 10^3$ eV と同じオーダーである. 一致は, $R = 0$ とした場合の (3.9) よりよくなっている.

$R = 2\hbar/(\mu c)$ とすれば

$$E = 6.83 \times 10^3 \text{ eV}, \quad kT = 4.55 \times 10^3 \text{ eV} \tag{3.16}$$

となり, 一致はさらに改善している. かなり乱暴な計算をしているから, このくらい一致すれば, まあよしとすべきだろう.

トンネル確率

2 つの陽子がクーロン・ポテンシャルの壁をトンネルして互いに距離 R まで近

づく確率，すなわちガモフ因子

$$G(E) = \exp\left[-\sqrt{mE}R\left\{\sqrt{\frac{e^2}{ER}-1}+\frac{e^2}{ER}\left(\frac{\pi}{2}-\sin^{-1}\sqrt{\frac{ER}{e^2}}\right)\right\}\right]$$

の数値を出してみよう．$R = \dfrac{\hbar}{\mu c}$ として

$$\frac{\sqrt{mE}R}{\hbar} = \sqrt{\frac{938}{140}\frac{E}{140\text{MeV}}} = \sqrt{\frac{E}{2.09\times 10^7 \text{MeV}}},$$

$$\frac{e^2}{ER} = \frac{e^2}{\hbar c}\frac{\mu c^2}{E} = \frac{1.02\times 10^6 \text{eV}}{E}$$

を用いる．

$R = \dfrac{\hbar}{\mu c}$ のとき，(3.15) に対して $G(E)$ を計算すると

$$G(1.365\times 10^4\,\text{eV}) = \exp[-2.6] = 7.4\times 10^{-2} \quad \left(R=\frac{\hbar}{\mu c}\right) \tag{3.17}$$

を得る．

(3.16) に対しては

$$G(6.81\times 10^3\,\text{eV}) = \exp[-3.6] = 2.7\times 10^{-2} \quad \left(R=2\frac{\hbar}{\mu c}\right) \tag{3.18}$$

これが，R が大きいのに (3.17) より小さくなったのはエネルギー E が低いからだろう．

このようにクーロン・ポテンシャルの壁をトンネルして陽子が出会う確率は小さいのである．「星はなぜ大きいか」の問題が，ド・ブロイ波長をもちだして太陽の中心の温度で衝突した陽子が必ず融合するかのようにいっているのは適当でない．

参　考　書

[1] 朝永振一郎編『物理学読本』，みすず書房 (1969)
[2] 朝永振一郎『物理学とは何だろうか (上，下)』，岩波新書 (1979)
[3] 朝永振一郎『量子力学的世界像』，朝永振一郎著作集 8，みすず書房 (1982)
[4] 湯川秀樹『理論物理学を語る』，日本評論社 (1997)
[5] 湯川秀樹・鈴木　坦・江沢　洋『場の理論のはなし』，日本評論社 (2010)
[6] 伏見康治『ろば電子』，伏見康治著作集 4，みすず書房 (1987)
[7] 伏見康治『原子の世界』，伏見康治著作集 5，みすず書房 (1987)
[8] 伏見康治『光る原子，波うつ電子』，丸善 (2008)
[9] 戸田盛和『マクスウェルの魔』，物理読本 1，岩波書店 (1997)
[10] 戸田盛和『ミクロへ，さらにミクロへ』，物理読本 2，岩波書店 (1998)
[11] 戸田盛和『時間，空間，そして宇宙』，物理読本 3，岩波書店 (1998)
[12] 戸田盛和『ソリトン，カオス，フラクタル』，物理読本 4，岩波書店 (1999)
[13] 小谷正雄編『物理学概説』，裳華房 (1950)
[14] R.P. ファインマン，R.B. レイトン，M. サンズ『ファインマン物理学』
　　　『力学』，坪井忠二訳，岩波書店 (1967)
　　　『光 熱 波動』，富山小太郎訳，岩波書店 (1968)
　　　『電磁気学』，宮島龍興訳，岩波書店 (1969)
　　　『電磁波と物性』，戸田盛和訳，岩波書店 (1971)
　　　『量子力学』，砂川重信訳，岩波書店 (1979)
[15] 江沢　洋『力学 — 高校生・大学生のために』，日本評論社 (2005)
[16] 江沢　洋『物理は自由だ 2 — 静電磁場の物理』，日本評論社 (2004)
[17] 江沢　洋『相対性理論とは？』，日本評論社 (2005)
[18] 江沢　洋『現代物理学』，朝倉書店 (1996)

索　　引

●あ行

アインシュタイン (Einstein, A.)　　262, 330
アポジエンジン　　84
　　—の誤噴射　　85, 89
雨　　208
アルカリ原子　　314
アルキメデスの原理　　17
アルゴン　　194
安定器　　102, 106
アンペール (Ampère, A. M.)
　　—の法則　　144, 147
イオン化エネルギー　　306
一般相対性理論　　331
インダクタンス　　103, 104, 110
インピーダンス　　104, 109, 110
　　—の複素数表示　　112, 114
宇宙線
　　—のもたらす電荷　　136
宇宙船
　　—の軌道を変える　　84
宇宙背景放射　　300, 303
運動量
　　—の保存則　　11, 307, 321
永久機関　　223

エネルギー
　　—散逸　　326
　　—の保存　　92, 302
　　単振動の—保存　　94
エネルギー準位
　　—の幅　　330
エネルギー密度　　218
遠地点　　86
エントロピー　　301
大きさのオーダー　　297

●か行

回折　　310
　　—角　　229
回転
　　—する座標系　　13
ガウス積分　　205
鏡に映す　　151
角運動量　　89, 139, 142
　　—の保存　　41, 91, 92
角振動数　　28, 120
角速度　　6
核融合　　333, 337
　　—を起こす条件　　336
　　水素—　　336, 349

ヘリウム—　　337
核力　　334
　　—の到達距離　　346
重ね合わせ　　43, 329
カットオフ振動数　　217
ガモフ因子　　343, 346, 349
慣性モーメント　　3, 5, 145
　　軸の位置と—　　22, 24
観測　　329
基準座標　　46, 48
基準モード　　43
輝線スペクトル　　110
気体の膨張
　　準静的な—　　193
　　断熱的な—　　191
　　等温変化としての—　　195
気体分子
　　—の速さの平均　　204
　　—の流出　　200
気体分子運動論　　191, 326
基底状態　　308, 315
基本定数　　298
基本量　　298
逆二乗力
　　—のもとでの軌道　　85, 92
キャパシタンス　　110
球面波　　262
共鳴吸収　　316, 320
共鳴振動数　　318
極座標　　85, 92
キルヒホッフの法則　　110
近地点　　86
空気
　　—の屈折率　　247
　　山を越える—　　208

空中浮遊　　286
クォーク　　275
　　—の運動　　277
　　実験室系で見た—の運動　　278
屈折の法則　　248, 287
雲
　　—の形成　　208
グローランプ　　106
クーロン (Coulomb, C. A.)
　　—相互作用　　334
　　—反発力　　337, 344
蛍光灯　　102
蛍光塗料　　110
ケプラー
　　—の第3法則　　90
　　—の法則　　39
ケルヴィン (Kelvin, Lord)　　180, 182, 184
原子間力　　44
原子質量単位　　44
光学的みずあめ　　315, 319, 326
光子　　286
　　—の運動量　　286, 315
　　—のエネルギー　　286, 315
　　物質中の—　　286
格子定数　　226
降水量　　210
恒星　　333
　　—の最小の質量　　341
　　—の質量と半径の比　　340
　　—の中心温度　　335, 337, 339, 346
　　—の中心の圧力　　335
　　—の中心の密度　　335
　　—の内部構造　　334
　　年老いた—　　337

索　引

恒星日　84
剛体　4, 71
　　—の運動方程式　21
　　—の振り子　21
コーエン・タンヌージ (Cohen-Tannoudji, C.)　314
黒体　217
　　—放射　218, 299, 302
古典論　334
混合気体
　　—の圧力　195, 213
コンデンサー　109
　　—の極板の引力　172

●さ行

再結合時間　109
サヴァール (Savart, F.)　144
座標系
　　回転する—　13
作用反作用　288
散逸　326
酸素　194
　　—原子　44
時間平均　116, 227
磁気双極子　145
次元解析　297
思考実験　330
事象の地平面
　　—の面積　299
磁針
　　磁場における—の振動　145, 148
磁束密度　238
実験室系　275
実効値　104, 114
質量　17

シドウィック (Sidgwick, Mrs.)　181, 186
磁場　144, 238
　　—中の運動の定数　139
　　円電流の—　151
自発放射　316, 318, 321, 322
斜面上の円柱　2
重心
　　—の運動エネルギー　30
　　—の運動と—のまわりの回転運動　4
　　—の運動のエネルギー　28
　　—のまわりの回転運動　30
重心系　307
重心まわりの回転　3
重力　31, 50
　　—圏からの脱出　86, 90
　　—による波長の延び　59
　　—のポテンシャルエネルギー　36, 41
重力偏移　59
主系列星　336
シュテファン (Stefan, J.)　217
シュテファン-ボルツマンの定数　301
シュテファン-ボルツマンの法則　217, 298
状態方程式
　　理想気体の—　338
衝突パラメーター　87
蒸発熱　208
消費電力　105
初期位相　94
人工衛星　34, 217
振動
　　—のエネルギー　230
　　　温度 T における—　227
　　—の周期　20, 26

—のモード　　46, 48
　　　小さい振幅の—　　20
水素原子
　　　—同士の衝突　　306, 307
　　　—のイオン化エネルギー　　306
　　　—の励起　　307
ステラジアン　　310
スネル (Snell, W. R.)
　　　—の法則　　248
スペクトル　　103
スペクトル線　　59
正三角形解　　32
セイシ　　25
静止質量　　274, 281
静止摩擦　　13
静電ポテンシャル　　337
絶縁破壊　　106
絶対温度　　326
遷移
　　　単位時間あたりの—　　328
双曲線軌道　　86, 91
相対性理論　　262, 315
速度
　　　2乗平均—　　326
ソルヴェイ会議　　330

●た行
大気
　　　—中のイオン　　126, 131
　　　—の密度の高度変化　　209
対称性　　147, 151
　　　鏡映—　　153
太陽
　　　—の中心温度　　346
　　　—の半径　　217

　　　—表面の温度　　217
　　　太陽電池パネル　　219
楕円軌道　　86, 89
　　　—の周期　　86
単振動
　　　—のエネルギー　　94
　　　—の方程式　　21, 46
弾性散乱　　227
炭素原子　　44
断熱圧縮　　210
断熱過程　　207, 211
　　　—における気体の状態方程式　　191
断熱膨張　　208
チェレンコフ (Cherenkov, P.A.)
　　　—光　　262
　　　水中の—　　270
　　　リング像—カウンター　　263
地球　　50
　　　—と月の距離　　310
　　　—と月の質量中心　　51
　　　—の質量　　36
　　　—の自転周期　　63
　　　—の赤道半径　　36, 84
地表面
　　　—における電場　　126
　　　—の電荷　　126
チュー (Chu, S.)　　314
中間子　　275
中性子　　281
　　　—の質量　　281
中性子星　　58
潮汐　　50, 51
　　　—力　　63
超相対論的粒子　　274
調和振動　　227

索　引

直列接続　97
月　50, 309
　　—の公転　313
　　—の公転周期　63
　　—の自転周期　63
定圧比熱　208
低温に保つペンキ　219
抵抗
　　—の無限格子　96
　　—力　326
定積比熱　208
電荷密度　238
電気抵抗
　　—の基準　180
電気伝導率　164
　　地中の—　167
電気容量
　　—の単位　100
電子
　　—の質量　228, 281
　　—の電荷　228
　　—の比電荷　155
電子線回折　226
　　低エネルギーの—　227
電磁波
　　—の強度　234
　　—の屈折　242
　　—の速度　165, 166, 239
　　—の波長　167
　　—の反射　234, 242
　　偏光した—　164
電磁放射　308
電束密度　238
天体
　　—までの距離　255

電場　238
　　輪のつくる—　99
電波望遠鏡　234
天秤　17
　　—の精度　17
電離　334
電流密度　238
同軸円筒コンデンサー　138
透磁率　144, 164, 238
特殊相対性理論　274
時計の遅れ
　　重力場における—　331
ドップラー効果　255, 308, 318, 320, 324
　　相対論的—　327
ド・ブロイ波長　226, 337, 349
　　物質中での—　286
トルク　4, 5
ドルトン (Dalton, J.)
　　—の法則　213, 215
トンネル効果　343, 348

●な行
波
　　—の速さ　121, 124
肉眼　311
逃げ水　247
二酸化炭素　48
二重星　58
　　—までの距離　59
2乗平均　205
　　—の平方根　104, 228, 334, 337
　　変位の—の平方根　231
熱機関
　　—と不可逆過程　199

索　引

熱源　199
熱振動　227
熱平衡　300, 326
熱平衡状態　319, 344
熱容量　298
熱力学　301
　　—の第一法則　302
　　—の第二法則　299
熱量　302

●は行
パイ中間子　346
波数ベクトル　227, 239
畠山久尚　136
波動関数　329
波動方程式　238
歯止めつきの羽根車　222
幅　329
早川幸男　261
針穴写真機　290
反射鏡
　　月面においた—　309
半通径　85
半透膜　197
万有引力　50
ビオ (Biot, J. B.)　144
ビオ–サヴァールの法則　147
光
　　—の圧力　286
　　—の速さ　290
　　—より速い？　252
非弾性衝突　306, 307
比電荷
　　電子の—　155
比誘電率

　　地中の—　167
表面電荷密度
　　—から生ずる力　178
広重徹　146
ピンホールカメラ　290
ファインマン (Feynman, R. P.)　222
フィリップス (Philips, W. D.)　314
不確定性関係　328
　　エネルギーと時間の—　330, 332
　　座標と運動量の—　331
　　時間とエネルギーの—　346
不確定性原理　318
フックの法則　43
物質波
　　—の波長　226, 228
沸点　212, 214
沸騰　214, 215
ブラックホール　299, 300
　　—のエントロピー　299
　　—の質量　299
　　—の質量変化　304
　　—の蒸発　303
　　—の熱容量　303
プランク (Planck, M.)　218
　　—定数　218, 227, 228, 286, 306, 315, 328
　　—の放射法則　218
フランス革命　180
振り子
　　棒に巻きつく—　71
浮力　17
分圧　18
分解能　165
分光器　103
分子

—の振動　　43
　　3原子—　　44
　　2原子—　　44
分子量　　18
平均寿命　　328
平均電力　　113
平衡状態
　　—の安定性　　304
平行板の屈折　　248
並列接続　　97
ベクトル図　　104
ベケンシュタイン (Bekenstein, J.)　　299
β崩壊　　281, 283
ヘリウム　　333, 337
ボーア (Bohr, N.)　　330
　　—の原子模型　　307
　　—半径　　107
放物運動　　80
放物線軌道　　86
包絡線　　262
ホーキング (Hawking, S. W.)
　　—温度　　299, 302
　　—放射　　299, 302
星
　　—の中心の温度　　334, 338
　　—の内部の電子密度　　337, 340
　　—の半径　　335, 336
　　—の表面温度　　59
　　最小の—　　340
保存
　　エネルギーの—　　92
　　角運動量の—　　92
ポテンシャルエネルギー　　53
　　重力の—　　36, 41
　　単振動の—　　28

ボルツマン (Boltzmann, L.)　　217
　　—定数　　218, 227
　　—分布　　344

●ま行
マクスウェル (Maxwell, J. C.)
　　—の電磁理論　　144
　　—の方程式　　237
摩擦
　　静止—　　13, 73
　　動—　　8
見かけの長さ　　291, 292
無限格子
　　LC—　　120
　　抵抗の—　　96
目
　　—の感度　　309
面心立方構造　　226
モーメント　　3

●や行
誘電率　　164, 238
陽子　　334
　　—の質量　　281

●ら行
ラビ振動数　　318
力学的エネルギー　　86
力学モデル　　121
力積　　324
離心率　　85, 89
理想気体　　17, 334, 335
　　—の状態方程式　　195, 209, 326, 338
立体角　　310
量子物理学　　333

索　引

量子力学　286, 329
リング像チェレンコフカウンター　267
励起準位　318
　——の寿命　318
励起状態　307, 315, 318, 328
　——の寿命　318, 330
レイリー (Rayleigh, Lord)　181, 186
レーザー　319, 326
　——光が原子に及ぼす力　319
　——光線　317
　——パルス　309
　——冷却　314
　ルビー——　309
レーダー
　地中浸透——　164
連続スペクトル　110
ローテーション　238
ローレンツ短縮　294
ローレンツ変換　275, 279, 327

解答作成協力者 (五十音順, 所属は刊行当時)

猪又英夫　都立調布北高校
浦辺悦夫　立正大学・学習院大学・武蔵野星城高校非常勤講師
大川博督　京都大学大学院博士課程　宇宙物理学
神谷一郎　都立八王子東高校
鴨下智英　都立江戸川高校
川島健治　金沢大学大学院自然研究科博士課程
田代卓哉　都立小石川中等教育学校
任海正衛　元都立高校教諭・農業・自然保護
殿村洋文　星野高校
中山和也　神奈川県立生田東高校
古澤佑一　元都立国立高校
松本節夫　芝中学・高等学校
宮崎郁生　都立文京高校
桃井芳徳　元都立田園調布高校
山口浩人　攻玉社中学・高校
吉田孝三　啓明学園高校
吉埜和男　都立忍岡高校

編著者紹介

江沢 洋
えざわ・ひろし

略歴
1932年　東京に生まれる．
1955年　東京大学理学部卒業．
1960年　同大学院数物系研究科博士課程修了．
1967年　学習院大学助教授．
1970年　学習院大学教授．
現　在　学習院大学名誉教授．

上條隆志
かみじょう・たかし

略歴
1947年　群馬県に生まれる．
1973年　東京教育大学大学院修士課程修了．
その後，東京都立高校の教諭を務め，2008年3月定年退職．
1973年から東京物理サークルで活動．
全国高校生活指導研究協議会代表．

東京物理サークル

1960年代後半から東京都の高校教員を中心に，授業研究や実践発表を行っている，歴史ある物理サークル．
ホームページ：http://tokyophysics.org

江沢・上條・東京物理サークル編著による
　『物理なぜなぜ事典①,②(増補版)』(日本評論社)
がある．

きょうしつ
教室 からとびだせ物理 ── 物理オリンピックの問題と解答

2011年9月15日　第1版第1刷発行

編著者　江沢 洋・上條隆志・東京物理サークル
発行者　横山 伸
発行　　有限会社　数学書房
　　　　〒101-0051　東京都千代田区神田神保町1-32-2
　　　　TEL　03-5281-1777
　　　　FAX　03-5281-1778
　　　　mathmath@sugakushobo.co.jp
　　　　http://www.sugakushobo.co.jp
　　　　振替口座　00100-0-372475
印刷
製本　　モリモト印刷
組版　　永石晶子
装幀　　岩崎寿文
編集協力　川端政晴

ⓒHiroshi Ezawa, et al. 2011　Printed in Japan
ISBN 978-4-903342-66-5

数学書房選書1　力学と微分方程式
　　　山本義隆著／解析学と微分方程式を力学にそくして語り、同時に、力学を、必要とされる解析学と微分方程式の説明をまじえて展開した。これから学ぼう、また学び直そうというかたに。A5判・256頁・2300円

数学書房選書3　実験・発見・数学体験
　　　小池正夫著／手を動かして整数と式の計算。数学の研究を体験する。データを集める・データを観察する・その規則性を見つける。実験数学の実践。A5判・240頁・2400円

理系数学サマリー　　高校・大学数学復習帳
　　　安藤哲哉著／高校1年から大学2年までに学ぶ数学の中で実用上有用な内容をこの1冊に。あまり知られていない公式まで紹介した新趣向の概説書。A5判・320頁・2500円

数理と社会　身近な数学でリフレッシュ
　　　河添健著／各種の数理モデルを理解する知識が身につくことをめざす。四六版・200頁・1900円

この数学書がおもしろい　増補新版
　　　数学書房編集部編／おもしろい本、お薦めの書、思い出の1冊を、数学者・物理学者・工学者など51名が紹介。A5判・240頁・2000円

この数学者に出会えてよかった
　　　数学書房編集部編／良い先生・良い数学者との出会いの不思議さ・大切さを16名の数学者がつづる。A5判・176頁・2200円

この定理が美しい
　　　数学書房編集部編／「数学は美しい」と感じたことがありますか？ 数学者の目に映る美しい定理とはなにか。熱き思いを20名が語る。A5判・208頁・2300円

　　　　　　　　　　　　　　　　　　　　　　　　　　本体価格表示

数学書房